Christine Hannemann

DIE PLATTE
INDUSTRIALISIERTER WOHNUNGSBAU
IN DER DDR

Christine Hannemann

DIE PLATTE
INDUSTRIALISIERTER WOHNUNGSBAU IN DER DDR

vieweg

Der Verlag Vieweg ist ein Unternehmen der Bertelsmann Fachinformation GmbH.

Umschlagentwurf: Peter Neitzke, Zürich

Gedruckt auf säurefreiem Papier

ISBN 978-3-528-08133-1 ISBN 978-3-322-91762-1 (eBook)
DOI 10.1007/978-3-322-91762-1

Inhalt

Vorwort

Der Begriff ,Plattenbau' ist in der Diskussion über die Wohnungsversorgung in den neuen Bundesländern zu einer Kategorie geworden, mit der mancher apokalyptische Vorstellungen verbindet. Überall in Ostdeutschland, sowohl in den Städten als auch in ländlichen Bereichen, begegnet man der ,Platte', denn in den letzten Jahren der DDR wurde im Wohnungsbau nur noch ein einziges Bausystem realisiert. Dies führte zu einer extremen Uniformität der Häuser und Wohnungen im Neubau. Wie es zu dieser Typisierung kam, zeigt Christine Hannemann in der vorliegenden Studie über die Industrialisierung des Wohnungsbaus in der DDR.

,Die Wohnungsfrage' war eines der zentralen sozialen Probleme, die mit der Industrialisierung und der Urbanisierung im 19. Jahrundert entstanden waren – und sie war für die Arbeiterbewegung immer wieder Anlaß zu den heftigsten Anklagen gegen den Kapitalismus. Friedrich Engels hatte in seiner Schrift ,Zur Wohnungsfrage' die These verbreitet, daß die Wohnungsnot im Kapitalismus nicht zu lösen sei. Für eine Lösung der Wohnungsfrage zu kämpfen war in der Arbeiterbewegung daher identisch mit dem Kampf für die Überwindung des Kapitalismus. Als in der DDR Anfang der 70er Jahre eine Staatsaktion zur endgültigen Lösung der Wohnungsfrage innerhalb von 20 Jahren ausgerufen wurde, war also ein symbolisch aufgeladener Politikbereich ins Zentrum gerückt worden, mit dem die Überlegenheit des Sozialismus demonstriert werden sollte.

Schon seit den zwanziger Jahren war es ein Traum der meisten ,fortschrittlichen' Architekten, die ,Wohnungsfrage' ein für allemal durch die Industrialisierung der Wohnungsproduktion lösen zu können. Wie die massenhafte Verbreitung von Konsumgütern, die durch die tayloristische Arbeitsorganisation (Fließbandproduktion) möglich geworden war, sollte es möglich sein, ,Wohnungen vom Fließband' zu produzieren. Weil kostensparend produziert, sollten sie auch von den lohnabhängigen Massen bezahlt werden können. Diesem Konzept lag die technokratische Idee der Überwindung sozialer Probleme durch den Einsatz modernster Technik zugrunde. Soziale Voraussetzung für eine derartige Strategie war allerdings eine Homogenisierung der Wohnbedingungen, denn die Produktivitätsgewinne einer Fließbandproduktion schienen nur bei extremer Standardisierung der Produkte erreichbar. Die Industrialisierung des Wohnungsbaus ist daher untrennbar mit einer Gesellschaftsvorstellung verbunden, in der Individualität eine untergeordnete Rolle spielt. Dies wurde in der DDR politisches Programm.

Die Eingrenzung der Neubauten auf zuletzt einen einzigen Bautyp hatten auch Konsequenzen für das Baugewerbe. Die Versuche, die Produktivität durch Typisierung zu steigern, führten zu immer stärkerer Zentralisierung der Bauproduktion auf wenige Großkombinate. In der DDR gab es zuletzt kaum noch kleinere Betriebe, die Einzelhäuser bauen oder Altbauten hätten sanieren können. Der unerschütterliche Glaube an die Überlegenheit des Sozialismus, der sich in einem immer verbisseneren Kampf um die Realisierung von angeblichen Produktivitätsvorteilen manifestierte, führte jedoch in eine soziale und ökonomische Sackgasse, wie die Arbeit eindringlich dokumentiert. Im großtechnischen System des DDR-Wohnungsbaus gab es weder ökonomische noch politische Korrekturmechanismen, und die Wohnungspolitik, die als einer der zentralen Legitimationspfeiler des sozialistischen Systems konzipiert war, wurde zu einer Quelle der politischen Destabilisierung.

Ein besonderes Verdienst dieser Arbeit liegt darin, die ideengeschichtlichen Wurzeln der Obsession für die Industrialisierung der Bauproduktion freizulegen, z.B. die Faszination, die – sowohl in den kapitalistischen Ländern wie auch in der Sowjetunion – in den ersten Jahrzehnten dieses Jahrhunderts vom ‚Fordismus' ausging. In den pluralistischen Systemen der westlichen Staaten wurde mit industrialisiertem Wohnungsbau zwar ebenfalls experimentiert, aber während er sich in dem Geflecht von kleinteiligen Bauträgern, privater Eigentumsbildung und sozialer Differenzierung nie richtig durchsetzen konnte, erreichte er in der DDR eine absolute Dominanz. Christine Hannemann verfolgt die politischen und ideologischen Prozesse im Partei- und Staatsapparat, die zu dieser Vorherrschaft der ‚Platte' beim Neubau führten.

In der Arbeit werden auch die sozialen Reformideen dargestellt, von denen heute selbst in den trostlosesten Plattenbausiedlungen in Form der kollektiven Versorgungseinrichtungen noch Spuren zu finden sind – aber eben nur Spuren, denn in der DDR-Wohlfahrtsdiktatur wurde alles auf spezifische Weise umgebogen: Die Emanzipation der Frau wurde zur ‚Vereinbarkeit von Mutterschaft und Erwerbstätigkeit', soziale Gleichheit wurde zu Entindividualisierung und Entmündigung, die Rationalisierung der Hausarbeit reduzierte sich in der kleinfamiliären Organisation auf technische Erleichterungen. Die Spuren sozialer Reformideen wieder aufzugreifen und ihnen bei der Sanierung und Modernisierung der Plattenbaubestände eine neue Chance zu geben, wäre eine Leitlinie für die Versuche, die Wohnmöglichkeiten in den Plattenbauten zu sichern und zu verbessern. Immerhin lebt jeder vierte Einwohner in Ostdeutschland in einer solchen Wohnung. Die Arbeit zeigt, wie dogmatische Gesellschaftspolitik, verbissene Technikgläubigkeit und autoritär-zentralistische Entscheidungsstrukturen sich in einem Wohnungsbestand manifestierten, den sich nun die Bewohner und die Wohnungsbaugesellschaften unter neuen ökonomischen, politischen und sozialen Bedingungen mit großem Aufwand aneignen und verändern müssen. Der durch die Bundesregierung erzwungene Verkauf eines Teils dieser Wohnungen an private Eigentümer traf bisher auf eine sehr schwache Nachfrage – kein besonders ermutigendes Signal für die künftige Attraktivität dieser Wohngebiete.

Hartmut Häußermann

Einleitung

Gegenstand des vorliegenden Buches ist die Formierung, Umsetzung und Wirkung der Industrialisierung des Wohnungsbaus in der DDR. Die ‚Platte' als Haupterzeugnis des industrialisierten Wohnungsbaus und ihre städtebauliche Anwendung in Form der Großsiedlung wird als Symbol einer spezifischen Stadtpolitik dargestellt, mit der die gesellschaftlichen Verhältnisse der DDR baulich-räumlich umgestaltet werden sollten. Der Lebensbereich „Wohnen" galt in der DDR immer als wesentlicher Bestandteil der ideologischen Legitimation des Systems. Das Recht eines jeden Staatsbürgers auf Wohnraum war in der Verfassung verankert; die Wohnungsbaupolitik seit Gründung der DDR hochrangige Angelegenheit der Partei- und Staatsführung. Ziel war die „Überwindung der kapitalistischen Wohnstrukturen" sowohl auf der wohnungswirtschaftlichen als auch der baulich-räumlichen Ebene.

Im Rahmen der Analyse des industriellen Wohnungsbaus in der DDR mußte aus soziologischer Perspektive der Objektbereich ‚Platte' neu erschlossen werden. Der theoretisch-abstrakte Gegenstand der Untersuchung – der industrialisierte Wohnungsbau – bildet keine homogene Einheit, so daß er einem einheitlichen, soziologischen Erklärungsansatz unterworfen werden könnte. Auch der baulich-räumliche Gegenstand der Arbeit selber – die ‚Platte' – ist ein Phänomen, über das im einzelnen noch zu wenig geforscht worden ist, als daß das bisher vorliegende Material zum Aufbau eines konsistenten Hypothesengerüsts verwendet werden konnte. Zunächst mußte es also darum gehen, eine möglichst umfassende Einordnung und Interpretation der Ursachen, Erscheinungsformen und Zusammenhänge des Sachverhältnisses ‚Platte' mit anderen gesellschaftlichen Bereichen und Entwicklungen zu geben. Damit hängt eine weitere Schwierigkeit zusammen: Das Fehlen von umfassenden historischen Analysen zur Entwicklung der DDR. Eine seriöse Geschichte der DDR existiert als *Abriß der Geschichte der DDR* (Weber 1976 bzw. neu 1991). Eine DDR-Baugeschichte hingegen fehlt bisher gänzlich. Weiße Flecken der Forschung, die die Arbeit sehr erschwerten und die durch umfangreiche Recherchen in Bundesarchiven kompensiert werden konnten. Daher ist die Dokumentenanalyse eine zentrale Methode dieser Arbeit. Als Primärquellen mußten hierfür vor allem Materialien aus DDR-Archiven[1] verwendet werden, die in ihrer Aussage der DDR-Ideologie folgten. Wichtige Erkenntnisse lieferte auch die Recherche in den jetzt uneingeschränkt zugänglichen Promotionsschriften jeglichen Geheimhaltungsgrades, die in der ehemaligen DDR zum Wohnen erarbeitet worden sind. Erstmalig konnten in dieser Arbeit umfangreiche Ergebnisse der soziologischen Neubauforschung in der DDR systematisiert und berücksichtigt werden.

Grundlegend erwiesen sich Expertengespräche[2] mit wichtigen, an der Industrialisierung des Bauwesens im gesamten Berufsverlauf beteiligten Personen, denen an dieser Stelle herzlichst für ihre Gesprächsbereitschaft zu danken ist. Die Expertengespräche wurden nach einem offenen Konzept, jedoch fokussiert auf die Art und Weise der Durchsetzung des industrialisierten Wohnungsbaus in der DDR, durchgeführt.

Die Gespräche ermöglichten eine Relativierung und Überprüfung der in den Archivmaterialien oftmals vorhandenen einseitigen ideologischen Darstellungen. Somit bietet die Verknüpfung von Dokumentenanalyse und Expertengespräch eine Gewähr dafür, daß sich wesentliche Aspekte der historischen Entwicklung realistisch darstellen ließen.

Die Verbindung industrieller Fertigung mit dem Wohnungsbau erfolgte erst in den zwanziger Jahren des 20. Jahrhunderts. In Abschnitt 1 wird die Herausbildung der industriellen Produktion von Häusern als das Thema des Neuen Bauens und der modernen Architektur nachgezeichnet. Nachdem zunächst die Vorläufer der Industrialisierung des Bauens seit etwa 1820 vorgestellt werden[3], behandelt der 2. Abschnitt die sich aus der Verbindung von ‚Fordismus' und ‚Wohnungsfrage' ergebenden Ideen, Vorstellungen und Folgen für den Wohnungsbau. In Abschnitt 3 werden dann die entscheidenden Aspekte der Formierung und der Umsetzung der Industrialisierung des Wohnungsbaus in der DDR dargestellt. Im Vordergrund steht dabei die Formierungsphase der Industrialisierung des Wohnungsbaus, die späten fünfziger und die sechziger Jahre. Ein Schwerpunkt wurde auf die analytische Darstellung der Konzentration des Bauwesens durch die Bildung von Kombinaten des Wohnungsbaus zur Herstellung der Herrschafts- und Verfügungsmacht über das Bauen in der DDR gelegt. Abschnitt 4 wendet sich der Interpretation der Ideologie der ‚Platte' zu, indem deren drei konstituierende Ideologeme – das Gleichheitspostulat, die sozialistische Kleinfamilie und die Technik- bzw. Produktivkraftgläubigkeit des Marxismus-Leninismus – aufgezeigt werden. Abschnitt 5 stellt das daraus resultierende Wohnkonzept in seiner baulich-räumlichen Umsetzung dar, zum einen auf der Ebene der Wohnung, zum anderen auf der der sozialistischen Wohngebiete, und zwar an Hand soziologischer Untersuchungsergebnisse zur Lebensweise in diesen Neubaugebieten.

In Abschnitt 6 wird die techniksoziologische Fragestellung der Arbeit aufgenommen, um zu diskutieren, inwiefern sich die ‚Platte' als großes technisches System interpretieren läßt. Abschnitt 7 beendet die Arbeit mit einem Ausblick auf die Zukunft ostdeutscher Großsiedlungen.

Für die Entstehung wissenschaftlicher Arbeiten sind viele Voraussetzungen nötig. Die wichtigste war für mich die kritische Diskussion des Manuskripts mit Harald Bodenschatz und Hartmut Häußermann. Darüber hinaus möchte ich Ingeborg Beer für ihren wertvollen Beistand danksagen. Daß diese Arbeit zu den soziologischen Facetten der ‚Platte' überhaupt zu einem glücklichen Ende geführt wurde, verdanke ich vor allem Werner Sewing. Er war ein unerschöpflicher Anreger, Ermutiger und Diskutant in buchstäblich allen theoretischen und ideologischen, historischen und architektonischen Aspekten dieser Arbeit. Ihm ist dieses Buch gewidmet.

1 Industrialisiertes Bauen und Wohnen: Zur sozialen Konstruktion eines baugeschichtlichen Topos

Die ‚Platte' als Chiffre

Wer im Kontext stadtbezogenen Denkens arbeitet, assoziiert heute DDR auch mit ‚Platte'. Die Platte ist die umgangs-, aber auch fachsprachliche Bezeichnung für das Grundelement der Großtafelbauweise, die als Haupttechnologie im industriellen Wohnungs- und Gesellschaftsbau der DDR angewandt wurde. Das industrielle Bauen ist für die Geisteswissenschaften ein bemerkenswertes Amalgam, das auf einmalige Weise soziale Theorien und reale Baupraxis zusammenführt. Auf staatliche Anforderungen im sozialen Wohnungsbau reagierten Architekten und Baufirmen durch die Entwicklung von Technik. Die Anwendung der Großtafelbauweise in der DDR kann nur als eine spezifische Verknüpfung von ökonomischer und sozialer Politik verstanden werden, getragen von einer charakteristischen Ideologie, die mit dieser Arbeit analysiert wird. In diese Analyse einbegriffen ist die Darstellung von Entstehung, Verfestigung und Permanenz der Strukturen des Bauwesens der DDR und ihre schon in der Konzeption angelegte Inflexibilität. Da institutionelle Strukturen sozial konstruiert sind, wird diese Strukturanalyse mit einer Akteuranalyse verknüpft, die auf den „staatssozialistischen" ‚system builder' Gerhard Kosel als Hauptakteur der Durchsetzung des industriellen Bauens in der DDR gerichtet ist.

Die aus Platten errichteten Großwohnsiedlungen stehen heute quasi diabolisch für eine verfehlte Baupolitik in 40 Jahren DDR. In dieser (bislang) vorwiegend journalistisch geführten Debatte besteht die Gefahr, daß Vorurteile und Klischees den Blick auf die sozialen Verhältnisse und deren Entstehungsfolien trüben. Soziologische Bestandsaufnahme und Interpretation können hier ein Beitrag zur Klärung sein.

In der vorliegenden Arbeit werden die ideologischen Prämissen der Konzeption der Platte, die technokratischen Bedingungen der politischen und strukturellen Formierung des industriellen Bauens in der DDR und am Beispiel des überwiegend gebauten Wohnungstyps in den Großsiedlungen, der WBS 70, das Grundrißkonzept untersucht. Denn die DDR-spezifische Entdifferenzierung gesellschaftlicher Struk-

Oben: In Zeilenbauweise errichtete zehngeschossige Wohnscheiben in Großplattenbauweise (QP 71) im Wohngebiet Cecilienstraße (ehemals Albert-Norden-Straße) in Berlin-Marzahn, Ansicht Eingangsseite. Foto: Studenten ISR, TU Berlin. Unten links: Wohnhof mit Spielplatz für Lückekinder (8–12 Jahre) in Berlin-Marzahn. Im Hintergrund loggiaseitige Ansicht (Wohnraumseite) eines sechsgeschossigen WBS 70-Blocks. Foto: Studenten ISR, TU Berlin. Unten rechts: Typischer Eingangsbereich eines beliebigen Wohnblocks in Berlin-Marzahn. Foto: Studenten ISR, TU Berlin

Oben: Wohngebiet Dolgenseestraße in Berlin-Lichtenberg. Durch die Anwendung von Gebäudeteilen mit Ecksegmenten wurde erstmals eine vollständige Schließung des Wohnhofs zur Straßenseite erreicht (zehngeschossige Wohnblöcke QP 71).

Unten: Innerstädtischer Wohnungsbau mit der WBS 70 (modifiziert) in Berlin-Lichtenberg, Wohngebiet Frankfurter Allee Süd. Fotos: Thomas Rühl

turen aufgrund der SED-Parteiherrschaft wird auch auf der baulich-räumlichen Ebene deutlich: Die markanteste Realisierung des Gesellschaftskonzepts der DDR erfolgte durch den Bau der ostdeutschen Großsiedlungen mit ihren Gleichheitswohnungen. Mit dieser Arbeit wird am Beispiel des Wohnungsbaus die Selbstthematisierung der DDR nachvollzogen und, wenn man so will, ein Beitrag zur Prä-Transformationsforschung geleistet. Der Begriff der Selbstthematisierung, der kein genuin soziologischer Begriff ist, wird in dieser Arbeit als eine Kategorie der Wissenssoziologie verwendet. Er steht für die gesellschaftspolitische Beziehung zwischen „Wissen, Bewußtsein bzw. den Vorstellungen von materiellen und sozialen Zusammenhängen einerseits und den sozialen Strukturen und Prozessen, in denen solches Wissen entsteht, andererseits". (Hartfiel 1972: 689)

Der Begriff der Selbstthematisierung soll die verursachenden und bedingenden Faktoren der gesellschaftlichen Konzeptionen/Leitbilder der DDR für den industriellen Wohnungsbau charakterisieren, wie sie sich in der baulich-räumlichen Struktur der Gesellschaft – im Neugebauten – und in ihrer Wohnungspolitik darstellen. Die räumliche Manifestation der DDR ist symptomatisch für den von der SED definierten neuen Gesellschaftstypus und dessen ideologische Legitimation. Heinz Bude hat den Begriff der Selbstthematisierung in einer sehr freien Interpretation der Geschichtstheorie von Hayden White auf das Selbstbild von Gesamtgesellschaften bezogen. Er übersieht dabei, daß Gesellschaften nur metaphorisch als Subjekte von Selbstdeutungen verstanden werden können. Eine wissenssoziologische Ausdeutung hingegen muß die spezifischen sozialen Trägergruppen, deren besondere Interessenlagen und gruppenspezifische Wissensbestände berücksichtigen. Im Fall der DDR ergibt sich hieraus das Problem, daß nach wie vor überwiegend parteikonforme Interpretationen des Selbstbildes der Gesellschaft anzutreffen sind. Die geschichtliche Aufarbeitung und Interpretation dieses Gesellschaftstyps wird noch Jahre in Anspruch nehmen.

Obwohl es an Darstellungen und Modellen des staatssozialistischen Gesellschaftstyps nie gefehlt hat, bleibt eine der entscheidenden Fragen, die die deutsche Soziologie weiter beschäftigen wird, diejenige nach Art und Weise der Selbstthematisierung (Bude 1991) als Voraussetzung zur Bestimmung des Gesellschaftszustandes der ehedem deutschen Gesellschaften. Das ist für die DDR eine Thematisierung im nachhinein, denn die öffentlichen Selbstthematisierungen, z.B. im *Neuen Deutschland*, hatten lediglich einen rein zirkulären Charakter. Inwieweit die daran Beteiligten sich dieser Doppelbödigkeit der Diskussion bewußt waren, bedürfte einer gesonderten, biographisch ansetzenden Untersuchung.

Eine offene Auseinandersetzung über das Selbstverständnis der DDR war zu ihren Lebzeiten nie möglich. Wenn die DDR eine eigenständige Gesellschaft war, dann müßte sie sich als wiedererkennbare Einheit in der Zeit hervorgebracht haben. Denn „jedenfalls denken wir uns das so, wenn wir sagen, daß die französische

offensichtlich eine andere als die spanische Gesellschaft darstellt" (Bude 1991: 305), sprich: die eine deutsche eine andere als die andere deutsche war.
In der Anwendung dieses Ansatzes auf das industrialisierte Bauen in der DDR ist die ‚Platte' als Anhaltspunkt der Selbstthematisierung eine Chiffre, die einen komplexen Zusammenhang zwischen der DDR-Ideologie und den baulich-räumlichen Konfigurationen sozialen Handelns bezeichnet. Damit ist die verengte Vorstellung, Architektur sei als Bauform bereits direkter Ausdruck von Ideologie[4], ausgeschlossen.
Für die historisch-sozialwissenschaftliche Rekonstruktion des Wohnungsbaus in der DDR sollen deshalb folgende forschungsleitende Annahmen gelten: Erstens erschließen sich die baulich-räumlichen Strukturen des Neugebauten in der DDR in ihrem Sinn- und Realgehalt nur, wenn man sie auf den gesellschaftspolitischen und institutionellen Kontext nicht nur der DDR, sondern der staatssozialistischen Gesellschaften, als Typus, zurückführt, unter dem sie entstanden sind. Zweitens ist es für die Analyse des Sinn- und Realgehalts notwendig, zwischen der Grundidee des industriellen Wohnungsbaus der zwanziger und frühen dreißiger Jahre und der Realisierung dieses sozialtechnokratischen Konzepts in der DDR zu unterscheiden und die Gründe für die offensichtlichen Differenzen zu nennen. Drittens erfordert es die sozialwissenschaftliche Rekonstruktion der Selbstthematisierung der DDR-Gesellschaft, die sozialen und kognitiven Wurzeln der Auffassungen zum Wohnen, die der DDR-Gesellschaft historisch vorhergegangen sind und auf diese gewirkt haben, nachzuvollziehen.

Industrialisiertes Bauen als soziologischer Forschungsgegenstand

Die Notwendigkeit, die Selbstthematisierung auch auf der baulich-räumlichen Ebene „nachzuholen", ergibt sich aus dem Grundproblem jeglicher Forschung in der DDR: Die Fixierung auf die dogmatische marxistisch-leninistische Theorie. Da die Prämissen dieser Theorie – z.B. die Annäherung der Klassen und Schichten, die sozialistische Lebensweise oder die Arbeit als erstes Lebensbedürfnis – nie in Frage gestellt wurden, hatten wissenschaftliche Arbeiten zum Gesellschaftszustand, positiv interpretiert, lediglich eine deskriptive Dimension. Die zwingende Frage danach, warum bestimmte soziale Tatsachen auftraten, durfte und wollte nicht gestellt werden. Diese normativ-politische Basis der Forschung verhinderte prinzipiell „eine auf Erklärung gerichtete wissenschaftliche Analyse" (Friedrichs 1992: 260).
Und auch die DDR-Forschung der alten Bundesrepublik erhielt in der Nachwendezeit schlechte Noten. So kam der bedeutende DDR-Forscher Jürgen Kocka zu dem Schluß, daß nicht primär die von den realsozialistischen Staaten oft verwehrte

Einsicht in die „statistische Wahrheit“ zu einer Überschätzung des Ostens beitrug, sondern maßgeblich die theoretischen und konzeptionellen Grundlagen der Osteuropa-Forschung das Blickfeld verengten.[5] So gibt es über die Wohnungspolitik der DDR einige Arbeiten (u.a. Hoffmann 1972; Jenkis 1976), aber zur Entwicklung und ideologischen Legitimierung ihrer baulich-technischen Grundlagen sind bisher keine Untersuchungen erschienen. Dieser Aufgabe stellt sich die vorliegende Untersuchung, wesentlich aus zwei Gründen: Erstens gibt es zur Zeit die verschiedensten sozialwissenschaftlichen Erklärungsansätze für den Gesellschaftszustand der DDR. So werden heute unter anderem folgende Bestimmungen angeboten: Die DDR war eine technokratische, eine „Organisationsgesellschaft“ (Pollack 1990), eine „neotraditionalistische“ (Ettrich 1991), eine „neofeudalistische“ (Meier 1990), eine kleinbürgerliche Gesellschaft etc. – Arbeiten, die leichthin an gängigen westlichen, kapitalistischen Gesellschaftstheorien orientieren. Ich stimme eher mit Wolfgang Engler darin überein, daß sich die geschichtliche Standortbestimmung der „sozialistischen Fundamentalalternative zum kapitalistischen Entwicklungsweg in die Moderne“ ihrer Lösung näher bringen läßt, „wenn man sich rückblickend der Eigenart des sozialistischen Abzweigungsversuchs vom Kapitalismus vergewissert“ (Engler 1992: 26).

Eine der fruchtbarsten Analysen der DDR-Gesellschaft legte in diesem Rahmen Sigrid Meuschel mit ihrer Arbeit *Legitimation und Parteiherrschaft in der DDR* (Meuschel 1992) vor. Sie wählte eine methodische Herangehensweise für ihre Untersuchung der DDR, indem sie sich auf „legitimatorische Verlautbarungen der Partei und auf wissenschaftliche Texte, die die politischen Legitimitätsansprüche umsetzten und bearbeiteten“ (a.a.O.: 20), stützte.

Sie geht somit einen vergleichbaren Weg in der Analyse, wie ich ihn für die ‚Platte‘ in dieser Arbeit entwickelt habe: Die Verhältnisse werden aus sich selbst heraus erklärt, d.h. in meinem Fall, daß die Selbstthematisierung der DDR anhand des Wohnungsneubaus nachvollzogen wird.

Allen Arbeiten, die auf verschiedenste Art und Weise die grundlegende Diskussion zum Typus der DDR-Gesellschaft bereichern, soll damit eine weitere Dimension hinzugefügt werden: Bisher beziehen sie in ihren Darstellungen die Existenz und Wirkung der ‚Sachen‘, an die Hans Linde (1972) erinnerte, nicht ein. Der „Ausfall der Kategorie Sachen oder Sachverhältnisse“ (Linde 1972: 19) aus den soziologischen Analysen der DDR-Gesellschaft hat die Konsequenz, daß technische Artefakte als Instrumente des menschlichen Handelns unberücksichtigt bleiben. Damit wird unmittelbar eine alte Streitfrage der Soziologie aufgerollt, auf die man bei der soziologischen Analyse der Ideen, Ziele und Realitäten der Industrialisierung des Bauens in der DDR unausweichlich stößt. Die ‚Platte‘ als technisches, aber sozial bestimmtes Artefakt generiert Sachverhältnisse, deren Anwendung, wie aufzuzeigen sein wird, spezifische Konsequenzen für den Typus der DDR-Gesellschaft begründete. Dazu wird die ‚Platte‘ auf ihre systemimmanente, soziale Qualität hin zu

analysieren sein. Dieser Ausgangspunkt basiert auf der Doppelthese von Linde, daß „(a) Sachen soziale Verhältnisse begründen und artikulierende Grundelemente der Vergesellschaftung sind und (b) daher auch notwendig eine Grundkategorie der soziologischen Analyse sein müßten" (a.a.O.: 8).
Zweitens wird mit der Behandlung des Themas ein wesentlicher Aspekt der gesellschaftlichen Problemlösungsstrategie der DDR-Führung aufgegriffen, soziale Probleme durch technische Maßnahmen zu lösen. Bei der Wohnungsbaupolitik der DDR in fast ausschließlich industrieller Bauweise, insbesondere der Großtafelbauweise, handelt es sich um eine Lösungsstrategie für einen zentralen Problemkomplex der sozialen Frage: Der Wohnungsfrage. Seit dem frühen 19. Jahrhundert war sie (Geist/Kürvers 1980 bzw. 1981; Frank/Schubert 1983, Häußermann/Siebel 1991, Zimmermann 1991) als allgemeines soziales Problem Gegenstand vielfältiger wohnungsreformerischer Überlegungen. Die in der ersten Hälfte des 19. Jahrhunderts existierenden elenden Wohnformen des sich entwickelnden Industrieproletariats, ausgelöst von den gewaltigen Veränderungen der Produktionsverhältnisse infolge von industrieller und bürgerlicher Revolution, bewirkten eine zunehmende Sensibilisierung der bürgerlichen Öffentlichkeit für das Wohnen der Unterschichten. Allerdings mußte „die Existenz der strukturell gegebenen Unterversorgung im Wohnungsbereich in quantitativer und qualitativer Hinsicht und von gesamtgesellschaftlicher Wirkungsbreite [...] den Zeitgenossen zwischen 1845 und 1870 erst einmal nachgewiesen werden" (Zimmermann 1991: 74).
Ausgehend von dramatischen empirischen Beschreibungen der katastrophalen Wohnverhältnisse der Industriearbeiter, die erstmalig die sozialen Folgen der industriellen Revolution verdeutlichten, wurden verschiedene Konzepte zur Lösung der Wohnungsfrage entwickelt: Victor Aimé Huber (1800-1869) und Friedrich Engels (1825-1895) stehen dabei für zwei grundsätzlich verschiedene Interpretationen des Wohnungsproblems, die bis heute folgenreich geblieben sind.
Friedrich Engels' 1845 erschienene Studie *Die Lage der arbeitenden Klasse in England* (Engels 1845: 227f.) sollte die Haltung insbesondere der deutschen Arbeiterbewegung im 19. Jahrhundert nachhaltig beeinflussen. Die Analyse von Engels hatte eine Lösung der Wohnungsfrage im Rahmen der kapitalistischen Gesellschaftsordnung ausgeschlossen. In dem 1872 erschienenen Text *Zur Wohnungsfrage* postulierte er, daß der bürgerliche Staat „der Wohnungsplage weder abhelfen kann noch will" (Engels 1872: 257). Schlußfolgernd führt er aus: „Nicht die Lösung der Wohnungsfrage löst zugleich die soziale Frage, sondern erst durch die Lösung der sozialen Frage, d.h. durch die Abschaffung der kapitalistischen Produktionsweise, wird zugleich die Lösung der Wohnungsfrage möglich gemacht." (a.a.O.: 243)
Mit dem Verweis auf die kommende Revolution wurde in der Arbeiterbewegung eine Beschäftigung mit praktikablen Mitteln und Wegen zur Lösung der Wohnungsfrage abgelehnt. Eine endgültige Klärung der Wohnungsfrage wurde erst

mit der Revolution erwartet. Damit wurde auch diese Frage der Reformdiskussion dem Bürgertum überlassen. Auch die baugenossenschaftlichen Ansätze, die von der SPD eher geduldet als gefördert wurden, waren keine genuinen Modelle der Arbeiterbewegung. Sie wurden ebenso von weiten Teilen der Mittelschichten getragen (vgl. Sewing 1991: 27; Zimmermann 1991: 151ff.).
Interessanterweise griff die SPD in dem Maße, in dem sie kommunalpolitische Kompetenzen erhielt, auf die früher abgelehnten bürgerlichen Konzepte zurück. Eine ähnliche Ironie der Geschichte läßt sich auch in der Wohnungsbaupolitik der DDR beobachten, wo erstmals mit der Legitimation der Autorität Friedrich Engels' die Lösung der Wohnungsfrage[6] als historische Möglichkeit auf der Tagesordnung zu stehen schien. Auch hier wurde, ohne diese Traditionen zu benennen, auf bürgerliche Vorläufer zurückgegriffen.
Einer dieser in der DDR-Geschichtsschreibung unterschlagenen (vgl. z.B. Kuhn 1985) bürgerlichen Reformer war der „Altmeister der Wohnungsfrage"[7] Victor Aimé Huber[8]. Bereits 1845, im selben Jahr, in dem Engels' Text erschienen war, formulierte er wohnungsreformerische Strategien; die ersten empirischen Berichte des christlich-konservativen Reformers erschienen 1846.[9] Frank/Schubert charakterisieren ihn als den „aktivsten konservativen Sozialreformer in der Mitte des 19. Jahrhunderts in Deutschland" und beschreiben den großen Einfluß seiner Reformideen zur Lösung der „socialen Frage" in Deutschland (Frank/Schubert 1983: 122). Deren Kern bestand in dem Vorschlag, durch die Beseitigung der Wohnungsnot der kleinen Leute die staatliche und monarchische Ordnung zu garantieren: „Wir also gehen [...] von der Voraussetzung aus, daß das *christliche Familienleben* die einzig mögliche Grundlage jeder gesunden Organisation und Entwicklung des nationalen wie des individuellen Lebens in Kirche und Staat, in der Gesellschaft auf all ihren Stufen, also auch auf der Stufe der Besitzlosigkeit, des Proletariats ist." (Huber 1846: 123f.)
Diese evolutionäre Richtung, ob getragen von sozialromantischen oder ordnungspolitischen Motiven, ist wesentliche Grundlage aller bis heute diskutierten Lösungsansätze der gemeinnützigen Wohnungswirtschaft[10] (vgl. Frank/Schubert, 1983: 122). Auch die Berliner Mietshauswissenschaftler Geist und Kürvers verweisen auf die nachhaltige Wirkung der wohnungsreformerischen Ideen bis in die heutige Zeit: „Vieles von dem, was damals vor mehr als 130 Jahren entwickelt wird, zum Beispiel der Gedanke der ‚Selbsthilfe', der der ‚Gemeinnützigkeit', das Mietkaufmodell und die Bestimmung der politischen Bedeutung des Eigentums und der Familie, der Wohnungsgrundriß für das Modell der räumlich abgeschlossenen christlichen Familie, die alternative Fragestellung Cottage oder Kaserne (heute: Eigenheim oder Mietshaus), nicht zuletzt die politische und soziale Bestimmung des ‚kleinen Mannes' im Gegensatz zum Proletariat beschäftigt Sozialpolitiker, Architekten und Mieter bis heute." (Geist/Kürvers 1981: 21)

In diesen Reformansätzen seit Mitte des 19. Jahrhunderts bis zum Ersten Weltkrieg wird die parallel laufende Industrialisierung der Bautechnologien noch nicht mit der Lösung der Wohnungsfrage verbunden. Es gibt eine Reihe von Beispielen und Modellen zur Verbesserung der Wohnbedingungen der arbeitenden Klasse aus dieser Zeit; alle aber basierten auf traditionellen Bauweisen. „Yet all this activity, all this initiative and visions in architectural design, was executed on the whole in the most conservative and traditional of building techniques." (Herbert 1984: 16)

Die lange Zeit für den öffentlich geförderten Wohnungsbau unseres Jahrhunderts charakteristische Verknüpfung von Wohnungsfrage und Bautechnologie erfolgte in den zwanziger Jahren, als eine Gruppe von Architekten und Wohnungspolitikern, die sich selbst als Moderne, als Avantgarde definierten, das Programm des Neuen Bauens formulierten. Ihre zentrale Idee war die Verbilligung des Bauens durch die Rationalisierung des Bauens und des Wohnens, eine Idee, die im Bauboom nach dem Zweiten Weltkrieg weltweit massenhaft umgesetzt werden sollte (vgl. Hannemann 1993).

Das industrielle Bauen in seinem gesellschaftlichen Kontext zu betrachten, ist ein Ansatz, der keine bedeutenden deutschen Vorbilder hat. In der westdeutschen Forschung gab es in den sechziger und siebziger Jahren einen von staatlichen Stellen und der Bauindustrie alimentierten Boom im industriellen Wohnungsbau[11], der aber weder bauhistorisch noch sozialtheoretisch fundiert war, noch weitreichende bauliche Resultate zeitigte. Die Forschung konzentrierte sich insbesondere auf die Probleme der technologischen Entwicklung und der ökonomisch erreichbaren Effekte. Im Gegensatz dazu gibt es im angelsächsischen Sprachraum eine umfangreiche Forschung, die sowohl baugeschichtliche, architektur-ästhetische, sozial-historische, soziologische und technologische Fragestellungen als auch deren Verknüpfungen thematisiert (z.B. Kelly 1951; White 1965; Grubb/Phares 1972; Herbert 1978, Russell 1981; Herbert 1984 und Finnimore 1989). Eine amerikanische Architekturbibliographie zum industriellen Bauen verzeichnet ca. 300 Titel.[12]

Die quantitative Dimension des industriellen Wohnungsbaus in der DDR

Nicht zuletzt soll ein quantitatives Argument – die Anzahl der Wohnungen in industrieller Bauweise – den Gegenstand dieser Arbeit legitimieren. Der seit den fünfziger Jahren in der DDR realisierte industrielle Wohnungsbau führte zu einer im internationalen Vergleich überdurchschnittlichen Anzahl von Neubauwohnungen, deren wohnungspolitische Zukunft stark diskutiert wird und massive Probleme aufwirft: Bei einem Wohnungsbestand der ehemaligen DDR von ca. 6,35 Millionen Wohnungen weist die Statistik ca. 2,1 Millionen seit 1955 in industrieller Bauweise errichtete Wohnungen aus (Großsiedlungsbericht 1994: 132). Die folgende Tabelle gibt einen Überblick zum Anwendungsumfang der verschiedenen industrialisierten Wohnungsbautechnologien in Ostdeutschland.

Wohnungen in industriell errichteten Mehrfamilienhäusern in der DDR (in 1000 Wohneinheiten)[13]:

	Errichtungszeitraum					
Bauserie	**1958–1970**	**1971–1975**	**1976–1980**	**1981–1985**	**1986–1990**	**Gesamt**
Streifenbau	23,4	7,5	5,7	4,0	2,4	43,0
Blockbau	430,1	104,7	56,3	43,1	35,3	669,5
Plattenbau	116,9	229,2	379,8	406,6	327,0	1459,5
Gesamt	570,4	341,4	441,8	453,7	364,7	2172,0

Eine Expertise des Instituts für Architektur und Städtebau der ehemaligen Bauakademie der DDR weist 125 Großsiedlungen mit jeweils mehr als 2500 Wohneinheiten aus (BMBau 1991: 13ff.). Etwa 20 Prozent der Bevölkerung der ehemaligen DDR lebten in Großsiedlungen, und zwar zu über 50 Prozent in industriell errichteten Mehrfamilienhäusern. Die in industrieller Bauweise errichteten Wohnungen, von denen ca. 42 Prozent mit der Wohnungsbauserie 70 (BMBau 1993: 3) ausgeführt worden sind, sind häufig an der Peripherie von industriellen und administrativen Zentren errichtet worden.
Seit 1955 stieg der Anteil der industriellen Bauweisen am DDR-Wohnungsbau stetig und erreichte 1985 83 Prozent. Während bis in die sechziger Jahre die Blockbauweise dominierte, wurde von den siebziger Jahren an die Großtafelbauweise zur baulich-technologischen Grundlage des staatlichen Wohnungsbaus der DDR. (Block- und Tafelbauweise unterscheiden sich im wesentlichen durch Größe und Gewicht der verwendeten Bauelemente.) So gibt es Städte mit einem sehr hohen Anteil an industriell errichteten Wohnungen wie z.B. Schwedt mit 85, Lübbenau mit 75, Frankfurt (Oder) mit 72 und Rostock mit 65 Prozent an Plattenbauten. Interessant ist in diesem Zusammenhang ein Vergleich mit der alten Bundesrepublik: Hier lebten 1988 etwa zwei Millionen Menschen in etwa 500.000 bis 600.000 Wohnungen in Großsiedlungen[14], errichtet in den sechziger und siebziger Jahren (BMBau 1988: 8). Nur eine geringe Anzahl der zumeist von gemeinnützigen Wohnungsunternehmen errichteten Wohngebäude entstand in Fertigteilbauweise. Die folgende Grafik verdeutlicht den prozentualen Anteil der verwendeten Bauweisen im DDR-Wohnungsbau, insbesondere die Zunahme der Plattenbauweise ab Ende der sechziger Jahre und die gleichzeitige Reduzierung anderer Bauweisen.

Anteil der Bauweisen am DDR-Wohnungsbau von 1955 bis 1985 (in Prozent)[15]:

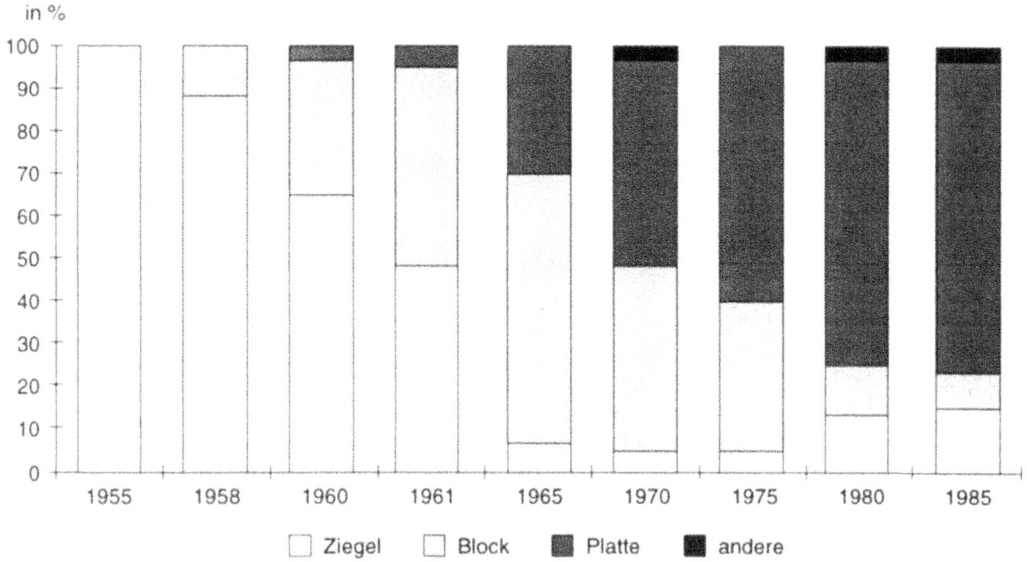

Der Wohnungsbau in ‚Platte' in der DDR ist zum anderen durch eine breite Streuung auf Städte und Gemeinden gekennzeichnet. Baute man in den alten Bundesländern Großsiedlungen überwiegend in städtischen Agglomerationsräumen, wurden diese in der DDR auch an den Rändern von Klein- und Mittelstädten errichtet. Dies erklärt sich aus der Dominanz des industriellen Wohnungsbaus in der DDR und dessen wohnungspolitischer Funktion: Der Wohnungsbestand in den Großsiedlungen diente der staatlich gelenkten Wohnungsversorgung von Beschäftigten der Hauptindustrien, der „bewaffneten Organe" und der administrativen Institutionen. So war z.B. die Zuweisung einer Wohnung in der Großsiedlung Halle-Neustadt in den Anfangsjahren weitgehend an den Arbeitsplatz in den Großbetrieben der Chemieindustrie dieser Region wie Buna oder Leuna gebunden. „Die bevorzugte Verteilung des Wohnungsneubaus der ehemaligen DDR auf Ostberlin, die ehemaligen 14 Bezirksstädte [...] sowie eine Reihe weiterer industrieller Schwerpunktstädte, z.B. Hoyerswerda, Eisenhüttenstadt, Schwedt, Greifswald, Stralsund, Wismar, Stendal, Dessau, Jena, Altenburg und Plauen ergab sich im wesentlichen aus den über einen langen Zeitraum von der staatlichen Plankommission vorgegebenen Zielvorstellungen für die sogenannte Standortverteilung der Produktivkräfte sowie den staatlichen Vorgaben aus den Fünfjahresplänen, die für jeden Planungszeitraum entsprechende Prioritäten setzten." (BMBau 1991: 18)
Im Gegensatz zur Bundesrepublik (alt), in der der soziale Wohnungsbau als Träger des Großsiedlungsbaus auf Großstädte konzentriert war und somit dem „räumlichen Management der Urbanisierung" (Häußermann/Siebel 1993, 26) diente, war der

'soziale' Wohnungsbau in der DDR Mittel zur Steuerung der proportionalen Entwicklung der Regionen entsprechend einem der „Grundgesetze der Politischen Ökonomie des Sozialismus", nämlich der „proportionalen Entwicklung der Volkswirtschaft". Dahinter verbarg sich eine bewußt dezentrale Industrieansiedlungspolitik, die in der DDR vor allem von der Leitidee getragen war, den im Vergleich zum Süden unterentwickelten Norden zu fördern. Dies führte dazu, daß Wohnungen in Großsiedlungen auf dem Gebiet der DDR auf Großstädte und kleine Mittelstädte wie z.B. Stendal, Sömmerda oder Mühlhausen konzentriert sind. Der Großsiedlungsbau hatte vor allem eine wirtschaftspolitische Funktion: Wohnungen für Arbeitskräfte an Industriestandorten zu bieten.

Begriffsbestimmung

Obwohl heute 'Platte' und industrielles Bauen umgangssprachlich gleichgesetzt werden, bedarf es einer genaueren Bestimmung dessen, was das Spezifische dieser Bautechnik ist, d.h. worin sie sich vom konventionellen Wohnungsbau unterscheidet und in welchem Rahmen dieser Begriff in dieser Arbeit verwendet wird.
Beim industriellen Bauen[16] handelt es sich um einen organisatorischen Zugang zum Bauen, dessen präzise Definition sehr schwierig ist. Bezeichnenderweise stoßen vor allem Ingenieurwissenschaftler am ehesten auf dieses Problem, obwohl doch gerade von ihnen eine präzise Charakterisierung zu erwarten wäre. Aufschlußreich ist die Arbeit des italienischen Bauwissenschaftlers Carlo Testa (1972). Dieser weist auf die terminologischen Probleme einer allgemeinen Begriffsübereinkunft hin und stellt fest, daß zwar klare Definitionen für viele technische Termini, wie Fuge, Modul etc., vorhanden sind, über den Begriffsinhalt der Industrialisierung selbst aber „große Verwirrung" (1972: 9) herrsche. Aus diesem Grund entwickelt er eine eigene Begriffsbestimmung, die sich der ökonomischen Parameter Produktivität und Leistung bedient, um die Frage nach dem Unterschied zwischen industriellem und konventionellem Bauen beantworten zu können: „Industrialisierung ist ein Prozeß, der mit Hilfe von technischen Entwicklungen, organisatorischen Konzepten und Methoden und investiertem Kapital dazu dient, die Produktivität zu steigern und die Leistung zu verbessern." (Testa 1972: 9)
Robert von Halász, der 1966 das Grundlagenlehrbuch für Baukonstrukteure *Industrialisierung der Bautechnik* vorlegte, bezeichnet das vorgefertigte Bauen als eine Erscheinungsform der Industrialisierung, die als die am höchsten entwickelte Form der Technik „durch totale Vorfertigung des Entwurfs und der Ausführung, durch totale Vorfertigung der Bauelemente durch weitgehende Verwendung von Typenlösungen beim Entwurf, durch weitgehende Automatisierung der Planung;

allgemein: durch weitgehende Verwissenschaftlichung von Plan und Ausführung" (Halász 1966: 2) gekennzeichnet ist.
Grundsätzlich lassen sich zwei Entwicklungsstränge des industriellen Bauens nachzeichnen: Die Produktion von Häusern erfolgt vollständig, etwa durch die Verbindung von Raumzellen, in einer Fabrik und nicht auf der Baustelle, oder die Gebäude werden aus in der Fabrik vorgefertigten Teilen, etwa aus Großtafeln oder Blöcken, zusammengesetzt. Der bauwirtschaftliche Kern der industriellen Fertigung besteht in der Erzielung hoher Stückzahlen, um die äußerst hohen Entwicklungs- und Investitionskosten zu amortisieren. Aus diesem Grunde sind für die Entwicklung des industriellen Bauens Typenbildung und Serienfertigung entscheidende Determinanten. Die im DDR-Wohnungsbau hauptsächlich angewandte Großtafel- bzw. Plattenbauweise entspricht der zweiten skizzierten Linie der Entwicklung und „basiert auf der Zerlegung eines Bauwerkes in möglichst wenige (wegen der Kosten), möglichst gleiche (Serienfertigung), nutzungsfertige (Roh- und Ausbau umfassende) Elemente, die in der Fabrik (Vorfertigung) hergestellt und auf der Baustelle montiert werden" (Halász 1966: 253).
Soweit das technologische Prinzip der Großtafelbauweise, das in der DDR durch die Typung von Gebäuden systematisiert wurde und den baulich-technischen Bezugsrahmen dieser Arbeit umfaßt.

2 Technik als Leitbild. Zur Entwicklung des industrialisierten Bauens und dessen Verknüpfung mit dem Wohnungsproblem

Das 19. Jahrhundert: der Auftakt[17]

Die zwanziger und frühen dreißiger Jahre dieses Jahrhunderts waren unzweifelhaft die entscheidende Periode für die Entwicklung des industriellen Bauens in Europa und Nordamerika. Die moderne Bewegung in der Architektur entwickelte im Anschluß an die Prinzipien der durch Frederick W. Taylor und Henry Ford revolutionierten Massenproduktion eine ‚Philosophie' des industrialisierten Massenwohnungsbaus. Dieser Entwicklung lag indes eine längere Vorgeschichte zugrunde, die im folgenden bis ins frühe 19. Jahrhundert zurückverfolgt werden soll.
Die Frühphase des industrialisierten Bauens war in Großbritannien, dem in der Industrialisierung fortgeschrittensten Land, lokalisiert und wird in der vorwiegend englisch-sprachigen Literatur als „Prefabrication" (vgl. z.B. White 1965; Herbert 1978) behandelt. In dieser Zeit lassen sich bereits Verwendungs- und Wahrnehmungsweisen des industriellen Bauens nachweisen, die bis heute wirksam sind: Erstens führt eine akute Knappheit an Wohnunterkünften zur beschleunigten Anwendung der „Prefabrication". Zweitens ist sie staatliches Instrument zur Durchsetzung politischer Zielstellungen mit baulichen Mitteln. Industrialisierter Wohnungsbau scheint immer schon ein staatlich geförderter Versuch gewesen zu sein, einen rapide gestiegenen Wohnungsbedarf in kurzer Zeit zu decken. Und drittens: Bereits in dieser Vorphase der Industrialisierung des Bauens zeichnet sich eine Kontinuität der kulturellen und ästhetischen Ablehnung der Vorfertigung ab.

‚Prefabrication'[18] als Instrument der Kolonialisierung

Bereits im 18. Jahrhundert wurden in England einzelne Wohngebäude weitgehend vorgefertigt, mußten vor Ort allerdings noch verarbeitet werden (vgl. Herbert 1978). Ein schnell wachsender Markt erschloß sich für das pre-made housing um 1800, als vor allem in den überseeischen Kolonien Großbritanniens ein akuter Unterkunftsbedarf entstand. Als bahnbrechend erwies sich um 1820 ein vorge-

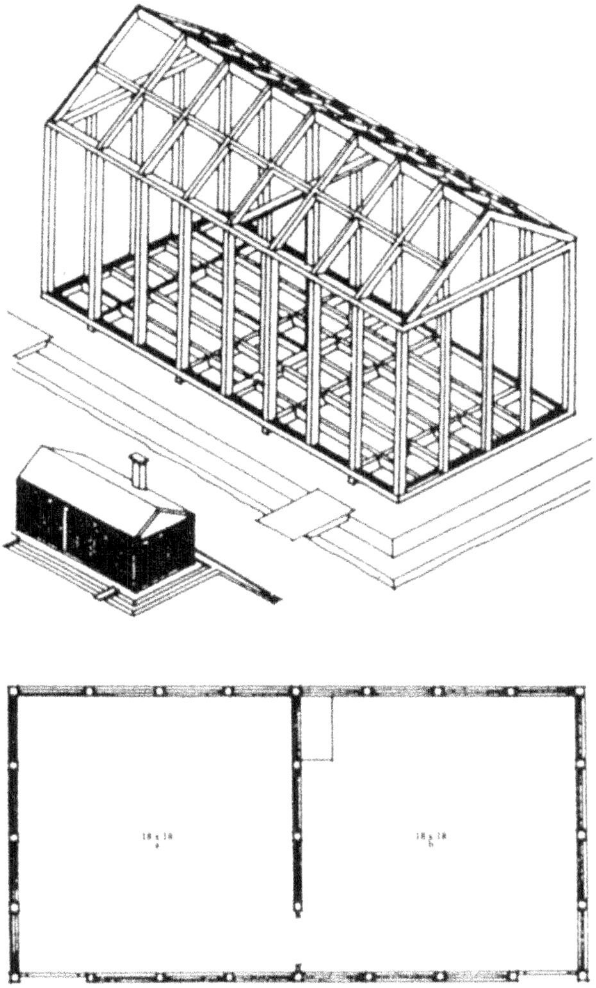

Das „transportierbare Haus für die Kolonien", konstruiert und gebaut etwa 1833 von John Manning (aus: Herbert 1984: 15)

fertigtes Holzhaus, das als „Manning-Cottage“ in die Baugeschichte eingegangen ist.[19] Der englische Zimmermann Richard Manning konstruierte für seinen Sohn, der nach Australien auswandern wollte, ein mit raffinierten konstruktiven Details ausgestattetes, wiederholt zerlegbares und aufbaubares, zweizimmriges Cottage. Diese Grundidee wurde sehr schnell von diversen Unternehmern aufgegriffen und vermarktet.

Dieses erste vorfabrizierte Haus wurde zu einem wesentlichen Instrument der Besiedlung Süd-Australiens. Auf die Herstellung hatten sich in den dreißiger Jahren des 19. Jahrhunderts insbesondere englische Manufakturbesitzer spezialisiert. Für den Vertrieb, der in das ganze System der ‚Prefabrication‘ integriert war, wurden die neuen Transporttechnologien eingesetzt: die Eisenbahn und die Dampfschiffahrt. Zugleich entwickelte sich ein weltweiter Handel mit vorgefertigten Gebäuden, was zu einem extensiven Bankennetzwerk und intensiver Werbung führte. So hieß es in einer englischen Werbebroschüre aus dieser Zeit: „Gentlemen emigrating to the New Settlement, Swan River, on the Western Coast of Australia, will find a great advantage in having a comfortable dwelling that can be erected in a few hours after landing, with windows, glazed doors, and locks, bolts, and the whole painted in a good and secure manner, carefully packed and delivered at the docks, consisting of two, three or more roomed Houses, made to any plan that may be proposed [...].“ (Herbert 1984: 1)

Unzweifelhaft handelt es sich bei diesen vorgefertigten Kolonistenhäusern um die kultur- und technikgeschichtlichen Vorläufer des industriellen Bauens, die noch in Manufakturen gefertigt wurden. Das „Portable Colonial Cottage“ erlebte einen Boom, solange die Bedingungen in den neuen Kolonien die Produktion von Häusern noch nicht erlaubten. Sobald diese geschaffen waren, kehrte man wieder zur traditionellen Hausproduktion und vor allem zum traditionellen Architekturstil zurück. Das „portable cottage“ ist ein Beispiel für die Funktionsweise des Kolonialreiches als Rohstofflieferant und Abnehmer von Fertigprodukten. Der Export von Fertighäusern wurde, wie Gilbert Herbert betont, von der englischen Krone unterstützt, indem die Hersteller die Erlaubnis hatten, ihre Erzeugnisse „free of duty“ herzustellen und in die Kolonien zu transportieren.

Die Förderer der kolonialen Besiedlung ermutigten die Verwendung von vorproduzierten Häusern auf vielfältige Weise, aber immer aus utilitaristischen Gründen. Als Großbritannien 1820 in einer großen Aktion über 5000 Siedler zur östlichen Kap-Provinz in Südafrika sandte, wurde den Aussiedlern nicht nur die Lieferung von guten und billigen Zelten zugesagt, sondern auch, auf Initiative des britischen Kolonialamtes, verschiedene demontierbare, dreiräumige Holzhütten von „wasserabweisender Konstruktion“. Der Export vorgefertigter Häuser nahm zeitweilig solche Dimensionen an, daß Städte, wie z.B. 1886 Johannisburg, komplett aus Wellblechhäusern bestanden (vgl. Herbert 1984: 10f.).

Nach dem Abebben dieses ersten Höhepunktes der Produktion vorgefertigter Wohnhäuser erlebte die „Prefabrication" während des Krimkrieges 1854 bis 1856[20], der historisch als erster Krieg des Industriezeitalters bezeichnet wird, einen nächsten Höhepunkt. Zur Kriegsführung wurden Telegraphen, Eisenbahnen, die Photographie und eine schwimmende Kornmühle eingesetzt (vgl. Herbert 1978). Da es den Soldaten auf der Krim an Unterkünften mangelte, Baufachleute nicht zur Verfügung standen und es kein Baumaterial vor Ort gab, wurde von den kriegsführenden Mächten Frankreich und England ein Programm zur vorgefertigten Produktion von Einfachstunterkünften aufgelegt und entsprechend gefördert. An der Ausführung der Aufträge beteiligte sich unter anderem Joseph Paxton, der spätere Konstrukteur des Londoner Kristallpalastes.

Ein besonderes Kapitel in der Vorgeschichte des industriellen Bauens ist die Entwicklung der „iron churches", sowohl in materialtechnischer als auch in gesellschaftspolitischer Hinsicht. Die zweite Hälfte des 19. Jahrhunderts in England, das sogenannte viktorianische Zeitalter, war durch vordergründige Frömmigkeit und einen starken Glaubensbezug geprägt. Der Sorge um die ungehinderte Religionsausübung in den infolge der Industrialisierung schnell wachsenden Städten und in den immer zahlreicher werdenden Kolonien kam daher besondere Priorität zu. Die für die Religionsausübung als unabdingbar angesehenen Kirchen wurden in großer Anzahl benötigt, als Ort des religiösen und gesellschaftlichen Lebens und auch der sozialen Kontrolle. Insbesondere in den entfernteren englischen Kolonien – Australien, Jamaika, Südafrika oder auch Nordafrika – war es nicht ohne weiteres möglich, Kirchen auf traditionelle Art und Weise zu bauen. Sogenannte „portable churches", die in England vorgefertigt worden waren und dann als Bausatz in die Kolonien verschifft werden konnten, sollten den Mißstand beseitigen helfen. Gilbert Herbert zitiert zur Verdeutlichung des großen Bedarfes die Aussage einer Kirchengemeinde aus Melbourne von 1854: „Our friends, [...] as there is no possibility of erecting stone or brick buildings, have taken upon themselves the responsibility of ordering from England, six iron churches of different dimensions, which will enable us to provide additional sittings to the extent of about five thousand persons." (Herbert 1978: 98)

Obwohl diese Kirchen kostengünstig und leicht montierbar waren, gerieten sie sehr bald in die öffentliche Kritik: Von den Nutzern wegen ihrer geringen Eignung für hohe Temperaturen – das Problem der thermischen Überhitzung konnte nie gelöst werden –, von der Architekturkritik wegen ihrer ästhetischen Unzulänglichkeiten: „The style of architecture is hopelessly unpleasing, and such suggests the factory or the warehouse." (Herbert 1978: 100) Ein Verdikt, das für die weitere Rezeptionsgeschichte des industriellen Bauens symptomatisch werden sollte. Auch wenn sich damals bestimmte, mit industriellen Methoden gefertigte Bauten – wie z.B. der Londoner Kristallpalast – einer Wertschätzung bei der Architekturkritik erfreuten, beförderte dies insgesamt nicht eine verstärkte Akzeptanz von in vorgefertigter Bauweise errichteten Bauten. Klassizismus, Historizismus und die damals sehr beliebte Neogotik schienen mit ihrer der Romantik stark verbundenen Formensprache einen geeigneteren Stil für sakrale Bauten herzugeben als industrialisierte Baumethoden und neue Baumaterialien wie Gußeisen und Wellblech.

Hatten die „iron churches" in ihren ersten Exemplaren noch reges Interesse gefunden, klang dies mit der Veralltäglichung der damals so revolutionären Baumaterialien bald wieder ab. „Iron Buildings" wurden zur Selbstverständlichkeit; in der Architekturgeschichte Englands läßt sich eine Vielzahl solcher Bauten nachweisen.

Zusammenfassend bleibt zu resümieren, daß sich während des 19. Jahrhunderts eine Industrie der Prefabs entwickelte, die, wie nur an wenigen Beispielen gezeigt werden konnte, einen wesentlichen Anteil an der Gesamtproduktion im Bausektor hatte. Prefabs wurden, staatlich subventioniert, insbesondere für den Export gefertigt. Bereits im 19. Jahrhundert wird ein Grundmuster sichtbar, das bis heute die Vorfertigung in der Bauproduktion kennzeichnet: Der Staat[21] fördert die Entwicklung und Verbreitung dieser Technologie, um gesellschaftspolitische Ziele, hier die Kolonialisierung, forciert durchzusetzen. Vorgefertigte Gebäude wurden von Beginn ihrer Entwicklung an in Notzeiten verwendet und dementsprechend als Provisorien betrachtet – ein Image, das die gesamte Entwicklung des industriellen Bauens von nun an schicksalhaft begleiten sollte.

Der Kristallpalast

Dieses Bauwerk als Urahn des industriellen Bauens bleibt in keiner Abhandlung zum Thema unerwähnt. Im folgenden Abschnitt soll diese geschichtliche These nachgezeichnet, es soll ihr aber auch widersprochen werden.

Als „eine Revolution in der Architektur" wurde dieser 1851 anläßlich der Londoner Weltausstellung errichtete Ausstellungsbau, insbesondere von dem Kunst-, Kultur- und Architekturhistoriker Sigfried Giedion gefeiert: „Der Kristallpalast war die Verwirklichung eines neuen Baugedankens, für den es kein Vorbild gab" (Giedion 1989^{4} (1941^{1}): 181).

Giedion hat mit dieser Einschätzung der Bedeutung des Kristallpalastes seit 1941 die moderne Architekturtheorie und die Architektur stark beeinflußt. In seiner Schrift *Space, Time and Architecture*[22] zum ersten Mal veröffentlicht, ist diese Position bis heute wenig angefochten. Auch Konrad Wachsmann, dessen Buch *Wendepunkt im Bauen* (1989, 1959^{1}) großen Einfluß hatte, bezog seine Argumentation für das industrielle Bauen aus den konstruktiven Besonderheiten des Londoner Baus. Eine solche die Moderne verklärende Bewertung ist aus heutiger Sicht schwer verständlich, zumal in genaueren Beschreibungen des Bauwerkes, so bei Friemert (1984), die Behauptung „erstes Bauwerk in industrieller Bauweise" doch stark relativiert wird: „Standardisierung und Prefabrikation der Teile blieben allerdings noch spezifisch, die Elemente aufs konkrete Resultat bezogen, ihr Allgemeinheitsgrad noch niedrig." (Friemert 1984: 15)

Als Ansatz zum industriellen Bauen kann aber gewertet werden, daß Paxton die Organisation des Bauablaufs weitgehend rationalisierte: „Eine solche Bauaufgabe setzte enorme Kapazitäten voraus, disponible und qualifizierte Arbeitskräfte, entwickelte Transportmöglichkeiten und einen hohen gesellschaftlichen Austausch, damit die Materialmenge an einem Ort konzentriert und innerhalb von knapp sieben Monaten verarbeitet werden konnte." (Friemert 1984: 13f.)

Der Kristallpalast hatte eine die Moderne motivierende und legitimierende Funktion, die nicht nur aus den konstruktiven Merkmalen des Bauwerks zu erklären ist. Die Bemerkung eines zeitgenössischen Betrachters führt m. E. zu einer näherliegenden Erklärung einer solch euphorischen Bewertung. Lothar Bucher notierte 1851, daß der „Bau keinerlei Kritik fand, und daß der Eindruck, den er bei den Beschauern erweckte, von so romantischer Schönheit war, daß Abbildungen davon bis in die Stuben entlegener deutscher Dörfer an die Wand gehängt wurden. Gleichzeitig erfaßten die Beschauer, die zum erstenmal einen Bau von solcher Größe sahen, der nicht aus Masse, aus massivem Mauerwerk bestand, daß hier Begriffe, mit denen die Architektur bis dahin beurteilt wurde, plötzlich zu versagen begannen."[23]

Am nachhaltigsten war die ästhetische Wirkung des Bauwerks. Die Raumwirkung wird in zeitgenössischen Darstellungen als „Wahrnehmungsschock" beschrieben (vgl. Schild 1967 und Friemert 1984). Die besondere Raumatmosphäre, die auf Grund der verwendeten neuen Materialien für ein solches Bauwerk – Gußeisenträger und Glastafeln – entstand, führte zur Bezeichnung „Kristallpalast". Erich Schild wertet den Kristallpalast als Ausgangspunkt für zwei grundlegende Stilrichtungen, die in der Architektur des 19. und 20. Jahrhunderts elementar wurden: „Von jetzt ab hatten sich die Architekten und Ingenieure [...] zu entscheiden: neue kühne Konstruktionen einer vorgegebenen Gestalt unterzuordnen oder Konstruktion und Form in Übereinstimmung zu bringen und gemeinsam wirken zu lassen, ohne der einen oder anderen Seite Gewalt anzutun." (Schild 1967: 58)

In der Relativierung der Bedeutung des Bauwerks für die Industrialisierung des Bauens treffe ich mich mit Barry Russell: „In plucking it from its cultural context and attaching symbolic importance to it as the apotheosis of building in machine age, it has become one of the foundation stones of the modern movement." (Russell 1989: 41)

Der durchschlagende Erfolg des Kristallpalastes beförderte die Durchsetzung neuer industriell gefertigter Baumaterialien. Doch seit Beginn des 20. Jahrhunderts mußten sich diese einer neuen „Revolution" der Architektur und Bautechnik stellen, ausgelöst durch die neuen Werkstoffe Beton und Stahlbeton.[24] (vgl. Huberti 1964,

Major 1988) Letztlich wurde der Kristallpalast zu einem Symbol stilisiert, da die Moderne einen historischen Bezug brauchte und sich im „crystal palace“ die strukturellen und technischen Innovationen im Bauprozeß, die revolutionären Entwicklungen auf dem Gebiet der Baustoffe sowie auch eine neue ästhetische Dimension des Bauens vereinigten. In ihm kristallisierte sich der Geist eines neuen Zeitalters.

Die ‚Erfindung‘ der Platte

Die Frage, warum gerade die Großtafelbauweise die dominierende industrielle Bauweise für den sozialen Wohnungsbau wurde, ist nicht leicht zu beantworten. Da weder zusammenfassende Darstellungen zur Geschichte der Industrialisierung des Bauens noch der Großtafelbauweise existieren, muß eine vollständige Antwort offenbleiben. In der Literatur zum Thema ‚Prefabrication‘ jedoch finden sich interessante Hinweise, die, zusammengenommen, die bevorzugte Anwendung der Großtafel im staatlich subventionierten Wohnungsbau in Deutschland erklären könnten.

Zum einen berichten Werner und Seidel (1992) von einem „Wettbewerb zwischen Stahl- und Stahlbetonbauweise“, der nach der Jahrhundertwende in Deutschland ausgetragen wurde. Die Stahlbetonbauweise als die neue, moderne Bauweise hatte Anfang des 20. Jahrhunderts einen beträchtlichen Anteil am Baumarkt errungen. Da der Stahlbetonbau eine Reduzierung des Absatzes an Eisen für die Eisenindustrie brachte, schufen die Stahlerzeuger verschiedene Organisationen, die den Rückgang des Eisenabsatzes aufhalten und den Stahlbau fördern sollten. Damit trat die Eisenindustrie in offene Konkurrenz zum Stahlbetonbau, der durch einen sehr aktiven und erfolgreichen Betonverein protegiert wurde. „Die Entwicklung der Bauweisen hing in erster Linie von gesellschaftlichen Faktoren und Einflüssen ab. Im Eisen- und Stahlbau führte insbesondere der Erste Weltkrieg zu entscheidenden Veränderungen. Wurde der Stahlverbrauch schon während des Krieges stark kontingentiert, da die Rüstung große Mengen Stahl benötigte, so herrschte nach dem Kriege ein noch stärkerer Rohstoffmangel. Der Stahleinsatz erfuhr dadurch äußerste Einschränkungen. Damit ging im Wettbewerb weiterer Boden verloren.“ (Werner/Seidel 1992: 35)

Auch der 1918 gegründete ‚Reichsverband zur Förderung sparsamer Bauweisen‘ förderte den Betonbau. Die Kontroverse zwischen den beiden Hauptbauweisen wurde auf den verschiedensten Ebenen ausgetragen und erlebte Mitte der zwanziger Jahre einen neuen Höhepunkt. „Gegenstand bildeten vor allem die in dieser Zeit entstehenden Hochhäuser [Skelettbauten]. [...] Objektiv hatte keine der beiden dominierenden Bauweisen entscheidende allgemeine Vorteile aufzuweisen [...]“. (Werner/Seidel 1992: 36)

Werner und Seidel verweisen auf das Beispiel der Planungen für ein Wiener Hochhaus im März 1930, bei dem sich keine eindeutigen Vorzüge oder Nachteile für eine der beiden Bauweisen berechnen ließen (vgl. Werner/Seidel 1992). Die scharfe Konkurrenz beider Bauweisen wurde durch die im Zuge der deutschen Kriegsvorbereitung und -durchführung verfügten Stahlkontingentierungen beendet. Der rationalisierte Wohnungsbau der Weimarer Republik, von der Idee der Billigbauweisen getragen, hatte vor allem auf Beton gesetzt. So ließen „eine bis zum äußersten getriebene Kontingentierung und die Vorschreibung von Ersatzbauweisen [...] dem Stahlbau kaum eine Wettbewerbschance" (Werner/Seidel 1992: 36).
Der Stahlbau hat also aufgrund gesellschaftlicher Weichenstellungen, die aus Rüstungsgründen der stahlreduzierten Technologie den Vorrang gab, in der Anwendung im sozialen Wohnungsbau keine Entwicklungsmöglichkeit bekommen. Nach dem Zweiten Weltkrieg, als in der Hochphase der wirtschaftlichen Entwicklung der soziale Massenwohnungsbau weltweit betrieben wurde, griff man auf die vor dem Krieg entwickelte Technologie des Betonbaus zurück. Auch wenn Werner und Seidel bei ihrem Plädoyer für den Eisenbau, der Zielrichtung ihres Buches, sicherlich nicht unbefangen sind, ist dennoch die These vertretbar, daß die Weichenstellung zum Betonbau, d.h. ‚Platte', aufgrund gesellschaftlicher und politischer Entwicklungen und Entscheidungen gefallen ist. Diese These wird durch den Vergleich mit den USA gestützt, die nicht von wirtschaftlichen Restriktionsmaßnahmen infolge von Eisenbedarf durch die Rüstungsindustrie betroffen waren. Dort ist der Stahlbau die dominierende industrielle Bauweise geworden.
Zum anderen wurde seit der Entdeckung des Betons mit den unterschiedlichsten Konstruktionsverfahren für den Hausbau experimentiert. „At the turn of the century the attention of those interested in prefabrication was drawn to the possibilities of reinforced concrete." (Herbert 1984: 13)
Grundlage der Experimente war ein patentiertes Verfahren des Franzosen François Hennebiques. Er wandte das Prinzip von Monier-Versteifungen von Beton durch das Einlegen von Eisenstäben konsequent auf Stützen, Balken und Platten an (Huberti 1964). Hennebiques' Patent erwies sich – zusammen mit einem anderen, in den USA patentierten System – als erstes auch bei großen, industriell gefertigten Gebäuden als anwendbar. Das bestärkte Bauunternehmer und Baustoffwirtschaft in ihrem Interesse für die Verwendung von Stahlbeton, insbesondere in der Hoffnung, die Produktionskosten von Gebäuden senken zu können. Herbert verweist als Beleg für diese Entwicklung auf die Firma Calway & Co, die als Produzent von patentierten Zementplatten 1903 behauptete, daß solche Elemente leicht durch unqualifizierte Arbeiter montiert werden könnten, um Bungalows, Farmhäuser, kleine Landhäuser und versetzbare Bauwerke zu errichten (Herbert 1984: 13).
Zu den Pionieren der experimentellen Vorformen der heutigen Platte gehörte auch der Liverpooler Stadtingenieur J. A. Brodie. Er erfand „a system of panel construction in reinforced concrete and conducted a series of experimental projects

culminating, in 1905, in the erection of a three-story 12-apartment block of flats, an impressive achievement at this time" (Moore[25] 1969: 383f.).
Diese Versuche wiederum inspirierten den New Yorker Ingenieur Grosvenor Atterbury, der, auf Brodie aufbauend, 1908 ein Konstruktionssystem entwickelte, das aus vorgegossenen Betonplatten mit Hohlräumen und Einheiten mit geschoßwerkhohen Paneelen bestand: Das Grundprinzip der heutigen ‚Platte' war geboren. Als sich nach dem Ersten Weltkrieg die Industrialisierung des Bauens im Wohnungsbau in Europa forciert entwickelte, stützte sie sich letztlich auf die erfolgreichen Konstruktionssysteme und Bauten von Brodie und Atterbury: Stahlskelett- und Großtafelbauweise wurden die dominierenden Konstruktionssysteme bei allen Entwicklungen (vgl. Herbert 1984: 14).
In Zusammenhang mit dem ersten Aspekt des Sieges des Betons über den Stahl liegt die Vermutung nahe, daß sich die Großtafelbauweise aus Gründen der Stahlknappheit nach beiden Weltkriegen wegen ihrer einfachen Montierbarkeit und ihrer exponierten Stellung bei erfolgreichen Konstruktionssystemen nach dem Ersten Weltkrieg als Hauptkonstruktionssystem für den Massenwohnungsbau durchsetzen konnte. Halász, der in seinem Grundlagenwerk u.a. die Vor- und Nachteile der konkurrierenden Systeme Stahlskelett- und Großtafelbau diskutiert, resümiert denn auch, daß „der Skelettbau nicht im gleichen Maße wie der Tafelbau die Einbeziehung des Ausbaus in die Werkfertigung [d.h. in die komplette Vorfertigung, C. H.] erlaube. [...] Im Wohnungsbau ist der Großtafelbau dem Skelettbau gegenüber weit in den Vordergrund gerückt." (Halász 1966: 255)
Nach 1945 galt die Großtafelbauweise in den industrialisierten Ländern als das kostengünstigere und geeignetere Verfahren, zumal sich der Baustoff Beton als Material für die Vorfertigung am besten eignete. Die in den zwanziger Jahren in Deutschland errichteten rationalisierten Wohnungsbauten setzten schon überwiegend auf den Block, die kleinere Variante der Platte oder die Tafel. Auf diese Tradition wurde nach 1945 zurückgegriffen.

Das 20. Jahrhundert: ‚Fordismus' als architekturpolitische Ideologie

Im Gefolge der im 19. Jahrhundert einsetzenden Industrialisierung und Urbanisierung führten die elenden Wohnbedingungen des städtischen Proletariats zur Entstehung der Wohnungsfrage als sozialem Problem und zu verschiedensten wohnungsreformerischen Überlegungen und Konzepten. Doch erst nach dem Ersten Weltkrieg wurden Anstrengungen zur Linderung oder Behebung von Wohnungsnot systematisch mit der massenhaften Errichtung von Wohnungsbauten verbunden. Europa und insbesondere Deutschland wurden um die Jahrhundertwende und, nach der Zäsur des Ersten Weltkriegs, in den zwanziger Jahren von einer Begeisterung für Amerika erfaßt. Die unbegrenzte Mechanisierung – euphorische Technikbegeisterung und Taylorismus – galten den Architekten des Neuen Bauens als Inbegriff gesellschaftlichen Fortschritts. Der Taylorismus, die nach ihrem Begründer Frederick Winslow Taylor benannte Lehre von der wissenschaftlichen Betriebsführung, die auf der Methode der Effektivitätssteigerung durch die Zerlegung der Arbeitsgänge in Einzelschritte beruhte, begann die gesamte industrialisierte Welt zu beeinflussen (vgl. Hughes 1991: 193ff.). Das sogenannte Taylorsystem wurde weltweit als moderne Produktionsmethode gefeiert. In Deutschland führte nicht nur die Industrie Taylors Methoden ein; auch die wissenschaftliche Eliteinstitution der Kaiser-Wilhelm-Gesellschaft errichtete bereits 1912 ein Institut für Arbeitspsychologie (vgl. Nerdinger 1985: 11). Das sich herausbildende Gebiet der praktischen Psychologie, das sich auf arbeitspsychologische Studien konzentrierte, wurde durch den deutschen Psychologen Hugo Münsterberg, ein Schüler Wilhelm Wundts, forciert, der als Professor an der Harvard-University bis zum Ersten Weltkrieg eine Brücke zwischen deutscher und amerikanischer Wissenschaft herstellte.

Nach dem Ersten Weltkrieg verstärkte sich die Rezeption des „scientific management". Für die Rationalisierung des Bauens erwiesen sich die „motion studies" von Frank B. und Lillian Gilbreth als grundlegend. „Während sich Taylor mit der Zeitmessung begnügte und aus den Zeitstudien sog. Zeitnormen aufstellte, [...] ging sein Schüler Frank B. Gilbreth einen Schritt weiter und untersuchte den Bewegungsablauf selbst, um die effizienteste Handhabung einer Arbeit zu finden." (Nerdinger 1985: 12) Die Idee der „motion studies" wandte er bereits 1909 in seinem „concrete system" und „bricklaying system" auf das Vermauern von Ziegeln an und konnte damit die Zahl der stündlich verarbeiteten Ziegelsteine von 120 auf 350 erhöhen (Nerdinger 1985). Sein Buch *A Primer of Scientific Management* von 1914 erschien 1919 in deutscher Sprache, was die Rezeption in den zwanziger Jahren beförderte (Hughes 1991: 107; Nerdinger 1985: 25). Die Inhalte der Gilbreths-Studien werden vor allem in den frühen zwanziger Jahren in der Zeitschrift *Soziale Bauwirtschaft*, die der spätere Berliner Stadtbaurat Martin Wagner herausgab, bekanntgemacht (Scarpa 1986).

Die unter dem Begriff Taylorsystem propagierten Ideen hatten in den zwanziger Jahren großen Einfluß. Die Unterordnung des Menschen unter den maschinellen Produktionsprozeß wurde auf der einen Seite zum Sinnbild technischen Fortschritts und der Steigerung der Produktivität, auf der anderen zu einer von der Arbeiterbewegung bekämpften Perversion der Ausbeutung der menschlichen Arbeitskraft. „Diese Anpassung des Menschen an einen maschinenmäßig konzipierten Arbeitsprozeß entspricht praktisch bereits der Arbeit am Fließband, das Henry Ford 1913 in seiner Highland Park Factory in Detroit einführte und damit die Wirtschaftsproduktion im 20. Jahrhundert revolutionierte." (Nerdinger 1985: 12)

Die wesentliche Grundlage für die Weiterentwicklung des Taylorismus durch Ford beruht auf dessen Konzept von Massenproduktion und Massenkonsum (vgl. Hughes

1991: 209ff.). Ford selbst formulierte seine Vorstellungen so: „The term mass production is used to describe the modern method by which great quantities of a single standardized commodity are manufactured. Mass production is not merely quantity production [...] nor is it merely machine production. Mass production is the focussing upon a manufacturing project of the principles of power, accuracy, economy, system, continuity and speed. The interpretation of these principles, through studies of operation and machine development and their coordination, is the conspicuous task of management. And the normal result is a productive organisation that delivers in quantities a useful commodity of standardized material, workmanship and design at a minimum cost." (Bender 1973: 6)[26]
Das von Giedion als „Förderbandprinzip" bezeichnete neue Produktionsmodell, gekoppelt mit dem Fordschen Modell der Massenproduktion, wurde in den zwanziger Jahren zum zentralen Thema aller Rationalisierungsdiskussionen und -versuche. Aber der Taylorismus bzw. der Fordismus hatten nicht nur revolutionierende Auswirkungen auf den Produktions- und Wirtschaftsprozeß, sie bildeten auch die Grundlage für verschiedene Entwicklungskonzepte der Gesellschaft, die vor dem Zweiten Weltkrieg eine bedeutende politische Wirksamkeit entfalteten: „Amerika als Vor- und Leitbild einer neuen, ganz gegenwärtigen Gesellschafts- und Lebensform ohne geschichtlichen Ballast dient als Projektion für die in Deutschland nach Ansicht vieler Künstler nicht erfolgte Lösung von den politischen und sozialen Verklammerungen mit der Vorkriegsgeschichte." (Nerdinger 1985: 14)
In der Sowjetunion und Frankreich, aber auch in Italien wurde der Taylorismus zur Grundlage gesellschaftlicher Entwicklungskonzepte (Maier 1980; Hughes 1991: 254ff.). Die wissenschaftliche Organisierung der Arbeit, die Produktionsorganisation nach dem Förderbandprinzip, Standardisierung und Typisierung der Produkte und die Hierarchisierung der Wirtschaftsstrukturen bildeten die Merkmale der avanciertesten Produktionsweise und charakterisierten auf der gesellschaftlichen Ebene einen sozialen und ökonomischen Prototyp gesellschaftlicher Entwicklung. Da die DDR durch die Übernahme des sowjetischen Herrschaftsmodells gekennzeichnet war, soll an dieser Stelle, notwendigerweise stark verkürzt, lediglich die Entwicklung des sowjetischen Taylorismus-Konzepts behandelt werden.

Gesellschaftskonzept für den Sozialismus: Sowjetischer Taylorismus

Ein besonders interessantes Kapitel der Taylorismusrezeption ist die Verbindung dieser Wirtschaftsstrategie mit dem Marxismus-Leninismus, der auch für die DDR von grundlegender Bedeutung werden sollte.
„Als der russische Revolutionär Lenin 1916 den amerikanischen Revolutionär Frederick W. Taylor entdeckte, kam es zu einer paradoxen Begegnung der Geister. Lenin [...] war vom Taylorismus stark beeindruckt. [...] Auch die Auffassungen

von Frank B. Gilbreth über die wissenschaftliche Betriebsführung beeindruckten Lenin, weil Gilbreth augenscheinlich nicht so sehr daran interessiert war, die Arbeiter anzutreiben oder auszubeuten, sondern die beste energiesparende Methode finden wollte, mit der die Arbeit geleistet werden konnte. In seinen Randbemerkungen zu einem Artikel von Gilbreth notierte Lenin, daß das wissenschaftliche Management zu einem Übergang vom Kapitalismus zum Sozialismus führen könne. Daß Taylor und Gilbreth behaupteten, ihre Doktrinen seien wissenschaftlich begründet, hat den im wissenschaftlichen Marxismus geschulten Lenin stark beeindruckt." (Hughes 1991: 258)

Lenin forderte 1918 in seiner Schrift *Die nächsten Aufgaben der Sowjetmacht* die Anwendung von Akkordarbeit und „das Studium des Taylorsystems, die Unterweisung darin, seine systematische Erprobung und Auswertung in Angriff" (Lenin 1918: 350) zu nehmen.

Die Ideen von Taylor und Ford wurden als die geistigen Wegbereiter des Fortschritts der Produktivkräfte des damals führenden industriellen Staates der Welt, der USA, angesehen. Lenin ging es nicht um die Übernahme des gesellschaftlichen Konzepts des Taylorismus und Fordismus, sondern um die Verknüpfung des wissenschaftlichen Managements und des technischen Fortschritts der Produktivkräfte mit der Sowjetmacht: „Lenin glaubte, daß man das technische Herz des Taylorismus in den sowjetischen Organismus verpflanzen könne. [...] Wenn Lenin der große politische Revolutionär war, so war Ford der ökonomische Revolutionär." (Murray 1990: 94)

Robin Murray analysiert zwei Phasen bei der Übernahme des „Amerikanismus" in der Sowjetunion. In der ersten Phase, der tayloristischen, wurden vor allem die Arbeitsdisziplin als Mittel der Disziplinierung der sich entwickelnden sowjetrussischen Arbeiterschaft und die hierarchische Organisationsstruktur des Produktionsprozesses übernommen. (Murray 1990) „Die zweite Phase, die Taylors Grundsätze beibehielt und erweiterte, verschob den Schwerpunkt auf zentrale Planung und die industrielle Massenproduktion. [...] Gemeinsam bildeten die vier Prinzipien – Arbeitsdisziplin, Richtlinien-Management, zentrale Planung und Massenproduktion – die Hauptstrukturen des sowjetischen Fordismus und des traditionellen Modells sozialistischer Wirtschaft" (Murray 1990: 94) wie es dann auch in der DDR, u.a. bei der Strukturierung und Organisation des Bauwesens (siehe Abschnitt 3), eingesetzt wurde.

Die Anfänge des industriellen Bauens gehen in der Sowjetunion bis in die zwanziger Jahre zurück. Gesellschaftspolitischer Hintergrund ist, daß in den dreißiger Jahren in der jungen Sowjetrepublik nahtlos an den linken Fordismus bzw. an die entsprechenden politischen Vorgaben der leninistischen Sozialismusauffassung, angeknüpft werden konnte („Sozialismus = Elektrifizierung [sprich Industrialisierung] + Sowjetmacht").

Die Industrialisierung des Bauens paßte in dieses Konzept, sie verkörperte den wissenschaftlich-technischen Fortschritt, auch wenn sich unter Stalin in den dreißiger Jahren zunächst die „nationale Tradition“ als dominierende Bauauffassung in der offiziellen Staatsarchitektur durchsetzen konnte. Gleichwohl wurde, um den allgemeinen Industrialisierungsprozeß voranzutreiben, der industrialisierte Massenwohnungsbau in großem Stile vollzogen. Vor allem an den neu erschlossenen Industriestandorten in Sibirien, wo, wie in Nowokusnezk – dem „Eisenhüttenstadt“ der Sowjetunion – schnell, billig und wetterunabhängig Wohnungen zu errichten waren, kam diese Bauweise zur Anwendung (Kosel 1989: 31f.). Da in dieser Region Arbeitskräftemangel herrschte, suchte man ein Bausystem, in dem auch angelernte Arbeitskräfte eingesetzt werden konnten. Daran war der schon erwähnte deutsche Architekt Gerhard Kosel wesentlich beteiligt. Nachdem Kosel 1955 zum Staatssekretär im DDR-Ministerium für Aufbau mit dem Auftrag berufen wurde, die Industrialisierung des Bauwesens voranzutreiben, sollten diese Ereignisse eine wichtige Rolle spielen.

Industrialisierung des Bauens und Wohnungsreform

Die Erfolge des Taylorismus und Fordismus, die Diskussion über die Wohnsituation der unteren Klassen und Schichten führte in Deutschland zu Überlegungen, durch die Rationalisierung des Bauprozesses und des Wohnens die Bauproduktion zu verbilligen und damit einer größeren gesellschaftlichen Gruppe bezahlbaren Wohnraum zur Verfügung stellen zu können. Insbesondere wurde von dem damals durch den Bau der Faguswerke 1911 schon sehr bekannten deutschen Architekten Walter Gropius die Verbindung von Wohnungsbau und Fordismus lanciert und gefördert: Warum sollte man nicht auch Fließbandhäuser nach Fords Art der Autoproduktion produzieren können? Die Idee der Massenproduktion von Wohnhäusern „auf dem Fließband“ wurde schnell von vielen fortschrittlich gesinnten Architekten aufgegriffen und entwickelt. Der Faszination des Fordismus und seines Vorläufers, des Taylorismus, gepaart mit einer uneingeschränkten Wissenschaftsgläubigkeit, konnten sich in den zwanziger Jahren der Avantgarde Verpflichtete kaum entziehen.
Die Idee und die nur in geringem Umfang realisierten Experimente des industriellen Bauens erreichten in den späten zwanziger und frühen dreißiger Jahren einen Höhepunkt, als weitere namhafte Architekten der Moderne wie Le Corbusier und Frank Lloyd Wright sich mit den technologischen Erfordernissen und Möglichkeiten des industriellen Wohnungsbaus auseinandersetzten. In dieser Zeit widmeten sich der modernen Bewegung angehörende europäische Architekten und Planer, wie Martin Wagner und Ernst May, Hans Scharoun, Otto Bartning, Max und Bruno Taut, mit Enthusiasmus und Perfektionismus dem Design von Prototypen für die industrielle Produktion oder planten umfassende Systeme der Vorfertigung. Die

nachweisbaren Erfolge waren schon damals gering – schnell wurde deutlich, daß die ökonomischen Effekte nicht den Erwartungen entsprachen. So hieß es etwa im Abschlußbericht der neu gegründeten „Reichsforschungsgesellschaft für Wirtschaftlichkeit im Bau- und Wohnungswesen" anläßlich der Auswertung der Ausstellung in der Werkbundsiedlung in Stuttgart 1927, daß ausgerechnet das industriell gebaute Haus Nr. 17 (trockenes Montagebauverfahren) von Walter Gropius in „der Konstruktion zu den teuersten der ganzen Siedlung gehörte" (Nerdinger 1985: 90). Doch wurden die Experimente ehrgeizig fortgesetzt – in der Hoffnung, ein technisches Mittel zur Lösung der Wohnungskrise zu finden.

Der Aufbau einer Häuserfabrik beschäftigte Gropius seit 1923, und viele seiner bald darauf initiierten Wohnbauprojekte – wie die 1926 begonnene Versuchssiedlung Törten bei Dessau oder die 1928 nach seiner Bauhaus-Zeit mit dem Unternehmer Adolf Sommerfeld konzipierte Fabrik für Wohnhäuser – sind als Versuch zu verstehen, die in vielen Manifesten der zwanziger Jahre geforderte Revolutionierung des Bauwesens mit den Methoden Henry Fords in die Tat umzusetzen.

Für die Industrialisierung des Bauens in der DDR ist es von Bedeutung, daß später namhafte DDR-Architekten wie Hermann Henselmann und Richard Paulick bereits in den zwanziger Jahren dieser Bewegung angehörten. Zu ihnen zählte auch der bisher weniger bekannte, aber für die Konzeption und Durchführung der Industrialisierung des Bauens in der DDR eine Schlüsselrolle einnehmende Architekt Gerhard Kosel, seinerzeit Schüler von Bruno Taut und Hans Poelzig, und später, wie etwa auch Ernst May oder Hannes Meyer, in der Sowjetunion tätig.

Den technokratischen Grundzug der fordistischen Bewegung im Wohnungsbau verdeutlichte bereits Mies van der Rohes berühmter Aufsatz zum industriellen Bauen von 1924: „In der Industrialisierung des Bauwesens sehe ich das Kernproblem des Bauens in unserer Zeit. Gelingt es uns, diese Industrialisierung durchzuführen, dann werden sich die sozialen, wirtschaftlichen, technischen und auch künstlerischen Fragen leicht lösen lassen." (Mies 1924: 305)

Die erste Anregung zur Übernahme amerikanischer Rationalisierungsmethoden auf das deutsche Bauwesen findet sich nach den Recherchen Winfried Nerdingers in „Martin Wagners Schrift ‚Neue Bauwirtschaft', die er noch im Krieg 1918 publizierte." (Nerdinger 1985: 12)

Martin Wagner setzte sich gerade in seiner Position als Berliner Stadtbaurat stark dafür ein, den handwerklichen Baubetrieb auf den Stand der Technik des 20. Jahrhunderts zu heben. So war er Initiator der Realisierung der ersten deutschen Siedlung in Plattenbauweise, der heutigen Splanemannsiedlung in Berlin-Lichtenberg. Die Siedlung, die von der Gesellschaft „Reichsbund der Kriegsbeschädigten, Kriegsteilnehmer und Kriegshinterbliebenen GmbH, Berlin" 1925/1926 gebaut wurde, war ursprünglich nach einem traditionellen Siedlungskonzept, in einem konventionellen Stil und mit Satteldach, von den Architekten Primke und Göttel

geplant worden. Aber noch in der Planungsphase war von Martin Wagner die Anwendung der Plattentechnologie verordnet worden (Sorgato 1993).
Der Kurswechsel beim Bau der Splanemannsiedlung fällt bezeichnenderweise in die Zeit, in der die Rezeption der neuen Bautechnologien in Deutschland zunahm. „Während bis 1924 praktisch nur in Martin Wagners Zeitschrift ‚Soziale Bauwirtschaft' über Rationalisierung des Bauwesens geschrieben worden war, erschienen z.B. 1926 allein in der ‚Bauwelt' über 50 Artikel zu diesem Stichwort." (Nerdinger 1985: 17)
Wurde zu Beginn der zwanziger Jahre die Rationalisierung noch im Zusammenhang mit der Sozialisierung des Baugewerbes gesehen, so werden die „neuen bauwirtschaftlichen Methoden" (Nerdinger) nun in der Mitte dieses Jahrzehnts unter rein technischen Gesichtspunkten forciert. Rationalisierung wurde zu einem Schlüsselkonzept des Bauens der Weimarer Republik. Die verschiedensten Wettbewerbe und Projekte – wie die Siedlung Dessau-Törten oder die Frankfurter Römerstadt – wurden zur Förderung des rationellen Wohnungsbaus gestartet. Dennoch blieben sie insgesamt Sonderfälle im traditionell betriebenen Wohnungsbau. Aus der theoretischen Brisanz der Industrialisierungsdebatte darf nicht auf eine quantitative Vorherrschaft solcher Baumethoden geschlossen werden.

Rationalisierung des Wohnungsbaus im Nationalsozialismus

In den dreißiger Jahren brach die Kontinuität eines sozialpolitisch begründeten ‚Fordismus' im Wohnungsbau, der häufig ein explizit linker Fordismus war, ab. In den USA experimentierten vor allem Walter Gropius und Konrad Wachsmann weiterhin mit dem industriellen Wohnungsbau, aber unabhängig vom Ideal einer Lösung der Wohnungsfrage (vgl. Herbert 1984; Nerdinger 1985).
Während des ‚Dritten Reiches' wurden die Ideen der Moderne und insbesondere die des Bauhauses durch die Machthaber als entartet, kosmopolitisch bzw. undeutsch abgelehnt. Dennoch berichten die Aachener Sozialwissenschaftler Harlander und Fehl von seit 1940 laufenden Vorbereitungen der mit der Wohnungspolitik befaßten Behörden des ‚Dritten Reiches' auf den Nachkriegswohnungsbau. Entsprechend dem „Führererlaß zur Vorbereitung des deutschen Wohnungsbaus nach dem Kriege" erfolgte dies sowohl auf technischer, organisatorischer, juristischer als auch auf gestalterischer Ebene. Da der Bedarf auf sechs Millionen Neubauwohnungen in den ersten zehn Nachkriegsjahren geschätzt wurde, war es das zentrale Ziel aller Planungen, die Herstellungskosten zu senken. Dies hoffte man durch Rationalisierung und Preiskontrollen zu erreichen. Der in einem Wohnungsbauprogramm geplante „soziale Wohnungsbau"[27] war, so in einem Aufsatz des Wohnungsfunktionärs Hans Wagner 1941, nicht identisch mit dem öffentlich geförderten Wohnungsbau, sondern mit der Massenfabrikation.[28] „Die Industrialisierung des Woh-

Erste deutsche Siedlung in Plattenbauweise: Splanemannsiedlung in Berlin-Lichtenberg. Oben links und unten: „Anfang- und Endpunkt" der Moderne: Im Vordergrund die zwei- und dreigeschossige Bebauung der Splanemannsiedlung, im Hintergrund Wohngebäude des Wohngebietes „Am Tierpark", heute Teil der innerstädtischen Großsiedlung Friedrichsfelde Süd. Fotos: Ulrich Müller, Thomas Rühl. Oben rechts: Hauseingang. Foto: Thomas Rühl

nungsbaus durch Rationalisierung, Normierung und Typisierung und die sich daraus entwickelnde Herstellung der Wohnung als Massenkonsumgut, ihre serienmäßige Fabrikation, gewannen in der Perspektive geradezu definitorische Bedeutung." (Harlander/Fehl 1986: 19)
Vor diesem Hintergrund wird erklärbar, warum der nichtemigrierte Architekt Ernst Neufert[29] (1900–1986), „der selbst nach dem gewaltsamen Ende des Bauhauses in hohe Positionen des ‚Dritten Reiches' aufsteigen konnte, ohne die Herkunft vom Neuen Bauen jemals zu verleugnen" (Voigt 1993: 179), seine Forschungen und Konstruktionsentwicklungen zum industriellen Bauen intensiv weiterführen konnte. Neufert war durch die *Bauentwurfslehre*[30], die 1936 erstmals in Berlin erschien[31] und dem „Geist der Normung" (Voigt) verpflichtet war, bekannt geworden. „Die ideologische und ästhetische Wirkung der Normung war allerdings größer als der praktische Erfolg." (Voigt 1993: 184)
Neufert entwickelte während des Zweiten Weltkrieges die Industrialisierungsidee durch eine ‚Bauordnungslehre' weiter, die die Normung und Systematisierung des Bauens weiter befördern sollte. Die von ihm entwickelten Typengrundrisse und seine Hausbaumaschine[32] wurden zum Maßstab konstruktiver Bemühungen vieler Bauingenieure nach dem Krieg. Seine theoretischen Überlegungen waren in Europa so einflußreich, daß es nach 1945 verschiedene Versuche gab, so auch in der DDR (vgl. Hain 1993), die Hausbaumaschine in die Realität umzusetzen. Diese Experimente aber mißlangen: So gab es etwa in der DDR zu viele Todesfälle unter den Bauarbeitern. Neuferts Hausbaumaschine wurde zwar nie verwirklicht, aber sein „Plädoyer für die Industrialisierung und Normung des Bauens spielte als Modell eine wichtige Rolle" (Häring), so im von Voigt zitierten Nachruf auf die Wohnbaumaschine, geschrieben von Hugo Häring für die Zeitschrift *Baukunst und Werkform*. Häring resümierte Neuferts ambivalente Wirkung, indem er die Wohnbaumaschine als Ergebnis eines ganz und gar von Gott verlassenen Bauwillens bezeichnete. Aber er hält ihm auch zugute: „Die heftigen Widerstände, die vordem etwa den fabrikmäßig hergestellten Wohnbauten oder den Großsiedlungen oder Wohnhochhäusern entgegengebracht wurden, sind heute verschwunden." (Häring)[33]
Harlander und Fehl entwickeln aus ihren Untersuchungen zum Programm des sozialen Wohnungsbaus im ‚Dritten Reich' die These, daß es die auf den technischen Fortschritt setzenden Planungen des Nazistaates waren, die den „anschließenden Durchbruch zum genormten, rationalisierten Massenwohnungsbau der Großsiedlung [...] schufen." (Harlander/Fehl 1986: 13) Dazu kämen außerdem organisatorische und rechtliche Weichenstellungen im Wohnungswesen und die Vorprägung des siedlungsplanerischen Leitbildes, z.B. durch die gegliederte und aufgelockerte Stadt (vgl. ebd.).
Dieser These muß in ihrer Absolutheit, die eine alleinige deutsche Kontinuität feststellt, widersprochen werden. Die oben analysierte weltweite Entwicklung des

industrialisierten Bauens in der Form des Fertigteilhauses oder des mehrgeschossigen Wohnhauses ist sicher nicht ausschließlich auf die Vorleistungen des ‚Dritten Reiches' zurückzuführen. Der Mehrfamilienhausbau in industrieller Bauweise in der städtebaulichen Form der Großsiedlung in Ost- und Westdeutschland entsprach in den fünfziger, sechziger und siebziger Jahren vielmehr dem dominierenden internationalen Trend. Unbestritten ist, daß bestimmte Vorleistungen aus der Zeit des Nationalsozialismus in der Bundesrepublik Deutschland weitergeführt worden waren. Die vielfältigen personellen Kontinuitäten in der Architektenschaft der Bundesrepublik hat Werner Durth in seinem Buch *Deutsche Architekten* 1986 überzeugend dargestellt. Für die DDR steht eine solche Analyse auf jeder Ebene noch aus.

Wohnford als Weltphänomen: Industrialisierung als säkularer Trend nach 1945

Die Ideologie des Fordismus, gepaart mit einer uneingeschränkten Wissenschaftsgläubigkeit, wurde in den zwanziger Jahren zur Matrix moderner Architekturkonzepte. Sigfried Giedion, Architektur- und Bauhistoriker, als Sekretär der CIAM (Congrès Internationaux d'Architecture Moderne) einer der führenden Theoretiker und Propagandisten der Moderne, nannte die Ergebnisse der Anwendung dieses Prinzips auf das Bauen dann auch euphemistisch „Wohnford".

Erst nach dem Zweiten Weltkrieg wurde die ältere Tradition der zwanziger Jahre wieder aufgenommen. Das Wohnungsproblem stellte sich in den verschiedenen entwickelten Industrieländern zu unterschiedlichen Zeitpunkten. Weltweit wurde das industrialisierte Bauen von Großsiedlungen zu einer favorisierten Variante bei der Lösung des Wohnungsproblems. Nicht nur im Ostblock entwickelte sich diese Bauweise zum zentralen Bestandteil der staatlichen Wohnungspolitik, sondern auch im Westen, etwa in Großbritannien und in Frankreich. Schnell und billig bauen zu können, war der allgemein anerkannte Grund für die Anwendung industrialisierter Bauweisen. Diese galten zudem als modern, als dem Wirtschaftsboom der Nachkriegszeit adäquat. Die wohnungspolitische Zielsetzung gerade in sozialdemokratisch regierten Ländern wie Schweden, Dänemark oder in Großbritannien unter der Labour-Regierung, aber auch in einem Land wie Frankreich mit seiner etatistischen Tradition, lautete, breiten Bevölkerungsschichten Zugang zu bezahlbarem Wohnraum mit höherem Ausstattungsstandard zu ermöglichen.

Mit der tendenziellen Durchsetzung des städtebaulichen Leitbilds der funktionalen Stadt in der Nachkriegszeit erwies sich die industrielle Bauweise, ähnlich wie bereits in den zwanziger Jahren, als mit der aufgelockerten Siedlungsform vereinbar.

Hier schien eine rationelle Baustellenorganisation, anders als in der traditionellen, kleinräumigen Block- und Parzellenstruktur, ökonomisch sinnvoll.
Die Plattentechnologie fand im sozialen Wohnungsbau, städtebaulich vor allem angewandt in Gestalt der Großsiedlung, weltweite Verbreitung. Die Trabantenstädte Les Minguettes in Lyon/Frankreich, die Bijlmermeer in Amsterdam/Niederlande oder die Academy Homes in Roxbury (Boston) USA seien als Beispiele genannt. In den ‚sozialistischen' Ländern hingegen wurde die Großtafelbauweise zur fast ausschließlich angewandten Technologie ausgebaut. Warum nur die Platte? Diese Frage ist noch nicht abschließend beantwortet. Einige Gründe lassen sich indessen aus der Besonderheit des industriellen Bauens in diesen Ländern ableiten. Ausschlaggebend war zunächst die Erhebung des industriellen Bauens zur Staatsdoktrin. Wie die oben angeführten Entwicklungen zeigen, führte dies zur Entstehung einer internationalen technokratischen Selbstdefinition derjenigen, die die Industrialisierung betrieben. Diese Beobachtung galt auch für die DDR, in der sich, wenn auch eingebettet in eine politische Ideologie, ebenfalls ein technokratisches Selbstverständnis der Planer entwickelte. Auffallend ist hierbei die offenkundige Affinität zu westdeutschen Konzepten des industriellen Bauens in den sechziger und siebziger Jahren (s. Abschnitt 3).
Nachfolgend werden Aspekte der Industrialisierung des Bauens in ihrem Zusammenhang mit dem sozialen Wohnungsbau in der Bundesrepublik Deutschland, in Frankreich und in der Sowjetunion dargestellt, um internationale Entwicklungen exemplarisch zu beschreiben.

Beispiel Bundesrepublik Deutschland

Unmittelbar nach Kriegsende wurden mehrere Konzepte des Behelfswohnungsbaus zur provisorischen Unterbringung der in die Städte zurückstrebenden Bevölkerung entwickelt. Neben dem Ausbau von nicht genutzten Dachböden und der Herrichtung von Bunkern zu Wohnzwecken betraf dies auch die Erstellung von Einfachsthäusern in industrieller Bauweise. „Als erste, wenigstens konzeptionell relativ einheitliche Strömung im Wohnungsbau der Nachkriegszeit können die Montage- oder Fertighaussysteme angesehen werden. Sie sollten den Wohnungsbedarf mittels billiger, in hoher Stückzahl industriell gefertigter Wohnhäuser befriedigen." (Hafner 1993: 73)
Durch die amerikanische Militärbehörde initiiert, wurden bereits 1946 auf Exportmusterschauen die ersten Fertighäuser vorgestellt. So z.B. in der Ausstellung „Berlin plant", auf der eine Reihe von Kunststoff-Montagehäusern gezeigt wurde, darunter eines von Hans Scharoun. Auch Rüstungsunternehmen, die sich infolge des ausgesprochenen Produktionsverbots nach neuen Produkten umsehen mußten,

entwickelten Fertigteilhäuser. Dornier, Messerschmitt und MAN verfielen deshalb auf die Entwicklung von Montagehäusern.
Hafner verweist auf die trotz schlechter Qualität und starker Kritik der Fachwelt boomende Fertigteilhausproduktion insbesondere von 1948 bis 1950 (vgl. Hafner 1950: 80ff.). Zu einem Höhepunkt dieser Entwicklung wurde dabei der ECA[34]-Wettbewerb, der im Rahmen der Wohnungsbauförderung durch den Marschallplan vom Bundesministerium für Wohnungsbau und der amerikanischen ECA-Sondermission zur Förderung des deutschen Wohnungsbaus nach amerikanischen Methoden ausgeschrieben wurde (vgl. Hafner 1993: 203ff.). Gefragt waren Entwürfe für Siedlungen in 15 verschiedenen Städten, die nach einem Festpreis möglichst viele Wohneinheiten enthalten sollten. Zu einem weiteren Entwicklungsschub für das industrielle Bauen in der Bundesrepublik Deutschland wurden die „Versuchs- und Vergleichsbauten" der Länder (vgl. Hafner 1993: 212ff.), die zwischen 1949 und 1956, finanziert vom Bundesministerium für den Wohnungsbau und von den Bundesländern, durchgeführt wurden. Als Ergebnis dieser Aktivitäten sind zwei Einschätzungen wichtig: Erstens scheiterte die Montagehausbewegung in Deutschland, da Fachwelt und Bauherren mit dem Montagehausbau kurzlebige unsolide Bauweisen assoziierten. Im privaten Wohnungsbau wurde wieder die Massivbauweise bevorzugt. Für den staatlich geförderten Wohnungsbau allerdings sollten die Rationalisierung des Bauens – Innenausbau, Typisierung und Vorfertigung – bedeutsam werden. Die Rationalisierung des Bauens war die entscheidende Weiterentwicklung der sechziger Jahre und wurde entscheidend durch die Demonstrativbauvorhaben des Bundes gefördert.
In den sechziger und siebziger Jahren wurde auch in der Bundesrepublik[35] das industrielle Bauen zu einem Schlüssel zur Deckung des Nachholbedarfs im sozialen Wohnungsbau erklärt. Der Staat förderte diese Entwicklung gemeinsam mit dem Verband der Bauindustrie. Es erschien eine Vielzahl an Schriften, oft im Auftrag des Bundesbauministeriums oder des Verbandes der Bauindustrie erarbeitet, die die Vor- und Nachteile der Industrialisierung des Bauens stets gleicher Grundaussage diskutierten: Rationalisiertes bzw. industrialisiertes Bauen senke die Fertigungskosten und reduziere das Zeitvolumen (vgl. u.a. Fertigbau 1966; Demonstrativmaßnahmen 1972; Baunormung 1962-1971; Marktanalyse 1974). Mit der Begriffsdefinition selbst beschäftigte sich ein Arbeitskreis „Wirtschaftliches Bauen" beim Bundesminister für Wohnungswesen und Städtebau. Das Ergebnis dieser Bemühungen entsprach dann auch einem baupolitischen Programm: „unter industrialisiertem Bauen [wird] die Umstellung von handwerklicher Einzelfertigung auf eine mechanisierte und weitgehend kontinuierliche Produktion verstanden. Damit ist nicht nur die Verwendung von Fertigteilen gemeint." (Schriftenreihe 1969: 32)

Die folgende Abbildung veranschaulicht die euphorischen Erwartungen, die auch in der Bundesrepblik Deutschland in den sechziger Jahren an das industrielle Bauen geknüpft wurden.

„Wirkungen der Rationalisierung"[36]

Phänomen Prinzip	**Rationalisierung**	
Weg	Steigerung der Produktivität und Wirtschaftlichkeit	Senkung der Risiken
	Bessere und billigere Produkte	Gewährleistung hoher Qualitätsstandards
	Höhere Gewinne Gesteigerte Rentabilität der eingesetzten Investitionen	Höhere Löhne und Sozialleistungen Geringere Arbeitszeit
Ergebnis	**Steigerung des Lebensstandards**	

Eine der letzten in der Bundesrepublik Deutschland erschienenen Arbeiten zum industriellen Bauen, die Promotionsschrift von Ulrich Olk, geschrieben mit dem Ziel, „einen Weg für die weitere Entwicklung des industrialisierten Bauens im Ingenieur-Hochbau aufzuzeigen" (Olk 1980: 182), vereinte baupolitische, ökonomische und baumethodische Gesichtspunkte in der folgenden Definition: „Als Industrialisierung des Bauens soll jede Baumethode bezeichnet werden, die unter Berücksichtigung des gesamten Bauprozesses von der Planung bis zur Ausführung bei gleichbleibender Qualität und angenähert gleichbleibendem Produktionsvolumen durch Anwendung neuer Techniken und neuer Organisationsformen zu einer signifikanten Reduzierung des Aufwands führt." (Olk 1980: 5)
Als Kriterien der Industrialisierung, wie sie z.B. 1970 durch Wolf Berthold bestimmt worden sind, galten auch in der Bundesrepublik Deutschland die des internationalen Standards. Nach Berthold bestehen die drei hauptsächlichen Kriterien 1. in der „Typisierung der Produkte", d.h. in der „Beschränkung der Vielfalt der Ausführungsformen auf ein oder mehrere spezifische Produkte" (Berthold 1970: 14); 2. in der „äqualitative[n] Teilung der Produktbearbeitung", d.h. der „Zerlegung der Produktionsbearbeitung in besonders einfache und begrenzte Teilfunktionen" (Berthold 1970: 16); 3. in der „Verlagerung des Produktionsschwerpunktes in stationäre Fabrikanlagen, Konzentration der Produktionsstätten", d.h. „nur in einem auf die jeweilige Produktionsaufgabe weitgehend spezialisierten baulich-technischen Raum kann eine detaillierte Fertigungsplanung in Verbindung mit einer exakten Produktionssteuerung alle Rationalisierungsmöglichkeiten restlos ausschöpfen" (Berthold 1970: 20).

Die auch für die Bundesrepublik als allgemeines Kriterium der Industrialisierung genannte Typenprojektierung konnte aber, im Gegensatz zur DDR, aufgrund der marktwirtschaftlichen Bedingungen und der kleinteiligeren Struktur der Bauwirtschaft nie durchgesetzt werden. Gleichwohl existiert ein hoher Grad an Standardisierung – auch der Soziale Wohnungsbau ist stark normiert. Ende der siebziger Jahre wurde die politische Förderung des industriellen Bauens in der Bundesrepublik allerdings eingestellt. Neben der verbreiteten städtebaulichen und sozialpolitischen Kritik der „unwirtlichen" Großsiedlungen war wohl auch der Widerstand seitens der mittelständischen Bauunternehmen und der Baugewerkschaft nicht ohne Wirkung geblieben. Darüber hinaus wurde das einstige Arbeitskräfteproblem der Bundesrepublik Deutschland durch die Anwerbung ausländischer Arbeitnehmer gelöst; somit bestand von dieser Seite kein arbeitsmarktpolitischer Druck, die Anzahl der Arbeitskräfte im Bausektor zu senken.

Beispiel Frankreich[37]

In Frankreich, dem Mutterland des heutigen Verständnisses des industriellen Bauens, hatte die Idee der Industrialisierung des Bauens verschiedene gesellschaftliche Leitbilder. Eine Anzahl von französischen Entwicklungen hat bis heute europäische Bedeutung, so die Idee der „cité industrielle", einer kompletten Stadt in Stahlbeton für eine sozialistische Gesellschaft, 1917 (!) von Tony Garnier (1869–1948) entworfen (Jullian 1989). Darüber hinaus die verschiedenen Vorfertigungssysteme, die Henri Sauvage (1873–1932) entwickelte und auf den sozialen Massenwohnungsbau, aber auch für Einzelhäuser des Kleinbürgertums und große Kaufhäuser anwandte (Sauvage 1976).
In den zwanziger und frühen dreißiger Jahren prägte der Franzose Le Corbusier am nachhaltigsten Vorstellungen eines industrialisierten Städtebaus. Als Protagonist einer an der Maschinenästhetik orientierten Moderne war er vor allem in der Zeitschrift *L'Esprit Nouveau* (1920–1925) tätig (Moos et al. 1987). Seine Modelle und Konzepte zur Weiterentwicklung des Wohnens, subsumiert unter dem Begriff der Wohnmaschine und der Stadt als funktionelle Stadt, sollten auch in der Nachkriegszeit die Weiterentwicklung der Moderne motivieren.
Der heute wohl bekannteste Verfechter der Industrialisierung des Bauens Frankreichs war zweifellos der französische Kunstschlosser Jean Prouvé (1901–1984). Mit seinem sozialen Engagement und seinen konstruktiven Erfindungen für den industrialisierten Wohnungsbau verfolgte er ein Konzept, das „der Dynamik und Freiheit des von Maschinen bestimmten Massenzeitalters Ausdruck geben" (Lampugnani 1983: 243) sollte, und vermittelte ein Programm zur baulichen Durchsetzung eines neuen, sozial gerechteren Industriezeitalters (vgl. a.a.O.: 244) mittels industrieller Techniken im Bauen. „Wie kann man eine gebieterische Notwendigkeit

definieren! Es ist eindeutig, daß nur eine in der Entwicklung begriffene Industrie ‚den Dienst leisten' kann, auf dynamische Weise der Menschheit die Behausung zu schaffen, die der immer mehr anwachsenden allgemeinen Evolution angepaßt ist." (Testa 1972: 170) So antwortete Prouvé auf die Frage Testas nach einer Definition der Industrialisierung des Bauens. Im übrigen wandte sich Prouvé nach dieser generellen Feststellung in seiner Arbeit nur noch den technischen und organisatorischen Problemen des industriellen Bauens zu (vgl. Huber et al. 1971). Auch in Frankreich boomte im Rahmen der Förderung des sozialen Wohnungsbaus nach dem Zweiten Weltkrieg der Bau von Großsiedlungen in industrieller Bauweise: Die Autoren Wolfgang Neumann und Henryk Uterwedde zählen die standardisierte Massenproduktion zu den Charakteristika der Politik der Grands Ensembles: „Die ‚Industrialisierung' der Bauwirtschaft, d.h. die Anwendung moderner industrieller Fertigungsmethoden unter Verwendung typisierter Bauformen und Bauteile, war nach 1945 ein erklärtes Anliegen der staatlichen Politik. [...] Zwei Jahrzehnte (1953-1973) haben sich so erhebliche Anstrengungen auf die Perfektionierung der Fabrikation großer Wohneinheiten gerichtet." (Neumann/Uterwedde 1993: 39)

Gefördert wurde die Industrialisierung des Wohnungsbaus durch die Zuweisung von Versuchsbauten, zur technologischen Weiterentwicklung der verschiedenen Konstruktionssysteme, durch die französische Regierung an private Unternehmen. In einem Artikel von Hans Mucke in der Zeitschrift *Deutsche Architektur* 1957, also in der Konzeptionsphase des industriellen Wohnungsbaus in der DDR, wurde vor allem die staatliche Subventionierung des französischen Wohnungsbaus und die damit verbundene Ankurbelung der Bauwirtschaft hervorgehoben (vgl. Mucke 1957: 342).

„Die Schwerpunkte des Wohnungsbaues, die für eine fabrikmäßige Vorfertigung in Frage kommen, befinden sich nur in unmittelbarer Nähe von Industriegebieten oder Großstädten." (Mucke 1957: 342)

Mucke notiert, daß es aber keine Typenprojektierung in Frankreich gebe und verweist auf die fehlenden städtebaulichen Möglichkeiten bei der Anwendung des industriellen Wohnungsbaus aufgrund der kapitalistischen Bodenpreise, was auch von „französischen Kollegen und Unternehmern als Nachteil" angesehen würde. Insbesondere wurde auf die erfolgreiche Verwendung des Konstruktionssystems „Camus" verwiesen (Mucke 1957: 342). Dieses System und das System „Coignet", beides Großtafelbausysteme, sollten weltweit beträchtlichen Einfluß erlangen (vgl. Meyer-Bohe 1967: 86 bzw. 91). Parallelen zum industriellen Wohnungsbau in der DDR zeigt auch die von Mucke dargestellte Vorgehensweise bei der Finanzierung, Förderung, Gestaltung und Verortung der Großsiedlungen.

Beispiel Sowjetunion

Wie in den entwickelten Industriestaaten generell, erfolgte die Entwicklung des industrialisierten Bauens in der Sowjetunion auf zwei Wegen: Zum einem wurde die Entwicklung von Typen die Wohnung, zum anderen die Bauweise rationalisiert. Dabei fanden die deutschen Bemühungen zur Rationalisierung der Wohnung und des Wohnungsbaus in der Sowjetunion ein starkes Echo. Nachdem der Entwurf von Kommunewohnhäusern Ende der zwanziger Jahre praktisch eingestellt worden war, wurde der Entwurf von Wohnungen auf einen „Übergangstyp" ausgerichtet, der jeder Familie eine eigene, abgeschlossene Wohnung garantierte. Hintergrund dieser Richtungsänderung war, daß, wie der sowjetische Architekturhistoriker Chan-Magomedow ausführte, erstmals auf staatlicher Ebene Probleme der wissenschaftlichen Organisation der Lebensweise erörtert wurden. „Die Analyse der Bedingungen führte zu der Schlußfolgerung, daß das Wohnungsproblem nur durch Typenbauten mit rentablen Kleinstwohnungen (in erster Linie Einzimmerwohnungen) für einzelne Familien zu lösen sei." (Chan-Magomedow 1983: 389)
Das gravierende Wohnungsproblem und das staatliche Interesse, die sozialen Strukturen nach den Wirren des Kriegskommunismus zu stabilisieren, führte zur Zubilligung eines Mindestwohnraums für alle Bürger. Die Hauptentwicklung der Typung wurde von der „Sektion für Typenbauten beim Komitee für Bauwesen" unter Leitung von Moissej J. Ginsburg ausgeführt. „Die Sektion für Typenbauten leistete eine umfangreiche analytische Arbeit, um grundsätzliche Wege zur Kostensenkung für Wohnungen in Sektionshäusern zu finden. Im Vordergrund stand die Frage nach einer rationellen Planung der Wohnungen und damit im Zusammenhang der Verringerung der Nebenräume. Besonders sorgfältig wurden der Bewegungsablauf und die Reihenfolge der Arbeitsprozesse der Hausfrau in der Küche untersucht; die rationelle Anordnung der Kücheneinrichtung konnte nicht genutzte Fläche einsparen helfen." (Chan-Magomedow 1983: 389)
Obwohl der Autor weder die offensichtlichen Parallelen zur Frankfurter Küche noch zur Idee des Taylorismus erwähnt, hatten diese Studien eine bis in die achtziger Jahre reichende Wirkung: Auch das Grundrißkonzept der WBS 70 folgt diesen Untersuchungen (s. Abschnitt 3.4). Ginsburg, u.a. Mitbegründer des russischen Konstruktivismus, erläuterte das Credo dieses Entwurfsprozesses in einem seiner vielen theoretischen Artikel, hier, ‚Die Ausrichtung auf ein Ziel in der modernen Architektur', wie folgt: „*Produktions- oder Arbeitsprozesse* verbinden sich gewöhnlich in unserer Vorstellung mit Fabriken und Werken, *gesellschaftliche und alltägliche Prozesse* mit dem Gesellschaftsbau und der Wohnung. [...] Beim sozialistischen Aufbau müssen die Alltagsprozesse natürlich genauso sorgfältig und aufmerksam untersucht werden wie die Produktionsprozesse." (Ginsburg 1927)[38]
Das Hauptergebnis der Typisierungsbemühungen war die tatsächliche Verringerung der Nebenräume, die Nutzung der Wohnräume als Mehrzweckräume, die Ent-

wicklung von Typenmöbeln und rationellen Kücheneinrichtungen – Entwicklungen, die der deutschen „Wohnung für das Existenzminimum" analog waren. Auch die Frage nach dem Haupttyp des Massenwohnungsbaus stand in den zwanziger Jahren im Mittelpunkt der Diskussion: „Erörtert wurden alle Wesenszüge der Lebensweise, die Zukunft der Familie, die Beziehungen zwischen Eltern und Kindern, die Formen sozialer Kontakte im Alltag, die Vergesellschaftung der Hauswirtschaft, der Verbrauchsprozeß usw. Es wurden die verschiedensten Modelle zukünftiger Lebensweise vorgestellt, woran sich Entwürfe für Typenwohnhäuser schlossen." (Ginsburg 1927)[39]
Im Ergebnis dieser Diskussion siegte die „neue sowjetische Familie" gegenüber allen Auffassungen, die das Verschwinden der Familie und/oder kollektive Wohnformen anstrebten. Das kleinbürgerliche Familienmodell, erweitert um die Berufstätigkeit der Frau, schien den sowjetischen Machthabern am geeignetsten, die notwendige gesellschaftliche Stabilität im privaten Bereich zu gewährleisten.
Im Gegensatz zur Rationalisierung der Wohnung, deren Entwurf auf der Basis einer relativ offenen Diskussion über die Entwicklung der sozialistischen Lebensweise erfolgte, standen die Verwendung neuer Materialien und neuer industrieller Bauweisen und die Notwendigkeit eines effizienteren Bauablaufes nicht zur Debatte. Das Bauen mit vorgefertigten Teilen begann auch in der Sowjetunion in den zwanziger Jahren: „Vielfältig sind in den zwanziger Jahren die Bemühungen, [...] von der technisch-konstruktiven Seite her nach neuen hochproduktiven Baumethoden zu suchen. In der Sowjetunion fallen sie mit der 1926 eingeleiteten Industrialisierung des Landes zusammen. Neben der Anwendung von Typengrundrissen, Leichtbaukonstruktionen und verschiedenen standardisierten Bauelementen werden erste Versuche unternommen, industrielle Montagebauweisen zu entwickeln." (Schädlich 1962: 25)
Im Rahmen experimenteller Bauprogramme entstanden verschiedene Gebäude sowohl in Großblock- als auch Großtafelbauweise. Die Zielrichtung der baulich-konstruktiven Entwicklung war von Anfang an, „zu geschoßhohen, zimmergroßen Elementen überzugehen" (Schädlich 1962: 25), d.h. zur Plattenbauweise. Auf der politischen Ebene gab es immer wieder Beschlüsse, die diese Entwicklung forcierten und unterstützten. So orientierten die Beschlüsse des XVIII. Parteitags der KPdSU von 1937 auf die „Notwendigkeit der dringlichen Einführung von Schnellbaumethoden"[40]. Von der die Beschlüsse ausführenden Institution, dem Volkskommissariat für Bauwesen, wurde der Projektierungsbetrieb Gostrojprojekt mit der Ausarbeitung einer Serie von Typenprojekten für den mehrgeschossigen Wohnungsbau beauftragt. Kosel beschreibt in seinen Lebenserinnerungen die Einsetzung von drei Arbeitskollektiven, die von W. E. Korenkow geleitet wurden: „1. für die Erarbeitung der Wohnungs- und Gebäudegrundrisse die Gruppe Blochin/Plessin/Smirnow, 2. für die Gestaltung der Wohnungseinrichtungen, besonders der Küchen und Bäder, die Gruppe (Hans – C. H.) Schmidt/Abraham, 3. für die Erarbeitung

von Standard-Bauelement-Serien sowie für die Lösung methodischer Grundsatzfragen des Systems der Projektierung die Gruppe Kosel[41]/Bartoschat." (Kosel 1989: 58/59)

Die Entwicklung des industriellen Wohnungsbaus ging bis 1954 nur schleppend voran. Vor allem geduldet als Nutzarchitektur an den neuen Industriestandorten der Sowjetunion und geächtet von den stalinistischen Architekten, wurde sie erst mit dem Wechsel der Machtverhältnisse in der KPdSU nach Stalins Tod 1953 zur dominierenden Bauweise. Chruschtschow hatte mit seiner programmatischen Rede auf der Moskauer Allunionskonferenz 1954 diesen grundsätzlichen Kurswechsel eingeleitet (vgl. Abschnitt 3.). Zwar hatten deutsche Architekten schon in den frühen dreißiger Jahren in ihrem Reisegepäck eine Expertise wie auch Erfahrungen mit der Großtafelbauweise nach Sowjetrußland mitgebracht, aber es gab nur geringe Ressourcen, diese Ideen umzusetzen. „The first Russian experiments in large-panel construction actually were undertaken in the mid-1930s by Burov, a teacher at the Institut of Architecture in Moscow. His first use of large concrete panels was for houses in Moscow." (Broadbent 1979: 46)

Obwohl Burovs Experimente zu seiner Zeit wenig Anerkennung gefunden hatten, fanden sie doch einen Interessenten: Nikita Chruschtschow, den damaligen Assistenten des Leiters der Neuplanung Moskaus Kaganovitsch (Junghanns 1967; Broadbent 1979). Als dieser fast 20 Jahre später die Chance zur Machtergreifung in Partei und Staat sah, war eine seiner ersten Entscheidungen die generelle Einführung der Großtafelbauweise im Wohnungsbau.

3 Entdifferenzierung durch Industrialisierung: Zur Genese des Systems der ‚Platte' in der DDR

Akteure und Strukturen im Bauwesen der DDR

Die fast ausschließliche Anwendung der Großtafelbauweise war bis 1955 keine zentrale Vorgabe der Baupolitik in der Sowjetischen Besatzungszone (SBZ) und der späteren DDR. Sie wurde lediglich als eine mögliche Technik neben anderen betrachtet. Eine ideologische Überhöhung der Industrialisierung, wie sie später mit der Gleichsetzung von Sozialismus und Industrialisierung des Bauens betrieben wurde, fand in diesem Zeitraum noch nicht statt. Gleichwohl wurde in diesen zehn Jahren nach 1945 strukturell und organisatorisch eine wesentliche Voraussetzung der späteren technokratischen Gleichschaltung des Bauwesens geschaffen: Die Zentralisierung aller wesentlichen gesellschaftlichen Funktionszusammenhänge in der Diktatur des sogenannten demokratischen Zentralismus. Die Machtübernahme durch die Sowjetische Militäradministration in Deutschland und die KPD/SED setzte „in der SBZ in wenigen Jahren einen sozioökonomischen und politischen Umbruch durch, der gesellschaftlich eigenständige Institutionen zugunsten einer zugleich vielgliedrigen wie mono-organisatorischen Struktur abbaute" (Meuschel 1992: 41).

In der Phase von 1945 bis 1949 beschränkte sich die Bautätigkeit auf Enttrümmerung und Instandsetzung von Wohnraum. Eine nennenswerte Bautätigkeit im Wohnungssektor fand noch nicht statt, der Zentralisierungsgrad der Bauwirtschaft blieb mit Ausnahme der enteigneten Großbauunternehmen noch relativ niedrig. Der Städte- und Wohnungsbau war noch nicht Bestandteil der staatlichen Gesamtplanung, die Kommune blieb in dieser Zeit die erste Zentralisierungsstufe.

Mit der Gründung der DDR 1949 erfolgte der Aufbau von Institutionen, die eine staatliche Lenkung des Bausektors zur Folge hatten. Dazu gehörten an erster Stelle das 1949 gegründete Ministerium für Aufbau (seit 1958 Ministerium für Bauwesen), dem staatliche Bauämter auf Landesebene[42], in den Großstädten und in den Kreisen zugeordnet wurden. Gleichzeitig wurde mit dem „Institut für Städtebau und Hochbau" die zentrale Stabsinstitution für Projektierung eingerichtet, der die ersten volkseigenen Projektierungsbüros angeschlossen wurden (vgl. Kuhirt (Hrsg.) 1982: 204). Damit war ein erster Schritt zur Entmachtung des Berufsstandes der Architekten, die vorher vorwiegend in selbständigen Büros arbeiteten, getan. Herbert Ricken, ein DDR-Bauhistoriker, begründet diese Veränderung des Berufsstandes der Architekten, die mit der Industrialisierung des Bauens einherging: „Die historisch neue Qualität der Aufgaben, wie das nationale Aufbauwerk in den Stadtzentren, der Wohnungsbau auf der Grundlage eines ersten Typenprogramms, der Bau neuer Produktionsanlagen und von Arbeiterclubhäusern, führte die Architekten dazu, sich schrittweise von überholten Vorstellungen frei zu machen und danach zu suchen, wie sie die neue gesellschaftliche Ordnung in der DDR, den demokratischen Inhalt der Arbeiter- und Bauernmacht und das erstarkende nationale Selbstbewußtsein der Werktätigen architektonisch zum Ausdruck bringen könnten. [...] Er [der Architekt, C. H.] muß die Fähigkeit besitzen, als Koordinator des Entwurfprozesses zu wirken [...]. Neben dem Stadtplaner und dem Architekturwissenschaftler begann sich, gefordert durch die Konzentration der Projektierung in wenigen großen Organisationen, eine neue Modifikation des traditionellen Architekten herauszubilden: der Organisator und Technologe der Projektierung." (Ricken 1977: 158)

Der politisch-ideologische Hintergrund des Machtausbaus nach sowjetischem Vorbild wurde in der offiziellen Kunstgeschichtsschreibung der DDR in den frühen achtziger Jahren mit aller Deutlichkeit benannt: „Eine solche bereits in der Sowjetunion erprobte Leitungsstruktur ermöglichte es, sowohl die Planung des Bauens im direkten Zusammenhang mit den Volkswirtschaftsplänen in die Wege zu leiten, als auch eine organisatorische und arbeitsmethodische Grundlage für die kollektive Zusammenarbeit der Architekten und Ingenieure aufzubauen. Mit dem Aufbau entwicklungsfähiger volkseigener Entwurfsbetriebe setzte ein Prozeß revolutionärer Umwandlung des architektonischen Schaffens ein, der [...] eine höhere Effektivität und Qualität der Entwurfsarbeit zeitigte und die Produktivität gegenüber der bisher üblichen Tätigkeit freischaffender Architekten wesentlich steigerte." (Kuhirt[43] (Hrsg.) 1982: 204)

Als städtebauliches Leitbild dieser Phase von 1950 bis 1955 dominierte, dem sowjetischen Vorbild folgend, eine Orientierung an nationaler Bautradition und dem traditionellen Modell der europäischen Stadt. Die Grundlinien dieser in der Literatur des Westens gemeinhin als stalinistisch bezeichneten Bauperiode wurden in den „16 Grundsätzen des Städtebaus" fixiert. Diese Grundsätze waren nach der Reise einer offiziellen DDR-Delegation unter Leitung vom Minister für Aufbau Lothar Bolz (12.4. bis 25.5.1950) veröffentlicht worden.[44] „Es ist die erste Regierungsdelegation der DDR, die auf Einladung der UdSSR Erfahrungen des sozialistischen Aufbaus in der Sowjetunion studiert. Die Erkenntnisse auf dem Gebiet des Städtebaus werden für die Ausarbeitung der Grundsätze des Städtebaus (27.7.1950) und des Aufbaugesetzes (6.9.1950) ausgewertet." (Chronik Bauwesen 1974: 40)

Im Grundsatz 3 der von der Regierung der DDR verabschiedeten Richtlinien wird bereits auf die Rolle der Industrie beim Städtebau Bezug genommen: „Städte werden in bedeutendem Umfang von der Industrie für die Industrie gebaut." (Bolz 1951: 88) Hierunter wurde aber noch nicht die vollständige Industrialisierung des Bauwesens verstanden, sondern die Forcierung des Wohnungsbaus im Interesse der industriellen Entwicklung. Zeugnis hierfür sind die gezielt an neuen Produktionsstandorten gebauten „neuen sozialistischen Städte", wie Eisenhüttenstadt, Schwedt und Hoyerswerda.

Für die weitere Entwicklung des DDR-Wohnungsneubaus haben diese Grundsätze eine unterschiedliche politische Wirksamkeit gehabt. So wurden die Festlegungen in Grundsatz 10 zur Struktur der Wohngebiete als „sozialistischer Wohnkomplex" zum dominierenden Leitbild bei der Planung der späteren Neubauwohngebiete (vgl. Schmidt 1958: 146ff.).

In ihrer Allgemeinheit und theoretischen und ideologischen Vagheit jedoch haben die „16 Grundsätze" nie die Bedeutung erlangt, die den ersten Ansätzen zur Rationalisierung und Standardisierung des Wohnungsbaus zukommen sollten. Denn in dieser Zeit wird mit verschiedenen Methoden zur „Rationalisierung der Bauproduktion" experimentiert, darunter auch mit der Großtafelbauweise. Die überwiegende Zahl der zwischen 1950 und 1955 entstandenen Wohnungsbauten wurde in Ziegelbauweise ausgeführt.

Insgesamt hat die von Sigrid Meuschel (1992) als „Sowjetisierung" gefaßte Entwicklung eine Logik des Politiktransfers zur Folge, nach der alle wesentlichen Weichenstellungen im Gefolge und in Übereinstimmung mit den jeweiligen Kurswechseln der sowjetischen Gesellschafts- und Wirtschaftspolitik erfolgten.

Dies gilt auch für die seit 1955 forcierte Industrialisierung des gesamten Bausektors[45], darunter vorrangig des in Großplattenbauweise betriebenen Wohnungsbaus. Für diese Entwicklung hatte es innerhalb der DDR zuvor keine Bestrebungen und keine Protagonisten gegeben. Der baupolitische Anstoß kam aus der Sowjetunion.

In den folgenden Abschnitten wird an Hand von entscheidenden Entwicklungen zu zeigen sein, wie die sowjetischen Vorgaben mit DDR-internen Interessenlagen verbunden und in eine eigenständige DDR-Wohnungsbaupolitik umgesetzt wurden.

Die Anpassung der Bauwirtschaft der DDR an die Vorgaben aus der UdSSR wäre allerdings nur schwer möglich gewesen, wenn in dieser Zeit nicht ebenfalls ein Schub in der internationalen Entwicklung der Bautechnologie eingetreten wäre. Der „international anerkannt führende Kopf" (Henselmann) der technologischen Forschung war der Westberliner Hochschullehrer Robert von Halász, mit dem führende Bauingenieure der DDR zu diesem Zeitpunkt kooperierten. Während die „Industrialisierung der Bautechnik", wie von Halász in seinem gleichnamigen Standardwerk feststellte, in Deutschland von 1935 bis 1945 im wesentlichen bei

der Vorfertigung von Industriebauten zu einem ersten Durchbruch kam, erlebte sie in den ersten zehn Nachkriegsjahren keine wesentlichen Fortschritte (vgl. Halász 1966: 10ff.). „Nur wenige Fachleute [in Deutschland, C. H.] hielten an dem Gedanken fest, daß Vorfertigung im Wesen der technischen Entwicklung begründet sei und daher früher oder später unausweichlich kommen werde, daß Vorfertigung vor allem in dem Maße wichtig werde, in dem Handarbeit wegen immer intensiverer Mechanisierung oder Automatisierung der Maschinentechnik auch in der Bauindustrie teurer bezahlt werden müsse." (Halász 1966: 14)
In dieser Phase des Wiederaufbaus dominierte die traditionelle monolithische Betonbauweise. Aber etwa ab 1953 begann der „zweite Durchbruch" (Halász) der Industrialisierung der Bautechnik, denn Raymond Camus, der aus dem Automobilbau (Citröen) kommende französische Ingenieur wie auch fast gleichzeitig Eduard Fougea, Direktor der französischen Firma Coignet, und die dänischen Ingenieure Nielsen und Larsen begannen weltweite Aufmerksamkeit zu finden, indem sie den Gedanken der Vorfertigung konsequent mit dem Wohnungsbau verbanden (vgl. Halász 1966: 16ff.). „Das Bewundernswürdige an dieser erdrutschartigen Entwicklung, die bis heute zur Ausführung von einigen hunderttausend Wohnungen in Mitteleuropa geführt hat, ist die Tatsache, daß die damals gefaßten Ideen im Laufe der Zeit nicht mehr abgewandelt zu werden brauchten, wenigstens bis heute nicht und sehr wahrscheinlich auch noch in den nächsten Jahren nicht." (Halász 1966: 16)
Wie aus einem Interview mit dem DDR-Bauexperten Hirschfelder hervorgeht, war es vor allen Dingen Halász, der die Rezeption dieser westlichen Technologieentwicklung in der DDR ermöglichte.
Nach Zusammenhängen dieser Art sucht man in den wenigen Gesamtdarstellungen zur Baugeschichte der DDR vergebens: Der DDR-Architekturtheoretiker Bruno Flierl entwickelte in seiner Habilitationsschrift 1978 eine Periodisierung der DDR-Architektur, nahm aber keinerlei Bezug auf internationale bzw. westliche Entwicklungen des Bauens. Seine Arbeit periodisiert die Entwicklung der DDR-Architektur vor allem an Hand der wechselnden Ideale zur sozialistischen Zentrumsgestaltung. Die Entwicklung des industriellen Wohnungsbaus im Zusammenhang mit der „Lösung der Wohnungsfrage als sozialem Problem" wird lediglich am Rande berührt (Flierl 1978). Die von Thomas Topfstedt (1988) veröffentlichte Arbeit zur Entwicklung des Städtebaus in der DDR war die erste wissenschaftliche, durchaus auch kritische Gesamtdarstellung des Städtebaus der DDR, blieb allerdings als rein kunsthistorische Betrachtung auf die bauliche Formanalyse beschränkt. Ideologiekritische, soziale und politische Dimensionen blieben in ihr unberücksichtigt. Die dreibändige *Chronik des Bauwesens der DDR* (Chronik 1974, 1979 u. 1985) entspricht der offiziellen Lesart der DDR-Baugeschichte.
Auch in der westdeutschen Stadt- und Architekturforschung gibt es einzelne Arbeiten zur DDR-Baugeschichte: Der Geograph Frank Werner hat 1981 eine be-

merkenswerte Arbeit vorgelegt, in der er die Entwicklung von städtebaulichen Leitbildern in Abhängigkeit vom architektonisch-kulturellen Zeitgeist darlegt (Werner 1981). Klaus von Beyme kommt 1987 das Verdienst zu, eine erste komparative Darstellung zur Entwicklung von Städtebau und Architektur in beiden deutschen Staaten vorgelegt zu haben. Aber für die erstaunlichen Parallelen der Entwicklung des Wohnungsbaus in Form von Großsiedlungen in Ost- und Westdeutschland findet er keine Erklärung: Er bewertet diese noch aus der Haltung des grundsätzlichen Systemgegensatzes (Beyme 1987). Jonas Geist und Klaus Kürvers haben 1989 im dritten Band ihrer Untersuchung der Entwicklung der Berliner Mietshäuser eine erste Dokumentensammlung zur Entwicklung des Wohnungsgrundrisses im industrialisierten Wohnungsbau in der DDR veröffentlicht, deren inhaltliche Auswertung im Rahmen ihres Forschungsprojekts der Entwicklung des Berliner Mietshausbaus erfolgte (Geist/Kürvers 1989). 1991 veröffentlichte Thomas Hoscislawski seine Arbeit *Bauen zwischen Macht und Ohnmacht*, in der, offensichtlich vor dem Oktober 1989 fertiggestellt, erstmalig u. a. die Industrialisierung des Bauens in ihrer historischen Abfolge am Beispiel der Entwicklung der Typen des Wohnungsbaus behandelt wird. Die Industrialisierung wird von ihm nur so weit verfolgt, wie sie für die technische und technologische Entwicklung des Wohnungsbaus in der DDR entscheidend war. Eine weitere Darstellung der Entwicklung der Wohnungstypen des industrialisierten Wohnungsbaus der DDR findet sich, ergänzt um eine wohnungswirtschaftliche und soziologische Bestandsaufnahme, in einer 1993 von der Wüstenrot Stiftung Deutscher Eigenheim-Verein e.V., Ludwigsburg, herausgegebenen Analyse (Modernisierung 1993).

Grundlegung des industrialisierten Bauens

Die Industrialisierung des Bauens in der DDR wurde von der Partei- und Staatsführung in einer inszenierten Beschlußfassung auf der zu diesem Zweck erstmalig einberufenen Baukonferenz der DDR im April 1955 „demokratisch“ initiiert und danach vom Ministerrat der DDR als Gesetz erlassen (Baukonferenz 1955; Bekanntmachung 1955). Die offizielle Begründung liefert denn auch der Vertreter des Ministeriums für Aufbau, Staatssekretär Gerhard Kosel, der nach dem Staats- und Parteirepräsentanten Walter Ulbricht[46], als erster Fachkader die politischen Vorgaben auf das Bauwesen übersetzte: „Der Beschlußentwurf über die wichtigsten Aufgaben des Bauwesens, zu dessen Beratung sich heute die Vertreter der Bauschaffenden zusammengefunden haben, stellt die Industrialisierung an die Spitze jener Reihe von Maßnahmen, die zur Verbesserung des Bauwesens zu treffen sind. Damit nicht genug, durch das ganze Dokument zieht sich wie ein Leitsatz die Forderung: *Industrialisierung des Bauens.*“ (Kosel 1955a: 78)

Diesem baupolitischen Beschluß vorausgegangen war die Moskauer Allunionsbaukonferenz vom 7. Dezember 1954, auf der mit der berühmten Rede Nikita Chruschtschows[47] über die „zu teuren Herren Architekten" ein den gesamten Ostblock betreffender Richtungswandel eingeleitet wurde: Die Abkehr vom stalinistischen (neoklassizistischen) Bauen und die Hinwendung zu einer Ökonomisierung des Bauens (vgl. Martiny 1983: 91ff.). Hintergrund der Profilierungsbemühungen des Parteikaders und Landwirtschaftsspezialisten Chruschtschow war der nach Stalins Tod im Frühjahr 1953 einsetzende Machtkampf um die Führung der KPdSU (vgl. z.B. Leonhardt 1965: 18ff.). Erstaunlicherweise verweisen die verschiedenen Biographen Chruschtschows zwar auf die Machtkämpfe nach Stalins Tod, aber die Schlüsselfunktion, die die Rede Chruschtschows auf der Allunionskonferenz für die Machterlangung hatte, wurde bisher nur von Bauhistorikern begriffen. Außer Broadbent (1979) reflektiert nur noch Martiny (1983) diese Tatsache: „Chruschtschow befand sich Ende November 1954 mitten in der Auseinandersetzung mit seinem wichtigsten Rivalen Malenkow. [...] In dieser Situation griff Chruschtschow ein Thema [der krassen Mängel im sowjetischen Bauwesen – C. H.] auf, das populär war und seine Position stärkte. Die verzögerte Veröffentlichung seiner Rede zeigt [um drei Wochen ‚verspätet' – C. H.], daß diese Absicht vermutlich erkannt wurde und auf Widerstand stieß." (Martiny 1983: 95)
Aus der sowjetischen Baupolitik als Nebenschauplatz des Kampfes um die politische Führung wurde seit 1955 ein Vehikel der Entstalinisierung, das deshalb mit aller Konsequenz in den sozialistischen Staaten durchgesetzt werden mußte. Aufgrund des durchschlagenden Erfolges der Rede Chruschtschows auf der Allunionsbaukonferenz, die seinen Führungsanspruch nachhaltig festigte, wurde die Politik der Industrialisierung des Bauwesens eine wichtige Machtbasis Chruschtschows, die die Grundlage seiner Reputation als Reformer und Erneuerer bildete.
Indem er in die Debatte um die bevorzugte Anwendung der Monolith- oder Montagebauweise mit der Forderung nach der Ausarbeitung von Typenprojekten eingriff, entschied Chruschtschow den Sieg der Verfechter des industriellen Bauens. Bei Karl-Heinz Schultz (1955), der als Mitglied der Delegation von DDR-Baufachleuten, die unter Leitung von Rudolf Schüttauf[48] an der Konferenz teilnahmen, in der Zeitschrift *Bauplanung und Technik* einen offiziellen Bericht publizierte, hieß es dann auch: „N. S. Chruschtschow stellte fest, daß der bis in die jüngste Zeit geführte Streit, ob man den Weg der Anwendung von zusammensetzbaren Konstruktionen oder von monolithischem Beton beschreiten solle, jetzt eindeutig zugunsten der Verwendung von zusammengesetzten, vorgefertigten Konstruktionsteilen entschieden sei." (Schultz 1955: 50)
Als Begründung nannte Schultz die guten Erfahrungen, die man mit dem industriellen Bauen gemacht habe, und die Notwendigkeit, sich von der „Handwerkelei" zu emanzipieren. In der Literatur über Chruschtschow findet sich lediglich bei Geoffrey Broadbent der Hinweis, daß dieser bereits seit den dreißiger Jahren, wo

er unter anderem für den Bau der Moskauer Untergrundbahn politisch verantwortlich war, den „sozialistischen Realismus", wenn auch folgenlos, abgelehnt habe. Nach Stalins Tod nutzte Chruschtschow das Machtvakuum, um mit der Forcierung der Großtafelbauweise (vgl. Broadbent 1979) das stalinistische, das „schöne" Bauen, zu diskreditieren. Die „schönen Silhouetten" sollten endlich durch Wohnungen ersetzt werden (vgl. Chruschtschow 1955: 49). Die Rede Chruschtschows, die in der Sowjetunion unter einem eher sachlichen Titel veröffentlicht worden war[49], erschien in der DDR Anfang 1955 unter der mobilisierenden und propagandistischen Überschrift *Besser, billiger und schneller bauen.* Sie löste in der DDR eine intensive Diskussion um den „richtigen Weg" in Architektur und Städtebau aus. Daß Chruschtschows Rede in der DDR zwar für Verwirrung über den baupolitischen Kurswechsel sorgte, aber auch auf fruchtbaren Boden fiel, verdeutlichen die einführenden Worte des Konferenzberichts von Schultz 1955: „Seit mehr als 50 Jahren wird im Bauwesen der Kampf um die Montagebauweise mit Stahlbetonfertigteilen und im Zusammenhang damit um die Industrialisierung des Bauens geführt. In diesem Jahr ist dieser Kampf endgültig zu Gunsten des industriellen Bauens mit den Montagebauweisen entschieden worden." (Schultz 1955: 49)
Diese Sichtweise aber entsprach zu diesem Zeitpunkt nur der Hoffnung einer kleinen Gruppe von Architekten und Bauingenieuren in der DDR, die seit Kriegsende auch im Austausch mit westdeutschen Experten auf diesem Gebiet tätig waren.
Die architektur- und baupolitische Diskussion insgesamt war noch von der in den Jahren seit 1949 gegen den Widerstand bekannter Architekten wie Hermann Henselmann durchgesetzten Linie der nationalen Tradition als der dominierenden Architekturhaltung in der DDR geprägt. Als Vorbote der Entstalinisierung der Gesellschaft seit dem XX. Parteitag der KPdSU 1956 mußte der sich nun anbahnende Moskauer Richtungswechsel „in der DDR das gesamte auf der Verwendung nationaler Bauformen errichtete Gedankengebäude ins Wanken bringen und die Stellung der SED im Systemwettbewerb mit der Bundesrepublik schwächen" (Hoscislawski 1991: 135).
Noch bestätigte Walter Ulbricht in seiner Rede auf der ersten Baukonferenz der DDR das Festhalten an einer „deutschen Architektur": „Die Moskauer Unionsbaukonferenz erteilt uns wertvolle Hinweise. Wir wissen, daß bei uns noch große Mängel vorhanden sind, daß der Wirtschaftlichkeit im Städtebau mehr Aufmerksamkeit geschenkt werden muß. Aber wir wissen auch, daß unser Weg unter den besonderen Bedingungen des nationalen und sozialen Kampfes in Deutschland der richtige ist. Dieser Weg führt zu einer deutschen Architektur, die den Interessen des ganzen Volkes dient." (Ulbricht 1955: 7)
In der Industrialisierung des Bauwesens als einem ersten Schritt zur Verbilligung des Bauens sah man dazu keinen Widerspruch, da die ersten Experimentalbauten in industrieller Bauweise, z.B. das erste Plattenwohnhaus in Berlin-Johannisthal

mit der „Palladio-Platte“ eine Fassadengestaltung aufwiesen, die dieser Architekturauffassung entsprach. Die im „dritten“ Schritt der Industrialisierung des Bauens eingeführte Monostruktur der Platte in Form und Inhalt, die sich in der Entwicklung der WBS 70 am meisten verdeutlichte, konnte demzufolge nicht als Problem gesehen werden. Der Beschluß zur Industrialisierung des Bauens, der das Hauptergebnis der ersten Baukonferenz der DDR war, wurde lediglich als folgerichtige Höherentwicklung, als notwendige Industrialisierung eines rückständigen Wirtschaftsbereiches betrachtet.
Für die kompromißlose Durchsetzung des industriellen Bauens in der DDR lassen sich sehr leicht ausschließlich ökonomische Ursachen finden: Sowohl die westdeutsche als auch die ostdeutsche Literatur verweisen gleichlautend auf die schlechte Ausgangslage für den Wiederbeginn des Bauens in der DDR (Hoffmann 1972; von Beyme 1987; Kuhirt 1982; Topfstedt 1988; Hoscislawski 1991). Darüber hinaus führte das permanente Wohnungsproblem der DDR zur Abkopplung der Wohnungs- von der Städtebaupolitik. Eine überzeugende Verbindung beider Schwerpunkte der räumlichen und sozialen Entwicklung hat es in der DDR nur in der Zeit des nationalen Wiederaufbaus gegeben. Die Wohnungsbaupolitik dominierte ab Ende der fünfziger Jahre die Städtebaupolitik und führte schließlich zu einer relativen Vernachlässigung der Stadtentwicklung bis zur Mitte der achtziger Jahre, mit Ausnahmen wie der Entwicklung der „Hauptstadt der DDR“ und einigen wenigen Prestigeobjekten.[50]
Auch die Industriebaupolitik wirkte sich auf den Wohnungsbau der DDR aus. Da nach der Gründung der DDR ebenso wie nach dem Mauerbau 1961 eine völlig neue Industriestruktur aufgebaut werden sollte, wurden die Prioritäten auf den Industriebau gelegt; der Wohnungsbau diente der Ergänzung des Industriebaus, während der Städtebau wiederum zur Ergänzung des Wohnungsbaus wurde. Das führte zur Umlenkung der Arbeitskräftepotentiale auf die jeweiligen volkswirtschaftlichen Schwerpunkte der DDR-Industrieentwicklung: Erst die Schwer- und Metall-, dann die Chemie- und Petrolindustrie und in der letzten Phase der DDR die Mikroelektronik. Infolge dieser jeweils sogartigen Schwerpunktänderungen mußte das Bauwesen Arbeitskräfte für die anderen volkswirtschaftlichen Sektoren zur Verfügung stellen. Ein permanentes Arbeitskräfteproblem war die logische Folge, was wiederum die Bemühungen um die beschleunigte Einführung industrieller Bauweisen verstärkte, die als arbeitskräftesparend bewertet wurden.
Desgleichen waren die Ausgangsbedingungen des Wohnungsbestandes seit Kriegsende für die DDR defizitär. So betrug die Schätzung für den Fehlbetrag an Wohnungen schon für das Jahr 1946 z.B. 1,2 bis 1,4 Millionen Wohnungen.[51]
„Als Gründe dafür kommen im wesentlichen in Betracht die Übernahme eines Vorkriegsfehlbestandes von ca. 0,5 Mill., die totale oder teilweise Zerstörung eines beträchtlichen Teiles des Wohnungsbestandes während des II. Weltkrieges sowie

die Zunahme der Wohnbevölkerung um etwa 1,6 Mill. Menschen von 1939 bis 1946." (Hoffmann 1972: 12)
Auch in der weiteren Entwicklung konnte dieses Defizit nicht abgebaut werden. Die DDR-Industriebaupolitik führte zu einem sinkenden Anteil des Wohnungsbaus am Investitionsvolumen (vgl. Beyme 1987: 320ff. und folgende Grafik). In der Industrialisierung des verstaatlichten Wohnungsbaus (und auch des hier nicht behandelten Industriebaus) wurde deshalb die einzige Möglichkeit zur Erhöhung des Anteils an neugebauten Wohnungen bei gleichzeitiger Senkung der Kosten gesehen.

Anteil des Wirtschaftsbereichs Bau an den Investitionen in der Volkswirtschaft der DDR in Prozent (alle Wirtschaftbereiche insgesamt = 100 Prozent)[52]

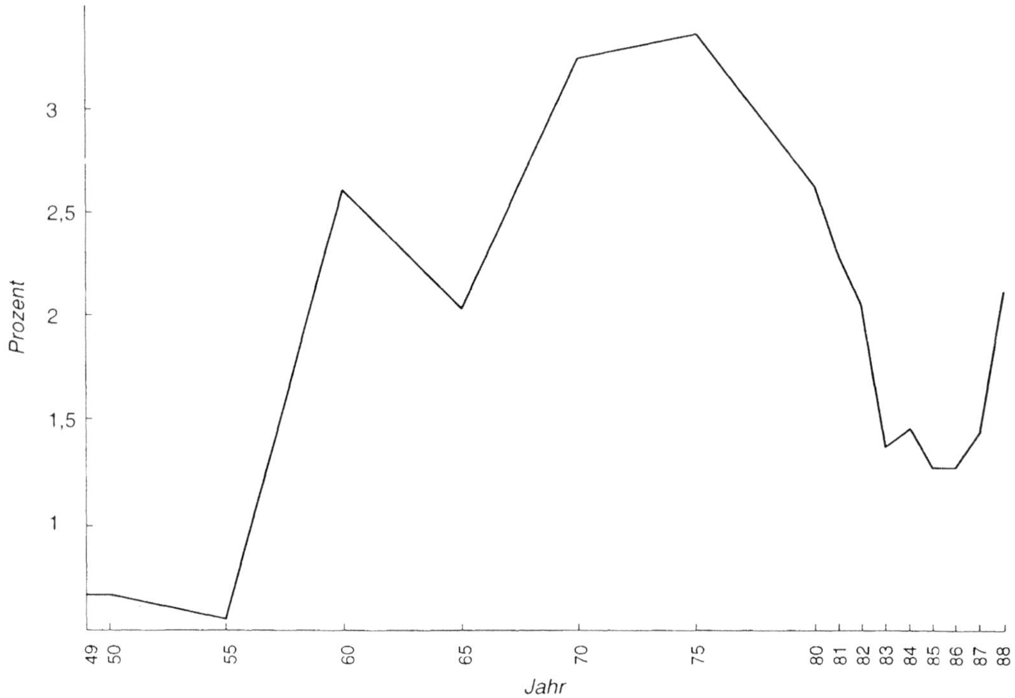

Die wissenschaftlich-technischen Vorarbeiten für das industrielle Bauen begannen Anfang der fünfziger Jahre mit baulich-konstruktiven Experimenten in verschiedenen industriellen Verfahren wie Blockbauweise, Streifenbauweise und Ziegelblockbau. Ziel dieser Experimente war es, Grundlagen der konstruktiv-technologischen Bedingungen des Einsatzes in großem Maßstab und Richtwerte zu den jeweiligen Kosten zu erarbeiten. Alle diese Bauweisen, insbesondere die Blockbauweise, sind verfahrensmäßige Vorläufer der Plattenbauweise. Damit lag die DDR im internationalen Trend, eine Tatsache, die durch die Ausrichtung des

Experimentalbau in Plattenbauweise, 1953 in Berlin-Johannisthal errichtet. Oben: Eingangsbereich, unten: Gebäuderückseite. Fotos: Ulrich Müller

„I. internationalen Kongresses für Montagebau mit Betonfertigteilen" an der Technischen Hochschule Dresden (Lewicki 1955) bestätigt wurde.[53]
Unter der Leitung von Kurt Borges wurde 1951 der erste Plattenbau der DDR konstruiert. An einem Industriebau für das damalige Transformatoren- und Röntgenwerk Dresden wurden vom VEB Industrieentwurf erste Experimente mit der Konstruktion von Geschoßbetonfertigteilen im mehrgeschossigen Gebäudebau durchgeführt (vgl. FAZ-Magazin, 3.12.93). Ab 1953 wurden Experimentalbauten in industrieller Bauweise für den Wohnungsbau errichtet: Der erste mehrgeschossige Wohnungsbau in Plattenbauweise der DDR entstand in Berlin-Johannisthal[54] (Kuhirt 1982: 217; Geist/Kürvers 1989: 519ff.). Bereits 1952 wurde in Berlin-Friedrichshain ein Versuchsbau in Skelettbauweise erstellt. Diese Bauten wiesen in ihrer äußeren Form starke Ähnlichkeiten zu den Entwürfen von Ernst Neufert, veröffentlicht in der *Bauordnungslehre* von 1943, auf. Gestalterisch wurde noch versucht, mit der industriellen Bauweise historische bzw. national-spezifische Formen nachzuempfinden.
Die in den Anfangsjahren der DDR durchaus noch vorhandenen Gemeinsamkeiten von ost- und westdeutschen Bauingenieuren und Architekten auf der Ebene des professionellen Gedankenaustausches und der wechselseitigen Wettbewerbsteilnahme spielten für die Bau- und Wohnungspolitik der DDR selbst keine Rolle.[55] Allein bei der Erarbeitung der konstruktiv-technischen Parameter des industriellen Bauens in der DDR orientierten sich die DDR-Technologen an französischen und dänischen Plattenbausystemen. Hierzu gibt es widersprüchliche Aussagen: Die entsprechende DDR-Literatur geht in ihren Darstellungen grundsätzlich davon aus, daß die konstruktiv-technologischen Prämissen im Bauwesen aus der Sowjetunion übernommen worden seien. Ein an diesem Wissenstransfer beteiligter Architekt, Günter Hirschfelder, sagte in einem Interview dazu indessen: „Die SU spielte bei der Entwicklung der technisch-konstruktiven Grundlagen des industriellen Bauens keine Rolle. Die Bauakademie orientierte sich an dem dänischen System Larsen & Nielsen und an den französischen Systemen Coignot und Camus[56]. Die konstruktiv-technischen Grundlagen wurden an der Bauakademie durch Prof. Herholdt, Prof. Schüttauf und Prof. Schultz unter Verwendung der und in Anlehnung an die Grundlagen, die von Robert von Halász[57] (Professor für Baukonstruktion an der Technischen Universität Berlin) gelegt worden waren, entwickelt. Im Gegensatz zum Osten beherrschte der Westen die technischen Grundlagen des Plattenbaus."[58]
Seine Interpretation widerspricht damit der offiziellen Lesart, wie sie auch Gerhard Kosel in einem Interview vertritt: Die DDR habe ihre bautechnologischen Grundlagen nur aus der Sowjetunion bezogen.[59] Für die Auffassung von Hirschfelder spricht die Tatsache, daß die ersten Plattenwerke für die DDR aus Finnland importiert wurden und die ersten Experimente mit industriellen Bauweisen noch vor Kosels Rückkehr aus der Sowjetunion nach Berlin begannen. Christian Borngräber verweist in einem Aufsatz über Henselmann auf Gebäude am Ostberliner

Strausberger Platz, die „in der von Professor von Halász an der Technischen Universität in Berlin-Charlottenburg entwickelten Konstruktion“ (Borngräber 1987: 567) errichtet wurden. Die beiden Hochhäuser am Berliner Strausberger Platz wurden, nach Angaben von Halász[60], mit einem industriell vorgefertigten System von Stützen und Balken aus Stahlbeton (dem Skelett der beiden Hochhäuser) um die Jahreswende 1951/52 hochgezogen. Die Fertigteile wurden im Betonwerk in Rüdersdorf, dessen Leiter Robert von Halász bis zu seiner endgültigen Übersiedlung nach Westberlin war, hergestellt. Es handelte sich dabei um die erste praktische Erprobung des industriellen Bauens beim Wohnungsbau in der DDR. Bezeichnenderweise findet sich dieser Sachverhalt in keiner baugeschichtlichen DDR-Darstellung.
Von Beginn an wurde der Prozeß der Industrialisierung des Bauens vom verhaltenen Protest der Architektenschaft der DDR, insbesondere gegen die Typung, begleitet. Dieser war immerhin so lautstark, daß sich führende Vertreter der SED und des Bauwesens der DDR zur Reaktion gezwungen sahen. Exemplarisch setzte sich der Staatssekretär im Ministerium für Aufbau, Gerhard Kosel, in einem Aufsatz in der Zeitschrift *Die Wirtschaft* unter der Überschrift *Kurs auf das industrielle Bauen* mit dem Protest der Architekten gegen die Industrialisierung des Bauwesens auseinander: „Wie aus der Diskussion auf dem II. Bundeskongreß des Bundes Deutscher Architekten hervorging, haben viele unserer Architekten noch nicht die großen Möglichkeiten erkannt, die in der Industrialisierung für die Weiterentwicklung unserer Architektur liegen. Unsere Kollegen Architekten sträuben sich nicht, an der Typenprojektierung mitzuarbeiten, tun es aber in vielen Fällen nur, ‚weil es eben so sein muß‘. [...] Es gibt gegenwärtig bei uns nicht allzuviele Architekten, die mit ganzer Hingabe an die Typenprojektierung herangehen, die erkannt haben, daß nicht im Entwerfen von Einzelbauten, sondern in der Typenprojektierung die große Schaffens-Chance des Architekten liegt, daß das Entwerfen von Typenbauten nicht nur eine Aufgabe des Tages, sondern eine Aufgabe der Zeit ist. Fachleute aus dem Westen unserer Heimat wie auch aus anderen kapitalistischen Ländern bestätigen, daß dort von einem großzügigen Städtebau, von einer großzügigen Industrialisierung nicht die Rede sein kann. [...] Bei manchen Architekten herrscht die Meinung, die Industrialisierung des Bauens bedeute ein Zurück zum Konstruktivismus. Diese Meinung ist falsch. Die Aneignung des Erbes der Vergangenheit bleibt nach wie vor die Aufgabe der Baukünstler. Unter ‚Aneignung des Erbes‘ darf allerdings kein Überladen der Fassaden mit Zierat auf Kosten des Staates, kein kritikloses Kopieren alter Formen verstanden werden[61], das zu einem Zurückfallen in einen zeitfremden Anarchismus führt, von dem auch unsere neuesten Bauwerke nicht frei sind.“ (Kosel 1955b: 8)
Bei Durchsicht der verfügbaren Dokumente zu den Anfängen des industriellen Bauens fällt insgesamt auf, daß diese von der Auseinandersetzung mit Monotonievorwürfen und dem Widerstand der Architekten vor allem gegen die Typung und Standardisierung durchzogen werden. Dies erfassend, heißt es in einem Text

der Abteilung Bauwesen des Zentralkomitees unter der Überschrift *Baukasten und Architektur*: „Es ist einleuchtend, daß der auf die radikale Standardisierung ausgerichtete Projektierungsprozeß eine entscheidende Umstellung in der Arbeit des Projektanten, insbesondere des Architekten, mit sich bringt. Seine Arbeit wird in ein umfassendes System eingeordnet und kann sich nur als sozialistische Gemeinschaftsarbeit mit allen Bauschaffenden und auf der Grundlage der sozialistischen Arbeitsteilung zwischen den sozialistischen Ländern weiterentwickeln." (Lektion o.J.: 422)

Diese Auseinandersetzungen, die Ende der fünfziger und in den sechziger Jahren noch relativ offen geführt wurden, so auch in den Medien, insbesondere in der Zeitschrift *Deutsche Architektur*[62], erstarb um so mehr, als aus dem industriellen Bauen eine rein ökonomische Notwendigkeit wurde. Widerspruch konnte nicht mehr öffentlich formuliert bzw. mußte in der Literatur, die in der DDR eine generelle gesellschaftsanalytische Funktion hatte, versteckt werden.[63]

Die ökonomische Situation und die Lage der Wohnraumversorgung in der DDR wurden immer schwieriger. Dementsprechend richtete man im Bauwesen „alle Kräfte" auf die Industrialisierung in der Hoffnung, Kosten und Arbeitskräfte zu sparen. Der Chefarchitekt des Instituts für Typung beim Ministerium für Aufbau, Hans Schmidt (1893–1972), ein Protagonist des industrialisierten Bauens, faßt diese Position wie folgt zusammen: „Die Verhandlungen der Moskauer Baukonferenz vom Jahre 1954, der Baukonferenz, die im Jahre 1955 in der DDR stattgefunden hat, und schließlich der Ministerratsbeschluß vom 21. April 1955, gehen in erster Linie von der ökonomischen Notwendigkeit des industrialisierten, billigeren Bauens aus" (Schmidt 1956: 16).

Im Dezember 1955 reiste eine Gruppe von Funktionären und Bauingenieuren unter Leitung des damaligen Staatssekretärs im Ministerium für Aufbau, Gerhard Kosel, (vgl. Bericht o.J.) in die Sowjetunion, um sich mit dem neuesten Stand der Entwicklungen bei Spannbeton und Plattenbauweise vertraut zu machen.[64]

Etwa 20 Jahre danach, 1974, bestätigt Gerhard Krenz, ab 1963 und bis 1989 Chefredakteur der Zeitschrift *Deutsche Architektur* (später *Architektur der DDR*), die Richtigkeit der Durchsetzung der Industrialisierung des Bauwesens, kommt allerdings nicht umhin, auf die damalige intensive Debatte zur Ästhetik einer solchen Bauweise hinzuweisen. Er rechtfertigt – dies ist sein Auftrag – anläßlich des 25. Jahrestages der DDR diese Politik, denn es „mußten im Rahmen des 2. Fünfjahrplanes, der 1956 begann, [...] im Wohnungsbau Investitionen in einem Ausmaß durchgeführt werden, die mit dem damals erreichten technischen Niveau des Bauwesens nicht realisierbar waren. Das gesamte Bauwesen mußte auf eine qualitativ neue materiell-technische Basis gestellt werden (Krenz 1974: 19)".

In einem städtebaulichen Zusammenhang wurde die Großtafelbauweise des Johannisthaler Versuchsbaus im Mai 1957 erstmalig in Hoyerswerda, von einem Kollektiv unter Leitung von Richard Paulick, angewandt (Chronik 1974: 127).

Die zweite Neugründung einer sozialistischen Stadt nach Stalinstadt (heute Eisenhüttenstadt) wurde als Wohnstadt für das Braunkohlekombinat „Schwarze Pumpe" geplant. Die Siedlung wurde in Großblock- und Großplattenbauweise gebaut. Ein besonderes Ereignis war der Bau des ersten vollmechanisierten Großplattenwerkes der DDR 1957. Es hatte eine Jahreskapazität von 7000 Wohneinheiten. Bereits damals begann die verhängnisvolle Kopplung der Großtafelbauweise an den Großsiedlungsbau: Basierend auf dem städtebaulichen Leitbild der Nachkriegsmoderne, der funktional gegliederten Stadt (das zwar zu diesem Zeitpunkt noch nicht zum offiziellen Leitbild der DDR avancierte, aber dessen Rehabilitierung sich andeutete[65]), erwies sich das industrielle Bauen als mit diesem Leitbild gut vereinbar. Für die „Neue Stadt" in Hoyerswerda folgte die Bebauungskonzeption im Unterschied zu Eisenhüttenstadt erstmalig dem Verlauf des Portalkrans, so wie es die Großblock- bzw. Großplattenbauweise erforderte: Statt eines zentralen Platzes entstand ein flächiges Stadtzentrum, statt einer der Blockbebauung angenäherten Struktur wurde die Zeilenbebauung zum Gestaltungsprinzip (vgl. Topfstedt 1988, Hoscislawski 1991). Da bei der Planung des ersten Wohnkomplexes in Hoyerswerda festgestellt wurde, daß kleinteiligere städtebauliche Strukturen unmöglich mit industriellen Methoden herzustellen waren, wurde ab jetzt eine offene Struktur zur dominierenden Bebauungsform. Diese technologische Tatsache wird vom führenden Theoretiker des industriellen Wohnungsbaus der DDR, Hans Schmidt, am Beispiel ungenügender Planungen des ersten Wohnkomplexes in Hoyerswerda vorgeführt. Diese Planungen, die „das kaum merkbare Verrücken der Giebelfluchten, das Vorziehen des letzten Blockes" vorsehen, hätten „das typische Bild einer kapitalistischen Hofbebauung" (Schmidt 1959: 29) zum Ergebnis und entsprächen damit nicht einer der sozialistischen Gesellschaft adäquaten Bebauungsform.
Da Hans Schmidt einer der wenigen Protagonisten des industriellen Bauens in der DDR war, die aus dem westlichen Ausland kamen, und wesentlich von den Diskussionen um die Rationalisierung des Bauens in den zwanziger Jahren geprägt worden waren, ist zu vermuten, daß für ihn die Großsiedlung als Musterbild der Rationalisierung galt. Diese Erkenntnis war in jenen Jahren gewonnen worden, als erste Erfahrungen mit dem industriellen Wohnungsbau gesammelt wurden. Trotz aller Rückschläge, Schwierigkeiten und ästhetischen Ablehnungen beim Großsiedlungsbau der zwanziger und frühen dreißiger Jahre blieb insgesamt die in die Nachkriegszeit u.a. von Hans Schmidt transformierte Erkenntnis, die sich 1926 im Titel eines grundlegenden Aufsatzes von Martin Wagner ausdrückte: *Großsiedlungen. Der Weg zur Rationalisierung des Wohnungsbaus.*
In der DDR zeigte sich schon bald an Hand von Analysen, daß die Industrialisierung des Bauens nicht die erhofften wirtschaftlichen Effekte brachte. Ein entsprechendes Aktenstudium der Unterlagen der verschiedenen Partei- und Staatsstellen, etwa der Abteilung Bauwesen beim Zentralkomitee der SED[66], verdeutlicht sehr schnell die mit der Industrialisierung verbundenen ökonomischen Probleme. Charakteri-

stisch ist, daß bei der intensiv betriebenen Ursachenforschung niemals der Industrialisierungsprozeß selbst als problemgenerierend angesehen wurde: „Die entscheidende Ursache für das Zurückbleiben [des geplanten Wachstums der Bau- und Baumaterialienproduktion, C. H.] besteht in der unzureichenden Qualität der Planung, Leitung und Organisation im Bauwesen, in der Vernachlässigung der politisch-ideologischen Erziehungsarbeit mit den Bauschaffenden und der systematischen Arbeit mit den Kadern." (Bericht 1960: 140/1)
Zur „Erreichung des wissenschaftlich-technischen Höchststandes" wurde konstant das Fehlen von entsprechenden wissenschaftlich-technischen Konzeptionen bemängelt. Das Zitat veranschaulicht ein Grundmuster der Herrschaftstechnik in der DDR: Durch diffuse Kritik, die nicht genau spezifiziert ist und Unsicherheit schafft, Druck zu erzeugen. Daß es sich dabei auch immer um interne Machtkämpfe im Partei- und Machtapparat der DDR handelte, verdeutlicht ein Brief, den der bis 1989 als Leiter der Abteilung Bauwesen beim Zentralkomitee der SED fungierende Gerhard Trölitzsch 1960 an den damaligen Leiter der Wirtschaftskommission der DDR, Günter Apel, schrieb: „Abschließend möchte ich noch auf ein Problem hinweisen, das mir seit längerem Sorge bereitet, aber mit der Zeit immer unerträglicher wird. Die technische Entwicklung des Bauwesens im Hinblick auf die Industrialisierung geht nicht im erforderlichen Tempo voran. Das zeigt sich am deutlichsten in der Typisierung und Standardisierung. Wir konnten das ebenso bei der Großplattenbauweise feststellen. Beim Aufbau der Gleitfertigungsanlagen zeigt sich das erneut. Die wesentlichste Ursache liegt in der Leitungstätigkeit des Ministeriums selbst. Genosse Kosel kümmert sich völlig unzureichend um die Leitung dieses Bereiches. Wir haben bereits dagegen angekämpft. Vor der Parteileitung, auf der letzten gemeinsamen Parteiaktivtagung der zentralen Organe des Bauwesens und im persönlichen Gespräch mit Genossen Kosel habe ich auf die Unhaltbarkeit dieses Zustandes hingewiesen. Meines Erachtens kann das nicht mehr länger geduldet werden. Wir haben deshalb eingeleitet, die bisher überbetonte Rücksichtnahme gegen Genossen Kosel, weil er Mitglied des Zentralkomitees ist, wie uns die Genossen der Parteileitung einschließlich des Genossen Scholz [Minister für Bauwesen, C. H.] eingestanden, zu beseitigen ohne zu überspitzen." (Trölitzsch 1960: 3/4)
Auf dem 33. Plenum des Zentralkomitees der SED 1959 wurden grundlegende Beschlüsse zu Fragen des Wohnungsbaus in der DDR gefaßt. In einer Information für die Mitarbeiter der Abteilung Bauwesen des Zentralkomitees der SED wurden die wichtigsten Forderungen zusammengefaßt:
„a) Wohnungsbaupolitik:
Klarheit wurde geschaffen über die Wohnungsgrößen, die Ausstattung der Wohnungen, die Anwendung der Typen, über die Anzahl der Geschosse sowie die Entwicklung der Wohnungskosten. Auf dem 33. Plenum wurde der Aufbau der Stadtzentren sowie der Bau von Wohnkomplexen behandelt.

b) Organisation des Wohnungsbaus:
   Das 33. Plenum forderte eine einheitliche Lenkung und Leitung und einheitliche Planung. ‚Komplexe Planung und komplexe Projektierung, komplexe Bauvorbereitungen und komplexe Bauausführungen.' Auf die Schaffung von spezialisierten Produktionsabteilungen in den volkseigenen Betrieben wurde hingewiesen. Es wurde gefordert, die Arbeit taktmäßig aufeinander abzustimmen, damit die Bauarbeiter kontinuierlich arbeiten können.
c) Industrielles Bauen:
   Auf dem 33. Plenum wurde gesagt, daß die Großblockbauweise die Bewährungsprobe bestanden hat und es jetzt gilt, sie stärker einzuführen.
   1960 mindestens 50 Prozent des Wohnungsbaus in Großblockbauweise. Massenfertigung von Bauelementen.
d) Wohnungsbauprogramm:
   Bereits auf dem 33. Plenum wurde gesagt, daß im 2. Fünfjahrplan mindestens 315 000 Neubauwohnungen + 25 000 Wohnungen durch Um- und Ausbauten zu errichten sind. Ab 1960 sind jährlich 100 000 Wohnungen der Bevölkerung zu übergeben. Auf dem 33. Plenum wurde gefordert, mehr Wohnungen durch Um- und Ausbau zusätzlich zu schaffen.
e) Typen:
   Auf dem V. Parteitag wurde erneut die volle Anwendung der vom Ministerium herausgegebenen Typen gefordert.
f) Wohnkomplexe:
   Der V. Parteitag forderte, alte Wohngebiete zu Wohnkomplexen zu entwickeln. Die Deutsche Bauakademie erhielt vom V. Parteitag den Auftrag, hierzu Vorschläge auszuarbeiten und Beispiele zu schaffen." (Information 1959: 1–2)

Eine Reduzierung der Wohnungsgröße zur Sicherung des Wohnungsbauprogramms wurde erstmals auf der 33. Tagung des Zentralkomitees der SED (16.10.-18.10.57) verlangt. Walter Ulbricht führte in seinem Hauptreferat aus, daß die Aufwendungen pro Wohnung verringert werden müßten. „Die Verringerung der Aufwendungen je Wohnung muß durch die Beschränkung der Wohnraumfläche auf 38 qm = 54 qm Wohnfläche, durch konsequente Anwendung der Typen sowie durch die Konzentration auf wenige Baustellen und Sparsamkeit in der Bauausführung erreicht werden." (Parteiarchiv IV 2/1/184–188: 19)
Die durchschnittliche Wohnungsgröße der DDR war in den Jahren vor 1958 „stark", so in einer entsprechenden „Information über Fragen der Wohnungspolitik", angestiegen.
„Die durchschnittliche Größe einer Wohnungseinheit ergab:

1955	63 qm im Durchschnitt		
1956	66	"	
1957	65	"	
1958	62	"	(Der Plan sah 55 qm vor.)

1959 – die Vorschläge der Bezirke ergaben beim volkseigenen Wohnungsbau pro Wohnung im Durchschnitt 51,9 qm, AWG[67] 57,5 qm.
Nach den Vorschlägen der Betriebe zu urteilen, wird 1959 erstmalig die durchschnittliche Wohnungsgröße mit 55 qm erreicht." (Information 1959: 6)
In Analysen wurde darauf hingewiesen, daß alle anderen europäischen Länder außer der Schweiz unter diesen Werten lägen. Dementsprechend waren auch die Kosten für die Wohnungen gestiegen. Schon zu diesem Zeitpunkt wurde versucht, die bis dahin günstigeren AWG-Normen an die staatlichen anzugleichen.
Die Anfänge der Industrialisierung des Bauens in der DDR sind von ökonomischen Problemen, von Auseinandersetzungen mit den Architekten über ästhetische Fragen und von allgemein ungünstigen politischen Rahmenbedingungen – der Kalte Krieg begann sich auszuwirken – gekennzeichnet. Im Wohnungsbau und in Größe und Ausstattung der staatlich und genossenschaftlich gebauten Wohnungen wurde von Anfang an ein flexibles Potential zur Kostenreduzierung gesehen, das dann zu einer allmählichen Reduzierung der durchschnittlichen Wohnungsgröße von 67 qm (1965) auf 57 qm (1989) staatlich vorgegebener durchschnittlicher Wohnungsgröße führte.

Der ‚system builder' Gerhard Kosel

Die Durchsetzung des industrialisierten Bauens in der DDR erscheint in der baugeschichtlichen Forschung in der Regel als subjektloser Prozeß, dessen Eigenlogik eher durch Marionetten der Parteipolitik als durch Personen durchgesetzt wird. Allenfalls wird Ulbricht als mehr oder weniger geheime diabolische Kraft im Hintergrund dargestellt, so etwa implizit bei Topfstedt (1988) oder Hoscislawski (1991). Hier mag das Fehlen einer sozialwissenschaftlichen Fragestellung bei den häufig kunstwissenschaftlich ausgerichteten Autoren eine Rolle spielen.
Tatsächlich aber läßt sich ein eindeutiger Protagonist dieser Entwicklung vordergründig nicht ausfindig machen. Der politische Entscheidungsprozeß reagierte auf eine Reihe interner (Wohnungsnot und Kostenexplosion), vor allem aber externer Zwänge und Einflüsse (Allunionsbaukonferenz). Für die Durchsetzung der letztlich politischen Vorgaben gab es in der DDR innerhalb der fachlichen Eliten keine Person, die über die parteiliche Legitimation verfügte, eine derart einschneidende Kursänderung zu erzwingen. Die meisten Architekten, die bis 1950 auf eine Wiederbelebung der klassischen Moderne gesetzt hatten, waren mittlerweile entgegen ihren in den zwanziger und frühen dreißiger Jahren geprägten Überzeugungen auf den Kurs der nationalen Tradition eingeschworen worden. Exemplarisch hierfür sind die „großen" Namen Hermann Henselmann (1905-1995) und Richard Paulick (1903–1976). Kurt Liebknecht (1905–1994), der erste Präsident der Deutschen Bauakademie und Mitglied des Zentralkomitees der SED, war ein überzeugter

Vertreter der nach ihm ironisch benannten „Kulinatra“: Kurt Liebknechts nationale Tradition.[68] In der Kürze der Zeit war von diesen Architekten ein neuerlicher Kurswechsel nicht zu erwarten.

Ein solcher Kurswechsel kam nun wiederum den Interessen der Ingenieure entgegen, denn ohne sie wäre die technologische Umwandlung des gesamten Bausektors unmöglich gewesen. In diesem Berufsstand, für den beispielhaft Karl-Heinz Schultz, Rudolf Schüttauf und Gerhard Herholdt zu nennen sind, war außerdem die technokratische Grundhaltung am reinsten ausgeprägt. Gerade deshalb aber fehlte den Bauingenieuren, von denen einige ihre technische Fungibilität bereits im ‚Dritten Reich‘ unter Beweis gestellt hatten, die ideologische und politische Verankerung in der Parteiführung.

Zur Durchsetzung des industrialisierten Bauens bedurfte es offenkundig einer spezifischen Führungsqualität, in der fachliche und politisch-ideologische Kompetenz zu einer genuin „staatssozialistischen“ Managementleistung verschmolzen. An dieser Nahtstelle zwischen Parteivorgabe und technisch-rationaler Eigenlogik des Bausektors läßt sich zeigen, wie sehr das autoritäre System der Kaderverwaltung (Balla) auf durchsetzungsstarke Personen mit Rückendeckung durch die Parteispitze angewiesen war. In diesem Zusammenhang sind für die DDR einige Akteure zu nennen, die durch ihre theoretische, ingenieurwissenschaftliche und politische Arbeit wichtige ideologische Grundlagen für die Forcierung dieser Strategie legten. Interessanterweise kamen sowohl einer der wichtigen Theoretiker des industriellen Bauens in der DDR – der Schweizer Hans Schmidt[69] (vgl. Suter et al. 1993) – als auch der entscheidende „Macher“ – der von den Nationalsozialisten ausgebürgerte Staatenlose deutscher Herkunft Gerhard Kosel – aus der damaligen Sowjetunion.

Für unsere Fragestellung hat sich Gerhard Kosel als eine Schlüsselfigur bei der Weichenstellung hin zum industrialisierten Bauen von Mitte der fünfziger bis Mitte der sechziger Jahre erwiesen.[70] Um seine Bedeutung angemessen zu erfassen, werde ich im folgenden eine Begrifflichkeit aufnehmen, die der amerikanische Technikhistoriker Thomas Hughes ursprünglich auf die Entwicklung großtechnischer Systeme unter marktwirtschaftlichen Bedingungen angewandt hatte.

Hughes, der in *Networks of Power* (1983) anhand der Elektrifizierung der führenden Industrienationen seit dem 19. Jahrhundert eine grundlegende Theorie des Zusammenhangs von Gesellschaft und Technologie in der Phase der Hochindustrialisierung vorgelegt hat, weist auf die besondere Rolle der ‚system builder‘ in solchen Prozessen hin (Hughes 1983, 1987, 1991). Er verwendet diesen Begriff für herausragende Erfinder, Innovatoren, Manager und Konstrukteure sowohl bei der Schaffung von großtechnischen Systemen vorzugsweise der Zweiten Industriellen Revolution[71] als auch zur Kennzeichnung von interdisziplinären Organisations- und Verknüpfungsleistungen[72] beim Aufbau solcher Systeme. Zunächst stellt sich Hughes mit dieser Charakterisierung in die Tradition der Unternehmertheorie von Schumpeter. Er unterscheidet zwischen Erfinder, Manager und Finanzier. Er geht über Schumpeter aber hinaus, indem er den Akzent auf den systemischen Charakter der Innovation setzt. Danach bezieht der ‚system builder' alles auf eine einzige zentrale Vision, ein mehr oder weniger kohärentes oder deutliches System (vgl. Hughes 1985: 39). Problemlösung wird hier begriffen als Systembildung und -vervollkommnung. Hans Dieter Hellige beobachtet treffend, daß bei Hughes ‚system builder' und „technological system" zu Schlüsselkategorien der neueren Wirtschafts- und Sozialgeschichte avancieren[73] (Hellige, 1990: 32). In der Tat erweist sich die von Hughes entwickelte Methode zur Analyse der Entwicklungsdynamik technischer Systeme als ein äußerst flexibles Instrumentarium, das auf verschiedene Forschungsgegenstände anwendbar[74] ist.

Für die Entwicklung des industrialisierten Bauens in der DDR kann der Zugriff von Hughes dann fruchtbar gemacht werden, wenn man die marktwirtschaftliche Unternehmerprämisse durch ein Verständnis ersetzt, das „Unternehmerverhalten" bezogen auf ein technologisches System, im Rahmen eines übergeordneten Systems von Parteiherrschaft und Staatswirtschaft, situiert. Der „Unternehmer" ist paradoxerweise zugleich Funktionär, womit seiner systembauenden Initiative spezifische Schranken gesetzt sind.

Gerhard Kosel ist für die theoretische, ideologische und baupraktische Begründung des industrialisierten Bauens sowie deren Umsetzung in die Praxis einer der entscheidenden Protagonisten der DDR. Eigentümlicherweise wurde dieser Architekt, Wissenschaftler und Staatsfunktionär bisher in der Baugeschichtsschreibung übersehen[75]. Er erfüllt die Bedingungen, die es m.E. berechtigt erscheinen lassen, ihn im Sinne von Hughes als – wenn auch letztlich gescheiterten – „Systembauer" zu kennzeichnen.

Gerhard Kosels Bedeutung bei der Durchsetzung des industrialisierten Bauens in der DDR ergibt sich aus einer besonderen Konstellation verschiedener Umstände, die sich in seiner Person einzigartig bündelten. Im folgenden werde ich drei Bezugssysteme[76] vorstellen, aus denen heraus Kosels Handeln verständlich wird, und die ihn für die spätere zentrale Rolle bei der Weichenstellung des industrialisierten Bauens prädestinieren sollten.

Als grundlegendes Bezugssystem muß zuerst Kosels politische Biographie genannt werden. 1909 in Schreiberhau (Schlesien) als Sohn eines Klempnermeisters und einer Köchin geboren, war er 1931 in die KPD eingetreten. Den Weg dorthin stellt er selbst als eine folgerichtige Entwicklung seines politischen Eintretens „für den Kampf der Arbeiterklasse" dar, die ihn bereits 1930 zum Vorsitzenden des der KPD nahestehenden Roten Studenten-Clubs an der Technischen Hochschule[77] werden ließ (vgl. Kosel 1989: 22). Der Ausgangspunkt seiner wissenschaftlichen und leitenden Tätigkeit war die grundsätzliche Überzeugung von der Unvermeidlichkeit des historischen Sieges des Sozialismus über den Kapitalismus. Für diese Generation von Kommunisten und für die Adressaten ihrer Arbeit, so diagnostiziert

Wolfgang Engler in seiner Analyse sozialistischer Habitusformen, „war es emotional befriedigend zu wissen, daß man in einer Gesellschaft lebte, die eine historische Schallmauer durchbrochen hatte" (Engler 1992: 11).
Zum Mitglied dieser sozialistischen Gesellschaft war Kosel 1932 geworden, als er, seinem akademischen Lehrer Bruno Taut folgend, in die Sowjetunion gegangen war (vgl. Kosel 1990: 25ff.). Die nächsten 22 Jahre arbeitete er als Architekt und Wissenschaftler in der Sowjetunion. In seinen biographischen Erinnerungen von 1989 finden sich keine noch so versteckten Hinweise auf die stalinistische Terrorphase. Als er 1954, als linientreuer Moskauemigrant, auf eigenen Wunsch in die DDR ziehen konnte, wo er als Architekt z.B. beim Aufbau von Dresden mitarbeiten wollte, wurde er für die Gruppe um Ulbricht zu einem aussichtsreichen Kandidaten für ein Amt in der Partei- und Staatsführung.[78]
Nach seiner Rückkehr, so schildert es Kosel in seinen Erinnerungen, mußte er jedoch seine Vorstellung, als Architekt zu arbeiten, der Parteidisziplin unterordnen: „Unter dem Eindruck der politisch begründeten Argumente gab ich, schweren Herzens, meine Zustimmung zu dem Vorschlag, eine Tätigkeit im Ministerium für Aufbau aufzunehmen." (Kosel 1989: 162)
1955 wurde er zum Staatssekretär und Ersten Stellvertreter dieses Ministeriums ernannt mit der Aufgabe, die Industrialisierung des Bauens durchzusetzen. Bis zu seinem Wechsel an die Bauakademie – er wurde 1961 Nachfolger des abgesetzten Präsidenten Kurt Liebknecht – arbeitete er maßgebend an allen Grundkonzeptionen für die Durchsetzung des industrialisierten Bauens mit. Kosel war Autor der ersten Fassung des Entwurfs[79] des auf der ersten Baukonferenz zu fassenden Beschlusses der vorrangigen Industrialisierung des Bauens. Daß diese Richtung festgelegt wurde, ist maßgeblich auf seinen Einfluß zurückzuführen, denn die vorher ohne ihn entworfenen Beschlußvorlagen erwähnten zu seiner „großen Verwunderung [...] die Industrialisierung des Bauens in dem Beschlußentwurf nur am Rande" (Kosel 1989: 165).
Da er der Überzeugung war, daß alle Probleme des Bauwesens der DDR vom „Zurückbleiben der Technologie des Bauens in Deutschland" (Kosel 1989: 166) verursacht seien, engagierte er sich in verschiedenen parteipolitischen und fachlichen Gremien massiv für eine Änderung des Beschlußentwurfes der ersten Baukonferenz. Folgt man seiner eigenen Darstellung, so gelang es ihm schließlich, in einem Gespräch mit Walter Ulbricht diesen von der Richtigkeit des sowjetischen Weges, von der Notwendigkeit des industriellen Bauens zu überzeugen.[80] (Vgl. ebd.: 170.) Er bekam den Auftrag zur Ausarbeitung einer Studie über die „Industrialisierung als Hauptrichtung der Entwicklung des Bauwesens der DDR"[81], die dann Grundlage des Beschlusses der ersten Baukonferenz wurde (vgl. ebd.). Bis zur Mitte der sechziger Jahre konnte er an der Vervollkommnung des Systems des industrialisierten Bauens arbeiten.

Daß Kosel die politische Macht seiner Funktion in technokratische und technologische Strukturen umsetzen konnte, verweist auf sein zweites Bezugssystem: Auf seine vielfältigen Qualifikationen, die er im sowjetischen Bauwesen erworben hatte. Von 1932 bis 1936 war er als Architekt beim Aufbau der sozialistischen Stadt und des Metallurgischen Kombinats in Nowokusnezk[82] beteiligt. Danach wurde er 1937 Gruppenleiter[83] im Trust (Kombinat) „Gostroiprojekt" in Moskau bei der Entwicklung von Typenbaukonstruktionen und Typenprojekten für den Wohnungs- und Gesellschaftsbau. (Vgl. Kosel 1989: 27ff.) Kosel sammelte wichtige Erfahrungen beim Bauen mit der Großtafelbauweise im Ural und in Sibirien und konnte auf Grund seiner guten Kontakte nach Moskau erreichen, daß er, als die Industrialisierung des Bauens in den dreißiger Jahren forciert wurde, als Leiter der Arbeitsgruppe Typung eingesetzt wurde.
Sein späterer Einfluß in der DDR konnte sich noch auf ein drittes Bezugssystem stützen: Auf seine ebenfalls in der Sowjetunion begonnene wissenschaftlich-theoretische Arbeit. Seit Ende der 40er Jahre hatte er an der Weiterentwicklung der sogenannten „marxistisch-leninistischen Wissenschaftstheorie" gearbeitet. Diese konnte bis dahin, als Widerspiegelungstheorie, der Wissenschaft als Überbauphänomen keine produktive Rolle in der Produktivkraftentwicklung zuerkennen. Kosels Innovation bestand darin, Wissenschaft als Produktivkraft direkt an technologische Basisprozesse anzuschließen. Dazu entwickelte er eine Theorie der Gemeinschaftsarbeit, in der Wissenschaft und Praxis systemisch miteinander verbunden sind (Kosel 1957). Praktisch ging es bei der „Produktivkraft Wissenschaft" um die unmittelbare effiziente Umsetzung wissenschaftlicher Erkenntnisse in die Praxis und die Rückkopplung der Praxis mit der Wissenschaft. Seinen erkenntnistheoretischen Anspruch setzte er in ein soziales System um, in dem er die (sozialistische) Gemeinschaftsarbeit definierte. Diese sollte aus dem unmittelbaren Zusammenspiel von Ingenieuren, Wissenschaftlern und Arbeitern bestehen. Nach Meuschel war das Konzept der „Produktivkraft Wissenschaft" ein tragendes Moment der Reformbemühungen der frühen sechziger Jahre in der SED. „In der DDR hatte Kosel bereits 1957 die These von der Wissenschaft als Produktivkraft vertreten und begründet; er war seinerzeit auf den Beton der Dogmatiker gestoßen. Als die These sich schließlich – über die Sowjetunion – auch in der DDR durchsetzte, kam ihm das keineswegs zugute." (Meuschel 1992: 389f.)
Intern gab es einen heftigen Meinungsstreit um den Inhalt dieses Begriffs. Eine Anerkennung der These von der „Wissenschaft als Produktivkraft" hätte weitreichende Konsequenzen für die gesellschaftliche Bedeutung und Wertschätzung intellektueller Arbeit, insbesondere von Ingenieursarbeit, gehabt. Diese Theorie drohte das Axiom des Marxismus-Leninismus von der „führenden Rolle der Arbeiterklasse" in Frage zu stellen.
Über die Art und Weise der Gemeinschaftsarbeit gab es vielfältige Diskussionen. Ein Resultat ist die Verankerung eines großen Teils auch der Grundlagenforschung

als Industrieforschung in den volkseigenen Kombinaten der DDR. Auf der Ebene des Managements hatte diese Theorie personelle Verflechtungen zur Folge. So war z.B. der damalige Vizepräsident des *Bundes deutscher Architekten* zugleich technischer Direktor des Baubetriebes Schwedt[84], der für die Einführung der komplexen Fließfertigung im Industriebau maßgebend war (Sonderstudio 1962: 11).
Von der Richtigkeit seiner Theorie überzeugt, stieß Kosel sowohl in der Sowjetunion als auch in der DDR auf den Widerstand dogmatischer Marxisten. So wurde u.a. die Anerkennung seiner Dissertation, die nachträglich als Habilitationsarbeit anerkannt wurde, zu diesem Thema immer wieder hinausgezögert. Erst 1971 konnte er den akademischen Titel des Doktors der Wissenschaften (Dr. sc.) erwerben. Seine These hingegen fand trotz aller „theoretischen" Einwände aus legitimationstheoretischen Gründen sehr früh Verbreitung: insbesondere in den Dokumenten zur Vorbereitung des VI. Parteitages der SED 1963. „Der aktuelle Anstoß zur Diskussion neuer Konzepte – der ‚wissenschaftlich-technischen Revolution' und der ‚Produktivkraft Wissenschaft' – ging vom XXII. Parteitag und dem neuen Programm der sowjetischen Partei aus." (Meuschel 1992: 183)
Die SED eröffnete sich neue Wege für Reformkonzepte, nachdem der Bau der Mauer endlich den ungestörten Aufbau des Sozialismus zu gewährleisten schien. Der wissenschaftlich-technische Fortschritt wurde verstärkt als „Motor" und Ausdruck des sich angeblich weltweit anbahnenden Sieges des Sozialismus gedeutet. Kosel, der zu dieser Deutung wesentlich beigetragen hatte, wurde zur gleichen Zeit jedoch schrittweise politisch und fachlich demontiert. Der Hintergrund dieses Machtverlustes stand vermutlich im Zusammenhang mit dem wirtschaftspolitischen Kurswechsel Mitte der sechziger Jahre und einer Intrige jüngerer Aufsteiger in der SED gegen einige einflußreiche Altkommunisten mit Verbindungen zur sowjetischen Parteiführung. Kosel zufolge betrieb vor allem Günter Mittag, später Zentralkomitee-Verantwortlicher für Wirtschaft, der in dieser Zeit zu einem der mächtigsten Mitglieder des Politbüros aufstieg, Kosels Absetzung. In der 1993 entstandenen Schrift *Das Komplott*[85] beschreibt er den Haß und die Feindschaft des machtbewußten Funktionärs. Ausschlaggebend für den von Mittag betriebenen Sturz Kosels, der wohl nicht zufällig erst nach dem Sturz Chruschtschows 1964 erfolgte, war sein vehementer Widerstand gegen die Eingliederung der Projektierungsbetriebe in die Wohnungsbaukombinate. Hierin sieht er auch heute noch die Hauptursache des Scheiterns des Bauwesens der DDR.
Kosel wurde 1965 als Präsident der Bauakademie abgesetzt. In einer im *Neuen Deutschland* vom 23. Dezember 1965 veröffentlichten Verlautbarung mit dem Titel „Ministerrat beschloß Veränderungen" hieß es: „Professor Gerhard Kosel wird sich zukünftig ausschließlich der internationalen Zusammenarbeit und der Leitung der RGW-Kommission Bauwesen widmen. Im Zusammenhang damit wurde er zum Stellvertreter des Ministers für Bauwesen ernannt und von seiner Funktion als Präsident der Deutschen Bauakademie entbunden."[86]

Im selben Jahr wurde er als Chefprojektant des Berliner Fernsehturms abgelöst. 1967 erfolgte seine Abwahl als Mitglied des Zentralkomitee der SED. Er blieb bis zu seiner Pensionierung 1972 Vorsitzender der faktisch bedeutungslosen Kommission für Bauwesen beim Rat für gegenseitige Wirtschaftshilfe (RGW) und stellvertretender Minister für Bauwesen. Sein gesamtes wissenschaftliches Lebenswerk wurde diskreditiert; ein publizistisches Wirken in der Öffentlichkeit wurde ihm untersagt. Erst 1989 gelang es ihm, seine Erinnerungen zu veröffentlichen. (Kosel 1989)

Die hauptsächlich durch ihn betriebene einseitige Weichenstellung des DDR-Bauwesens war jedoch vollzogen. Alle weiteren Entwicklungen zielten nur noch auf die Vervollkommnung der Plattentechnologie. Seit 1968 wurde an der Weiterentwicklung der Platte für innerstädtische Bereiche gearbeitet. Zur Vereinheitlichung des Wohnungsbaus wird die WBS 70, basierend auf Kosels „Einheitssystem Bau", ab 1972 eingeführt und damit das letzte, 20 Jahre währende Kapitel des industriellen Bauens in der DDR aufgeschlagen.

Gerhard Kosels Rolle bei der Industrialisierung des Bauens und in der marxistisch-leninistischen Wissenschaftstheorie konnte hier nur skizziert werden. Deutlich wird, daß er eine unterschätzte Schlüsselfigur im DDR-Bauwesen war. Die Tragik des staatssozialistischen „system builders" besteht darin, daß die Logik des Systems, zu dessen Fortentwicklung er all seine Innovationskraft entfaltet hatte, sein eigenes Scheitern bewirkte.

Technokratische Ideologiebildung als Theoretisierungsversuch

Es ist aufschlußreich nachzuvollziehen, auf welche Art und Weise die Industrialisierung des Bauens wissenschaftlich legitimiert wurde. Die Durchsicht der entsprechenden Literatur bestätigt die schon in der Einführung formulierte historische Kontinuität: Die entsprechenden Begriffsbestimmungen in der DDR differieren nicht in baumethodischer Hinsicht, aber sie unterscheiden sich in der baupolitischen Intention. So formulierte Gerhard Herholdt (1963), später erster Direktor des 1971 gegründeten Instituts für Wohnungs- und Gesellschaftsbau der Deutschen Bauakademie[87] (seine Aussagen hatten offiziellen Charakter), über die „Grundsätze der industriellen Bauproduktion": „Industrialisierung bedeutet die Ablösung der handwerklichen Fertigung durch maschinelle Großproduktion mit modernen Produktionsanlagen, Transport- und Hebemaschinen. Dabei ist der gesamte Produktionsprozeß in einzelne, untereinander in Verbindung stehende Teilprozesse aufzugliedern, der Produktionsablauf kontinuierlich und gleichmäßig zu gestalten und die Arbeit in allen Fertigungsphasen maximal gleichzeitig durchzuführen." (Herholdt 1963: 10)

Auch die für die Industrialisierung des Bauens in der DDR entscheidenden Vordenker, die Architekturtheoretiker und auch praktisch arbeitenden Architekten, Hans Schmidt (u.a. 1928, 1959, 1964) und Gerhard Kosel (1989), sahen in diesem Prozeß, entsprechend der „marxistischen-leninistischen Theorie", die gesellschaftshistorisch folgerichtige „Überwindung der Handwerkelei in der Produktion. [...] den Übergang von der primitiven, manuellen Fertigung zur maschinellen Großproduktion" (Vogée 1967: 30) als wesentlichen Schritt in der Entfaltung der Produktivkräfte. Auch Hirschfelder/Kress formulierten diese Prämisse: „Ganz allgemein muß die Entwicklung industrieller Bauweisen als ein gesetzmäßiger Prozeß im Rahmen der Entwicklung der menschlichen Lebenstätigkeiten angesehen werden, d.h. daß es folgerichtig ist, daß die Industrialisierung der Produktionsweise auch das Bauen erfaßt." (Hirschfelder/Kress 1980: 5)
Obwohl die Industrialisierung des Bauens als gesetzmäßiger Prozeß angesehen wurde und sich der Marxismus-Leninismus als wissenschaftliches Konzept zur Planung und Leitung der sozialistischen Gesellschaft verstand, gab es keine ausgearbeitete theoretische Konzeption für die Industrialisierung des Bauens. In den Dokumenten lassen sich allenfalls einige Ansätze ausmachen. So 1956 bei Karl-Heinz Schultz, der an der Deutschen Bauakademie eine der wenigen theoretischen Entwürfe[88] zur Industrialisierung des Bauens verfaßte. „Die Industrialisierung des Bauwesens[89] ist ein Prozeß, der sich notwendigerweise unter Beachtung der planmäßigen (proportionalen) Entwicklung unserer Volkswirtschaft im Sinne der sozialistischen Methode der Industrialisierung der gesamtem Produktion vollzieht." (Schultz 1956b: 5)
Die sozialistische Methode der Industrialisierung gehe dabei von der Erfüllung des „ökonomischen Grundgesetzes des Sozialismus" aus und setze an die Stelle der disproportionalen anarchischen Entwicklung der kapitalistischen Industrie die „bewußte Lenkung der Entwicklung der Volkswirtschaft entsprechend den Bedürfnissen der Gesellschaft" (Schultz 1956a). Zur weiteren theoretischen Begründung zieht Schultz die entsprechenden Abschnitte über die Große Maschinerie im Marxschen *Kapital* heran. Wichtigste Erkenntnis der Schrift von Schultz ist der Nachweis, daß das Wesen der sozialistischen Industrialisierung in der Typisierung, d.h. in der Erarbeitung von Typenprojekten, bestehe. Die Grundbedingung der Industrialisierung sei in der Ausrichtung der Produktion auf die Fließfertigung (d.h. die komplexe Vorfertigung der Gebäudeteile im Betonwerk, C. H.) zu sehen. Das bedeutet vom sogenannten marxistisch-leninistischen Standpunkt aus die Ablösung des „Prinzips der subjektiven Arbeitsteilung durch das Prinzip der objektiven Arbeitsteilung" (Schultz 1956b: 8).
Hier kommen, ungenannt, die Prinzipien der tayloristischen Arbeitsorganisation zur Anwendung, die generell für die Ausarbeitung der wissenschaftlichen Arbeitsorganisation in der Sowjetunion und der DDR eine entscheidende Grundlage bildeten. Die Industrialisierung des Bauwesens ist von der Ablösung der manu-

fakturmäßigen subjektiven Arbeitsteilung nach Gewerken durch eine grundlegende Veränderung des Bauprozesses charakterisiert. Und „diese Bedingung erfüllt am besten die Organisation der Fließfertigung, so daß sie zum Kriterium der Maßnahmen zur Industrialisierung des Bauwesens wird" (Schultz 1956b: 9).
Von dieser entscheidenden Grundbestimmung wurden weitere Konsequenzen für den Weg der Industrialisierung abgeleitet, so „die Typenprojektierung, die Spezialisierung der Betriebe, die geeigneten Konstruktionen, die Organisationsformen im Werk und auf der Baustelle usw." (Schultz 1956b: 12), die alle miteinander verknüpft sind. Aus dem Primat der Serienproduktion von ganzen Bauwerken ergibt sich schließlich auch die Notwendigkeit der Typenprojektierung. Eine Konsequenz, die bis 1989 stark umstritten und Kernpunkt der Kritik war, die vor allem von Bauingenieuren, Architekten und Architekturkritikern an der Art und Weise der Industrialisierung geübt wurde. Nicht die Industrialisierung selbst, sondern die architektonisch-ästhetischen Folgen einer Typenprojektierung waren der Fokus der damaligen Ästhetikdiskussion.
Zusammenfassend läßt sich feststellen, daß in der DDR die Industrialisierung generell als folgerichtige Modernisierung des Bausektors betrachtet wurde. Das entscheidende Merkmal der sozialistischen Industrialisierung bestand im Stellenwert der Typenprojektierung, sie wurde zu dem Merkmal sozialistischer Industrialisierung erhoben. Auch Hoscislawski bezeichnet Typisierung und Industrialisierung als Kriterium sozialistischer Architektur (Hoscislawski 1991: 203ff.). Seine Auffassung deckt sich mit der von Geist und Kürvers: „Wenn man die unterschiedliche Entwicklung in Ost und West auf einen Nenner bringen will, so könnte man sagen, daß für den Wohnungsbau in der BRD und Berlin (West) die Normung der bestimmende Faktor wird, für den der DDR die Typung." (Geist/Kürvers 1989: 488)
Das zweite wesentliche Unterscheidungsmerkmal des industrialisierten Bauens in Ost und West war die Rolle der politischen Macht. In der DDR führte diese mit der Erhebung der ‚Platte' zur Staatsdoktrin zur völlig einseitigen Ausrichtung des Bausektors auf den industriellen Neubau und zur Vernachlässigung des instandhaltenden Baubereiches. Die spezifische Rolle der politischen Macht bei der Förderung der Industrialisierung des Bauens war auch eine der Fragen, die Carlo Testa 1972 verschiedenen Protagonisten dieser Bauweise stellte. Thomas Schmid, ein bekannter Schweizer Designer von industriell produzierbaren Bausystemen, antwortete: „Der Einsatz der politischen Macht ist entscheidend. In den osteuropäischen Ländern führte er zu einer vollständigen Industrialisierung des Bauwesens, während im Westen der Widerstand des herkömmlichen Baugewerbes den Fortschritt stark bremste." (Schmid)[90]

Die Organisationsstruktur des Bauwesens der DDR

Mit der Entscheidung für die Industrialisierung des Bauens in der DDR wurden in einem Zeitraum von wenigen Jahren alle Bereiche des Bausektors neu organisiert. 1957 erarbeitete dazu eine Gruppe von Zentralkomitee-Mitgliedern, deren fachliche Qualifikation auf dem Gebiet des Bauens lag (Gerhard Kosel, Edmund Collein, Kurt Liebknecht), eine „Vorlage zur Veränderung der Lenkung im Bauwesen" (Vorlage1 1957). Danach befaßten sich zum Zeitpunkt der Erarbeitung der Vorlage auf zentraler Ebene drei selbständige Organe mit der Lenkung des Bauwesens: „Beirat für Bauwesen beim Ministerrat, das Ministerium für Aufbau und die Deutsche Bauakademie." (Vorlage1 1957: 126/11)

Die Autoren stellten fest, daß die Vielzahl der vorhandenen zentralen Leitungsorgane zu Kompetenzschwierigkeiten und zu einer Zersplitterung der Arbeit der leitenden Kader führe, und schlugen eine Abgrenzung vor, die zwischen (1.) der zentralen Lenkung des Bauwesens und (2.) der örtlichen Lenkung des Bauwesens unterschied (vgl. ebd.: 127/13). Nach diesen Überlegungen sollte die Arbeit des Ministeriums für Aufbau auf bestimmte Aufgaben konzentriert werden. Was von den Autoren der „Thesen zum Bericht des Genossen Walter Ulbricht über die Vereinfachung des Staatsapparates und die Änderung der Arbeitsweise der Mitarbeiter des Staatsapparates" (Thesen 1957) als „Beschränkung" charakterisiert wurde, lief tatsächlich auf die totale Machtkonzentration hinaus:

„Die Arbeit des Ministerium für Aufbau wird auf folgende Aufgaben beschränkt:

1. Zentrale Planung einschließlich Gebiets- und Stadtplanung und Finanzen; drei Abteilungen werden also zu einer zusammengelegt.
2. Baustoffproduktion; das wird die Hauptaufgabe des Ministeriums sein.
3. Wissenschaft, Technik, Neuererbewegung, Anleitung der Hochschulen und Anleitung der örtlichen Baustoffindustrie; die Anleitung der örtlichen Organe muß den Austausch der Erfahrungen und der Methoden von Wissenschaft und Technik beinhalten.
4. Industriebau einschließlich der Projektierungsbüros." (Thesen 1957, Anlage 2: 237/6)

Die Reorganisation der staatlichen Leitung erfolgte hierarchisch mit der Umorganisierung des Ministeriums für Aufbau. Am 11. Februar 1958 passierte das *Gesetz über die Vervollkommnung und Vereinfachung der Arbeit des Staatsapparates* die Volkskammer. Mit der Auflösung der Industrieministerien wird die Planung und Leitung der Wirtschaft auf die neu gegründete Staatliche Plankommission als Organ des Ministerrats übertragen. Für die einzelnen Industriezweige werden spezielle Abteilungen gegründet, so auch eine Abteilung Bauwesen.

Der Paragraph 9 des Gesetzes regelte die Umbildung des Ministeriums für Aufbau in das Ministerium für Bauwesen (vgl. Chronik 1974: 134).

Eine wesentliche Umbenennung, deren Ausführungsbestimmungen am 13. Februar deutlich machten, daß mit der Fixierung auf das „Produktionsprinzip" das Bauwesen als technologischer und baustoffbezogener Vorgang ins Zentrum der staatlichen Leitung gerückt wurde (ebd.: 135). Dieser Tendenz liegt auch einer Vorlage von Gerhard Kosel vom Herbst desselben Jahres für das Politbüro zugrunde, die sich mit der Verbesserung der staatlichen Leitungstätigkeit im Bauwesen beschäftigte und die den Geist dieses Gesetzes angemessen interpretiert: „Das Wachstum der Bauaufgaben in den nächsten Jahren erfordert eine schnelle und proportionale Entwicklung der Bau- und Baustoffindustrie. Das Ministerium für Bauwesen muß sich infolgedessen auf die Organisierung der Produktionstätigkeit konzentrieren [...] ." (Vorlage2 1958: 221/1)

Im Verlauf des darauffolgenden Jahres wurde für das Ministerium für Bauwesen ein neues Statut erarbeitet, das das Weisungsrecht und die Oberhoheit dieses Ministeriums über alle Einrichtungen auf dem Gebiet des Bauwesens, von der Bauakademie bis zum Kreisbaubetrieb, festlegte.

Als neue Errungenschaften wurden genannt:

- einheitliche Planung und Leitung des Bauwesens,
- Verlagerung der operativen Leitung an die Basis und die
- Erhöhung der Verantwortung der staatlichen Organe in den Bezirken und Kreisen.[91] (vgl. Statut 1959)

Das Ministerium für Bauwesen wurde zum zentralen leitenden Organ des Bauwesens der DDR. Ihm waren die wichtigsten Vereinigten Volkseigenen Betriebe (VVB) der Bauindustrie unterstellt. Ferner leitete das Ministerium direkt die VEB Industrieprojektierung, den 1965 aufgelösten VEB Typenprojektierung und das staatliche Kontor für Baumaterialien, und damit alle Kapazitäten, die zur Sicherung der Industriebauvorhaben notwendig waren. Dem Ministerium für Bauwesen unterstand zudem die Deutsche Bauakademie[92], die, mit wenigen Ausnahmen, alle bauwissenschaftlichen Institute vereinigte. Außerdem bestand eine Abteilung Bauwesen bei der Staatlichen Plankommission, die die Aufgabe hatte, das Bauwesen mit den anderen Zweigen der Volkswirtschaft zu koordinieren. Den Räten der Bezirke und Kreise wurde die Verantwortung für den Wohnungsbau des ländlichen Bauwesens und für die komplexe territoriale Entwicklung des Bauwesens zugeordnet. Dies bewirkte in der Realität die Entmachtung der Bezirke der Räte und Kreise, denn es mußten z.B. die Baumaterialien über das staatliche Plankontor bezogen werden, und dort hatte der Industriebau Vorrang. Auch verloren damit die Räte und Kreise den Zugang zu den Forschungskapazitäten. Die bis dahin bestehenden Abteilungen Aufbau wurden mit den Institutionen des bezirklichen Hauptarchitekten vereinigt. In allen Bezirken, kreisfreien Städten, Kreisen und Stadtbezirken der Großstädte und den größeren kreisangehörigen Städten wurde eine zentrale Bauverwaltung geschaffen. In Ostberlin war dies z.B. das Büro für

Städtebau beim Magistrat der Stadt, das alle städtebaulichen Planungen für Ostberlin an sich zog.

Zum Bauwesen der DDR gehörten „alle produzierenden Betriebe sowie die staatlichen, wissenschaftlichen und sonstigen Organe und Einrichtungen, deren Tätigkeit vollständig oder überwiegend auf die Vorbereitung und Durchführung oder die Kontrolle der Herstellung von Bauwerken gerichtet" (1964: 6) war. Das Organisationsprinzip des Bausektors der DDR wurde somit ausschließlich auf die Produktion und eben nicht auf das Endprodukt ausgerichtet. Die Abbildung auf Seite 80 verdeutlicht die, als „Produktionsprinzip" bezeichnete, Organisationsstruktur des Bauwesens der DDR nach den einschneidenden Umstrukturierungsmaßnahmen von 1963.

Das hieß im Klartext des weiteren: Auch gegenüber dem Berufsverband der Architekten[93] der DDR besaß das Ministerium für Aufbau (später für Bauwesen) das Weisungsrecht. Ebenso wurde die Zeitschrift *Deutsche Architektur* (später *Architektur der DDR*), wie Beyme formuliert, „vom Sockel der Entrücktheit in die Deutsche Bauakademie heruntergeholt und zugleich Organ des Bundes deutscher Architekten" (Beyme 1987: 292).

Dieser Konzentrations- und Zentralisationsprozeß der Bau- und insbesondere der Wohnungsbaupolitik der DDR wurde 1963 mit der Bildung der DDR-Wohnungsbaukombinate, die der Erhöhung des Anteils des volkseigenen Sektors an der Bauwirtschaft dienten, fortgesetzt. In der entsprechenden Notiz zum 21. August 1963 heißt es dazu in der Chronik: „Vorläufige Direktive des Ministerrates zu Fragen der Wohnungspolitik. Die Richtlinie legt fest, den Neubau von Wohnungen an den Standorten der wichtigsten Industrievorhaben und in den wichtigsten Gebieten der landwirtschaftlichen Produktion vorzunehmen. [...] Zur Überwindung der Zersplitterung in der staatlichen Leitung sind Hauptplanträger für den komplexen Wohnungsbau einzusetzen. Der Wohnungsneubau ist von Wohnungsbaubetrieben, d.h. den zu bildenden Wohnungsbaukombinaten zu übernehmen." (Chronik 1974: 221)

Zugleich wurde festgelegt, daß Erhaltung und Rekonstruktion jeweils von spezialisierten Baureparaturbetrieben durchzuführen seien. Zu diesem frühen Zeitpunkt in der Geschichte der DDR wurden damit Neubau und Erhaltung betriebswirtschaftlich voneinander separiert und durch die institutionelle Zuordnung in einer Rang- und Reihenfolge organisiert, daß der Neubau das Hauptmerkmal des DDR-Wohnungsbaus bildete und Erhaltung und Rekonstruktion reduziert wurden.

Gesellschaftspolitischer Hintergrund dieser 1948 mit der Verfügung der Sowjetischen Militäradministration zur Bildung der vereinigten volkseigenen Betriebe begonnenen grundsätzlichen Umstrukturierung des Bauwesens und der gesamten Wirtschaft der DDR waren die nach dem Bau der Berliner Mauer 1961 entstandenen neuen innen- und wirtschaftspolitischen Bedingungen für die SED-Führung. „Erstens entfiel bei wirtschaftspolitischen Maßnahmen die Rücksichtnahme auf ab-

Leitung des Bauwesens der DDR nach dem „Produktionsprinzip“[94]

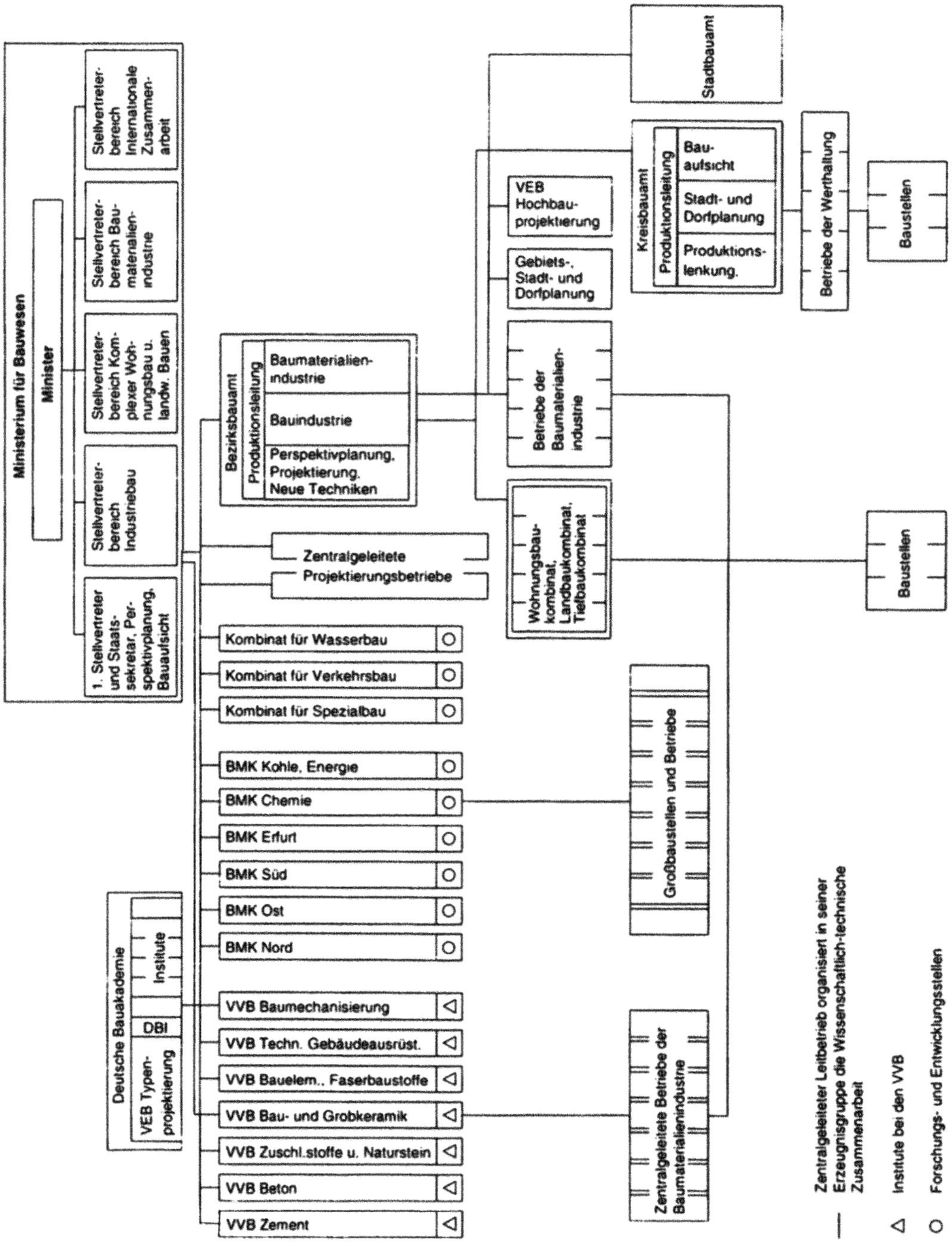

Verzeichnis der DDR-Wohnungsbaukombinate[95]

lfd. Nr.	Name des volkseigenen Betriebes (VEB) und Stammsitz	zugeordnete volkseigene Kombinatsbetriebe (KB) (soweit recherchierbar)	Gründung
1	VEB Wohnungsbaukombinat Berlin	KB VEB Projektierung Berlin KB VEB Betonwerke Rummelsburg	
2	VEB Wohnungsbaukombinat Cottbus	KB VEB Plattenwerke Hoyerswerda KB VEB Plattenwerk Cottbus KB VEB Plattenwerk Haida	1963
3	VEB Wohnungsbaukombinat Gera		
4	VEB Wohnungsbaukombinat Halle	KB VEB Plattenwerke Dessau KB VEB Wohnungsbau Halle-Neustadt KB VEB Wohnungsbau Dessau KB VEB Gesellschaftsbau Halle KB VEB Montagewerk Halle/Saale	1964
5	VEB Wohnungsbaukombinat „Wilhelm Pieck" Karl-Marx-Stadt	KB Gleisbau KB Zwickau KB VEB Plattenwerke Oelsnitz	
6	VEB Wohnungsbaukombinat Magdeburg		
7	VEB Wohnungsbaukombinat Neubrandenburg		1953
8	VEB Wohnungsbaukombinat Potsdam	KB VEB Plattenwerke Brandenburg KB VEB Plattenwerke Velten	
9	VEB Wohnungsbaukombinat Rostock	KB VEB Plattenwerk „German Titow" Rostock-Marienehe	
10	VEB Wohnungsbaukombinat Schwerin		
11	VEB Wohnungsbaukombinat „Wilhelm Pieck" Suhl		
12	VEB Wohnungs- und Gesellschaftsbau Erfurt (später WBK)		
13	VEB Wohnungs- und Gesellschaftsbaukombinat Frankfurt/Oder		
14	VEB Baukombinat Dresden		1965
15	Volkseigenes Wohnungs- und Gesellschaftsbaukombinat (WGK) Leipzig	KB VEB Vorfertigung (mit 3 Betonwerken und Plattenwerk Neuwiederitzsch) KB VEB Projektierung KB VEB Wohnungsbau KB VEB Gesellschaftsbau KB VEB Ausbau KB VEB Tiefbau	1968

wanderungswillige Bürger und zum anderen konnten die – wie es hieß – dem Sozialismus eigenen ökonomischen Gesetzmäßigkeiten frei von störenden Einflüssen voll entfaltet werden. Diese Änderung in Gestalt einer Wirtschaftsreform wurde unter dem Namen ‚Neues ökonomisches System der Planung und Leitung' im Januar 1963 vom VI. Parteitag der SED beschlossen und in mehreren Etappen [...] in die Wirtschaftspraxis umgesetzt." (Schneider/Tröder 1985: 38f.)

Die Baukombinate hatten den betriebswirtschaftlichen Status einer „grundlegenden Wirtschaftseinheit der materiellen Produktion", d.h. auch ihre Organisation erfolgte nach dem „Produktionsprinzip". Die Wohnungsbaukombinate (WBKs) waren den Bezirken der DDR unterstellt und für die Realisierung des komplexen Wohnungsbaus als General- oder Hauptauftragnehmer, somit als Wohnungsbaumonopolisten, in den Bezirken verantwortlich. Die bezirkliche Unterstellung setzte die Wohnungsbaukombinate in der Wirtschaftshierarchie an die zweite Stelle. Denn an erster Stelle in der Bedeutung der DDR-Wirtschaft standen die zentralgeleiteten (ministeriell unterstellten) Kombinate des Industriebaus. Diese hatten eine Schlüsselfunktion beim Ausbau der Industriestruktur.[96] De facto war durch diese Konstellation der Wohnungsbau in der DDR an die zweite Stelle gesetzt, da in der zentralverwalteten Kommandowirtschaft die knappen Ressourcen zuerst den zentralgeleiteten Institutionen zugebilligt wurden. Wie oft in der DDR, zeigt sich diese Entwicklung auch in semantischen Charakterisierungen: Aus Häusern und Gebäuden als Produkten des Wohnungsbaus wurden „Wohnbauerzeugnisse" und „Bauwerke für Wohnzwecke". (Grafik S. 83)

Die zentrale staatliche Lenkung und Leitung bewirkte des weiteren die reale Oberhoheit über die Wohnungsbaukombinate durch das Ministerium für Bauwesen in Ostberlin. Materielle und humane Ressourcen wurden ebenso zentralstaatlich bilanziert wie Plansoll und Produktstruktur von der Staatlichen Plankommission und dem Ministerium für Bauwesen vorgegeben wurden. Damit war eine eigenständige Entwicklung von Wohnungsbauerzeugnissen auf Bezirksebene zumindest stark behindert. Die Einführung der WBS 70, die in verschiedenen, wenig unterschiedlichen Varianten ab 1971 von 14 der 15 Wohnungsbaukombinate gebaut wurde, ist Ausdruck dieser zentralstaatlich durchgesetzten Vereinheitlichung der Wohnbauproduktion. Ein Beispiel für den erfolgreichen Versuch der bezirklichen Wohnungsbaukombinate, trotz Ostberliner Dirigismus eigene Produkte hervorzubringen, war das Wohnungsbaukombinat Rostock, das eine regionalistische Variante der Platte entwickelte.

Das Bauwesen der DDR war nun durch eine Strukturierung in große Wirtschaftseinheiten charakterisiert, es wurde eine „große (Wohnbau)Maschinerie" entwickelt, die in den folgenden Jahren ihre Produktionspalette aus betriebswirtschaftlichen Gründen immer mehr verringern sollte. Die Abbildung auf Seite 84 gibt eine Übersicht über die Gesamtstruktur des Bauwesens der DDR.

Gruppen der Erzeugnisse der Bauindustrie[97]

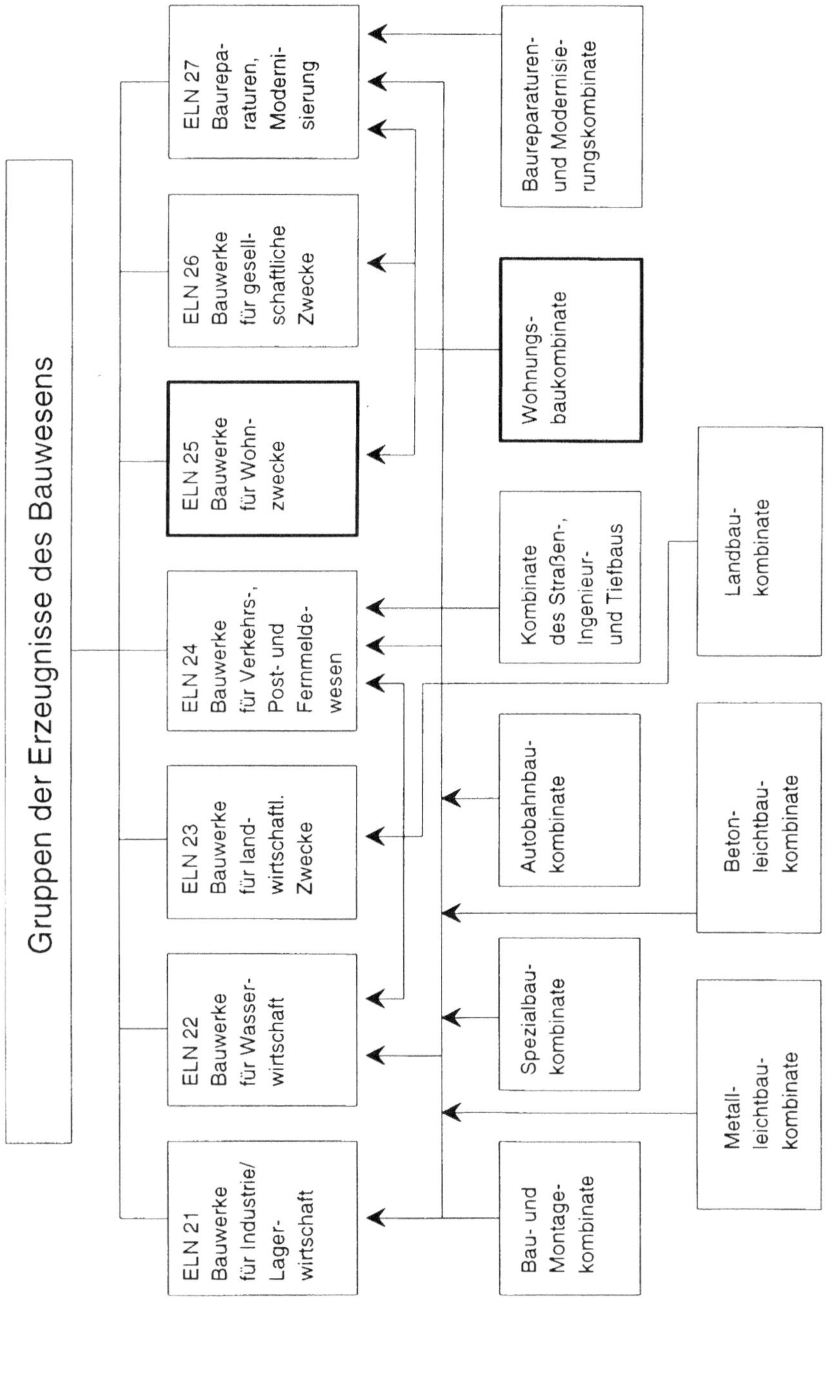

Übersicht über das Bauwesen der Deutschen Demokratischen Republik[98]

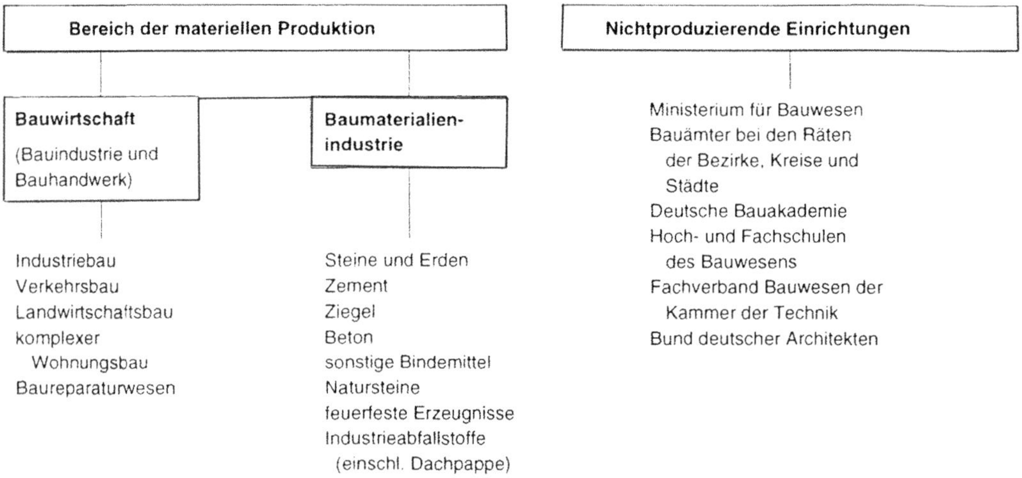

Die oben beschriebenen Vorgänge, soziologisch als eine Entdifferenzierung der Strukturen von Architektur und des Bauwesen der DDR, können als Prozesse der Machtkonzentration zur „Verwirklichung der Hauptmerkmale des sozialistischen Wirtschaftssystems", d.h. der Durchsetzung sozialistischer Eigentumsverhältnisse an den sogenannten Produktionsmitteln bei gleichzeitiger zentraler Planung, bezeichnet werden. Der Ostberliner Architekturtheoretiker Flierl, selber Akteur und Opfer dieses Vorgangs, charakterisiert diesen als „deutschen Purismus und Totalitarismus", als „perfekte Staatsmaschine" (Flierl 1990: 75). Flierl irrt: Die Quelle dieser Zentralisierung war die Partei, nicht der Staat. Was hier entstand, Flierl beschreibt es selbst sehr treffend, war die vollständige Usurpation des Bauwesens durch die Partei, vermittelt durch die Abteilung Bauwesen des Zentralkomitees der SED. Aus einem „Vermerk" dieser Abteilung aus dem Jahre 1961 ist zu entnehmen, daß die Forcierung der Plattentechnologie von hier aus geschah. Aus deren Sicht wiesen die übrigen Institutionen offensichtlich noch Mängel auf: „Es besteht keine umfassende Übersicht über die Probleme der Großplattenbauweise. Von der DBA und dem Ministerium für Bauwesen werden die Fragen als im wesentlichen gelöst betrachtet und die Bedeutung der Weiterentwicklung der Großplattenbauweise unterschätzt. Das kommt in der praktischen Auflösung der Arbeiter und Ingenieurbrigade und in der mangelhaften personellen Besetzung der Arbeitsgruppe Großplattenbauweise in der DBA zum Ausdruck.

Die laufende Arbeit der Deutschen Bauakademie ist zu einseitig auf die Vorfertigung ausgerichtet. Die Probleme der Montage und des Ausbaus werden ungenügend bearbeitet.

Die allgemeine Schwäche der Deutschen Bauakademie, ihre wissenschaftliche Arbeit nicht in enger Verbindung mit der Praxis zu gestalten, kommt auch hier wieder zum Ausdruck. Es gibt keine Systematik in der Verbreitung der neuesten wissenschaftlichen Erkenntnisse und der praktischen Erfahrungen der Besten in der Produktion. Demzufolge ist die Zusammenarbeit mit den bestehenden Einrichtungen (Neuererkollektiv) und den sozialistischen Arbeitsgemeinschaften ungenügend." (Vermerk 1961: 50/3)
Aus dieser Einschätzung der wichtigsten Institutionen des Bauwesens der DDR wurde der politische Schluß gezogen, sie stärker an die Vorgaben der Partei anzubinden. Indiz für diese Interpretation ist die Tatsache, daß sich in den sechziger Jahren mit Günter Mittag, der praktisch bis zum Ende der DDR die Wirtschaft beherrschte, Wolfgang Junker[99] als Minister für Bauwesen und Gerhard Trölitzsch als Leiter der Abteilung Bauwesen beim Zentralkomitee der SED, eine Troika installieren konnte, die ihre Machtposition[100] bis zum Ende der DDR halten und ausbauen konnte; angesichts des sonst in den Fachministerien üblichen „Ministerkarussells" erstaunlich. Diese Troika nutzte ihre Macht, um in den siebziger Jahren alle zentralen Positionen von ehemaligen Mitarbeitern der Abteilung Bauwesen des Zentralkomitees der SED zu besetzen und Widersacher wie Gerhard Kosel auszuschalten. „Die Partei durchdrang alles. Besonders ausgebildet war die Methode, jüngere Funktionäre der Abteilung Bauwesen, die meist ein Aufbaustudium bei der Akademie für Gesellschaftswissenschaften beim Zentralkomitee durchlaufen hatten, nach einigen Jahren Tätigkeit in der Abteilung Bauwesen wieder in die Praxis zu schicken, damit sie mit ihren Erfahrungen dirigistischer Parteipolitik den hierarchischen Zentralismus an der Basis realisierten. Auf diese Weise wurden drei für die 70er Jahre zentrale Positionen im Bauwesen besetzt: Der Parteisekretär des BdA und gleichzeitig leitender Mitarbeiter für Theorie im Institut Städtebau und Architektur der Bauakademie, Alfred Hoffmann, kam aus der Abteilung Bauwesen des Zentralkomitees. Ebenso der [...] Chefredakteur der Zeitschrift *Deutsche Architektur* Gerhard Krenz. Und auch der 1. Sekretär des BdA, der die gesamten Organisationsgeschäfte leitete, Hubert Scholz, kam aus der Abteilung Bauwesen des Zentralkomitees. [...] Damit waren vor allem Diskussionsmöglichkeiten klar umrissen. Was im BdA diskutiert werden könnte [...], was in der Bauakademie theoretisch, programmatisch oder analytisch gedacht werden könnte, war direkt einsichtig und leitbar." (Flierl 1990: 75)
Damit charakterisiert Flierl die politisch restriktive Handhabung der geistigen Ressourcen im Bauwesen der DDR und erläutert einen Grund für die Dominanz der Wohnungsbaukombinate bei der Entwicklung der ‚Wohnbauerzeugnisse'.
Nachdem die grundlegende Ausrichtung des Bauens auf die Industrialisierung erfolgt war und die entsprechenden Strukturen geschaffen waren, trat der Prozeß von den frühen sechziger Jahren an in eine Konsolidierungsphase. Gesellschaftspolitisch war die DDR an einem Punkt angelangt, an dem für den Bausektor die

politisch-ideologische Hauptaufgabe darin bestand, die „Überlegenheit der sozialistischen Gesellschaftsordnung" auch bei der Entwicklung der Städte in der DDR nachzuweisen. Dies spiegelt sich in den Zielvorstellungen zum Bauen wieder. So heißt es in einer der vielen Ausarbeitungen zur Konkretisierung dieses Ziels des Ministeriums für Bauwesen der DDR programmatisch: „Im Zeitraum bis 1980 ist zu erreichen, daß die aus der kapitalistischen Gesellschaftsordnung noch vorhandene, ungenügend ausgestattete und in schlechtem Zustand befindliche Bausubstanz, insbesondere der Wohngebäude wie auch des stadttechnischen Ausbaus, weitgehend ergänzt bzw. ersetzt wird." (MfB 1967:1/2)
Hauptcharakteristik des Prozesses der Industrialisierung des Bauens in der DDR ist dessen Anpassungsfähigkeit in der Funktion als Legitimationssubjekt des jeweiligen Kurswechsels der SED. Die Industrialisierung des Bauens erwies sich mit dem jeweils gerade herrschendem SED-Kurs als höchst vereinbar: In der Ära Ulbricht war die ‚Platte' die Inkarnation der wissenschaftlich-technischen Revolution, des Menschheitsfortschritts im gesellschaftlichen Teilbereich Wohnen. Unter Honecker wurde diese Strategie zum idealen Transportmittel für die Verwirklichung der „Einheit von Wirtschafts- und Sozialpolitik", ließ sich doch mit der Plattentechnologie in relativ kurzer Zeit eine große Zahl an Wohnungen bauen. Da in den siebziger Jahren die Wirksamkeit eines sozialistischen Gesellschaftsmodells zusehends an Motivations- und Bindekraft verlor, suchte die Partei nach Ersatz. Im Bereich der materiellen Bedürfnisbefriedigung bot sich der staatliche Wohnungsbau als zentraler Legitimationsersatz an; neben dem nun mehr in geringem Umfang geförderten Einfamilienhausbau. Sowohl „Lösung der Wohnungsfrage" zu gewährleisten als auch die Zielstellung, für alle Gesellschaftsmitglieder ein gewisses Maß an sozialer „Wohn"-Gleichheit herzustellen, blieben die letzten Residuen einer sozialistischen Vision. Der Wohnungsbau wurde rhetorisch zum grundlegenden Beweis des Systemvorsprungs aufgewertet.

Sozialpolitik als Wohnungspolitik: die WBS 70

Die Industrialisierung des Wohnungsbaus begann mit der Typung der Wohnungsgrundrisse und wurde dann zur Typung von Gebäuden weiter ausgebildet. Während die verschiedenen industriellen Bauweisen anfänglich noch gleichberechtigt entwickelt wurden, kam es im Laufe der DDR-Wohnungsbaugeschichte zur Dominanz der ‚Platte' und der Ausbildung eines dominierenden Wohnungstyps, der WBS 70.
Die Entwicklung der WBS 70 ist „Höhepunkt" einer systematisch betriebenen Reduzierung der Wohnbauproduktion auf die Anwendung von Typenprojekten und Standardgrundrissen. Während sich die Strukturen der DDR-Gesellschaft in

scheidet, dominiert auch die Konzeption der sozialistischen Neubauwohngebiete. Wohnen, Familie und „sozialistische Gesellschaft“ wurden aber in neuer Weise funktional aufeinander bezogen. Wobei auch in diesem Bereich die Verknüpfung aller gesellschaftlichen Verhältnisse mit der Produktion deutlich wird. Diese „sozialistischen“ Auffassungen zur „dialektischen Wechselwirkung“ von Staat und Wohnen werden sehr anschaulich in der folgenden Grafik verdeutlicht, die 1966 in einer der wenigen Promotionsschriften (Vogel 1966) zu diesem Thema überhaupt, veröffentlicht wurde.

„Dialektische Wechselwirkung“ von Staat und Wohnen gemäß der marxistisch-leninistischen Ideologie[112]

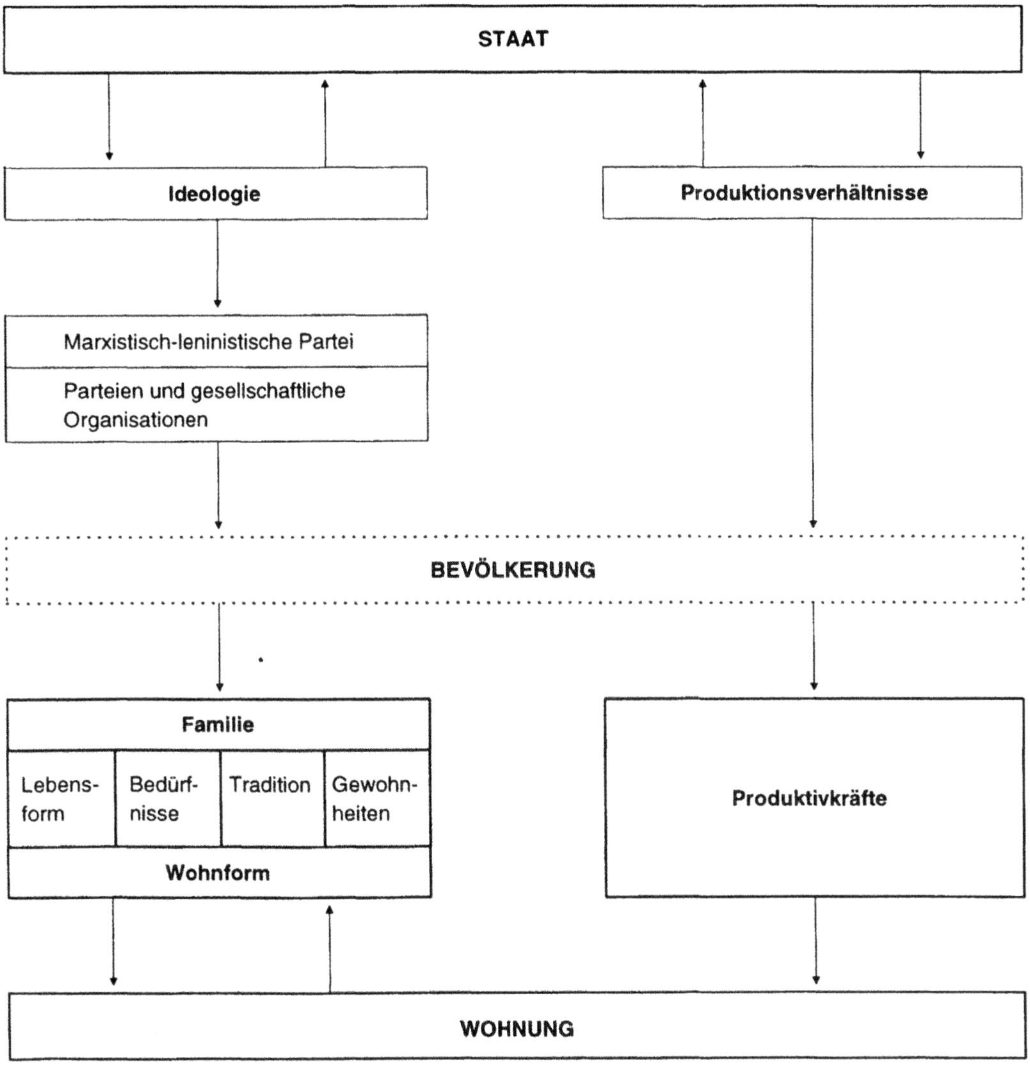

Oben: Ecklösung mit fünfgeschossigen Wohngebäuden (WBS 70) in Berlin-Marzahn.
Unten: Wohnhof Berlin-Friedrichsfelde, Straße Am Tierpark, elfgeschossige WBS 70, im Vordergrund Müllcontainer und Teppichklopfstange. Fotos: Thomas Rühl.

Oben: Typischer Wohnhof in einer ostdeutschen Großsiedlung der siebziger Jahre, gebildet aus sechsgeschossigen WBS 70-Blöcken. Wohngebiet Cecilienstraße in Berlin-Marzahn. Foto: Studenten ISR, TU Berlin. Unten links: Nordeingang zu einem typischen Wohnhof, errichtet aus zehngeschossigen Wohnscheiben (QP 71) im Wohngebiet Cecilienstraße in Berlin-Marzahn. Foto: Studenten ISR, TU Berlin

Unten rechts: Zentrale Fußgängerzone des Berliner Bezirks Marzahn: die Mitte der achtziger Jahre nachträglich angelegte Marzahner Promenade. Foto: Studenten ISR, TU Berlin.

bestimmungen entgegen. Anders im Wohnungsbau: Aufgrund des Menschenbildes, das auf funktionalisierbare Grundbedürfnisse reduziert worden war, wurde der Mensch mit seinen Wohnbedürfnissen offensichtlich eher als rationalisierbar und damit der Wohnungsbau als leichter industrialisierbar angesehen. Auf dieser Grundlage konnte die Gesamtkonzeption ESB in das „Wohnungsbausystem 70" überführt werden. „Das ‚Wohnungsbausystem 70' ist ein offenes und dynamisches, den Grundsätzen des ‚Einheitssystems Bau' und den für die Wohnungsbaupolitik in der DDR festgelegten Ziele entsprechendes System, das in der jetzigen Phase der Bearbeitung auf die Bedingungen des Massenwohnungsbaus, der Wohnheime und der Vorschuleinrichtungen sowie der weitestgehenden Nutzung vorhandener und zu rekonstruierender Plattenwerke ausgelegt ist." (Wohnungsbausystem 1971: 9). Die entsprechende Direktive zur weiteren Entwicklung des Einheitssystembaus verlangte: „Das Produktionssystem Wohnungs- und Gesellschaftsbau hat den mehr- und vielgeschossigen Wohnungsbau, den Wohnhochhausbau und die in gleichen Bauverfahren auszuführenden gesellschaftlichen Bauten der Wohnkomplexe, wie Kindergärten, Kinderkrippen, Internate und Wohnheime sowie unterirdischen Versorgungsleitungen, Straßen usw. mit bezirksgeleiteten Kapazitäten der 2. und 3. Produktionsstufe zu realisieren. Typbeispiele sind unter Auswertung der Erfahrungen des Bezirkes Leipzig zur Gestaltung eines Produktionssystems durchzuführen und mit der Erprobung des WBS 70 zu verbinden." (Direktive 1971: 22)
Auch wenn die Erarbeitung des „Einheitssystem Bau" Anfang der siebziger Jahre wieder abgebrochen wurde, hielt man an der Entwicklung eines DDR-einheitlichen Wohnungsbausystems fest. Gerhard Kosel wertet den Abbruch der Erarbeitung des Einheitssystems als „Beispiel für die Sprünge in der wissenschaftlich-technologischen Politik der DDR. Die Arbeit am ‚Einheitssystem Bau' wurde abgebrochen auf Grund neuer Orientierungen des Politbüros. Der Begriff ‚System' war nun verpönt."[102]
Diese „Verpönung" des Systembegriffs fiel mit der Entmachtung Ulbrichts und der Machtergreifung durch Honecker zusammen. Eine historische Aufarbeitung dieser wissenschaftspolitischen Weichenstellung, der etwa auch der im Westen bekannte Kybernetiker Georg Klaus zum Opfer fiel, steht noch aus. Es ist zu vermuten, daß diese Interpretation gesellschaftlicher Vorgänge als subjektlose, systemische Rückkopplungsprozesse auf lange Sicht zur Aushöhlung des ideologischen Führungsanspruchs der SED beigetragen hätte. Ein weiterer ideologischer Nebenaspekt des Machtwechsels in der Partei- und Staatsführung war die Aufgabe des Begriffs der sozialistischen Menschengemeinschaft und dessen Ersetzung durch das sozialwissenschaftlich noch ungeklärte, aus der Sowjetunion übernommene Konzept der entwickelten sozialistischen Gesellschaft. In der Wohnungspolitik wurde nun in der Folge dieses Kurswechsels das Wohnungsbausystem WBS 70, das sehr bald nicht mehr „System" sein durfte und als Wohnungsbauserie weiterlief, als ein dieser entwickelten sozialistischen Gesellschaft adäquates Wohnmodell pro-

pagandistisch aufbereitet. Hier liegen die Wurzeln für das Grunddilemma dieses Wohnkonzepts, tatsächliche Entdifferenzierung und Reduzierung als Fortschritt und Differenzierung zu kaschieren.
Die Ziele, die man mit der Entwicklung der WBS 70 verfolgte, wurden offiziell als Erhöhung der Wohnqualität dargestellt. Darunter wurden ein differenziertes, familiengerechtes Wohnungsangebot, vergrößerte Wohnzimmer, nach Familiengröße und -struktur variable Küchenlösungen und günstige Stellflächen in den Wohnungen verstanden. Mit der DDR-einheitlich anzuwendenden Technologie sollten auch eine erweiterte Sanitärausstattung und flexiblere Wohnungsgrundrisse möglich sein. Des weiteren erhoffte man sich günstigere Bedingungen für eine abwechslungsreiche und interessante städtebaulich-architektonische Gestaltung der Wohngebiete. „Die bautechnischen und technologischen Grundlagen der WBS 70 wurden mit Beginn der siebziger Jahre in Gemeinschaftsarbeit von der Bauakademie, 5 Wohnungsbaukombinaten und der Technischen Universität Dresden erarbeitet und die entsprechenden planungstechnischen Grundlagen geschaffen." (BMBau 1993: 3)
Die erste Wohnung wurde 1972 in Neubrandenburg montiert. Seitdem stieg der Anwendungsumfang dieses Typs bis 1989 kontinuierlich. Gleichzeitig wurde der Einsatz konventioneller Baumethoden weiter reduziert. Dies hatte eine weitere Vernachlässigung der Sanierung der Altbausubstanz zur Folge, so daß für den ab Anfang der achtziger Jahre verstärkt auch offiziell wahrgenommenen Verfall der Innenstädte nur geringe Kapazitäten für die Rekonstruktion zur Verfügung standen. Dies wiederum hatte die „Weiterentwicklung der Plattenbauweise, insbesondere der Wohnungsbauserie 70, für das innerstädtische Bauen bei effektiver Nutzung der vorhandenen Vorfertigungskapazitäten" (MfB 1980: 13) als baupolitische Vorgabe zur Folge, wie es das Ministerium für Bauwesen Anfang der achtziger Jahre in einer Vertraulichen Verschlußsache (VVS) festlegte.
Die Typisierung und die „Hauptaufgabe der Standardisierung" waren baupolitische Zielvorgaben bei der Konzeption der WBS 70. Dieser Zielsetzung entsprechend, wurde eine Rationalisierungs- und Forschungsstrategie im Wohnungsbau entwickelt, die davon ausging, daß „die im Wohnungsbau z.Z. übliche Gebäudetiefe von 9600 mm und 10800 mm generell auf 12000 mm zu erhöhen, die z.Z. gebräuchliche Bauelementegeometrie in der Längenausdehnung von in der Regel 3600 mm und 4800 mm auf ausschließlich 6000 mm zu erhöhen und die Laststufe von 5 Mp auf 6,4 Mp zu erhöhen ist. Diese Entwicklungsrichtung wurde ausschließlich und technokratisch vom Standpunkt der maximalen Vereinheitlichung betrachtet. Die Zielfunktion bestand in einem minimalen Elementesortiment, das in hohen Losgrößen produziert werden kann." (Selonke 1972: 10/11)
Da aber die produktionstechnischen Voraussetzungen in den Plattenwerken bei den notwendigen Schwerlasttransportern und bei den in den Taktstraßen der Wohnungsbaukombinate vorhandenen Turmdrehkränen nur auf eine Laststufe von 5 Mp

Anwendungsumfang der WBS 70 von 1972 bis 1990 (in tausend Wohneinheiten)[103]

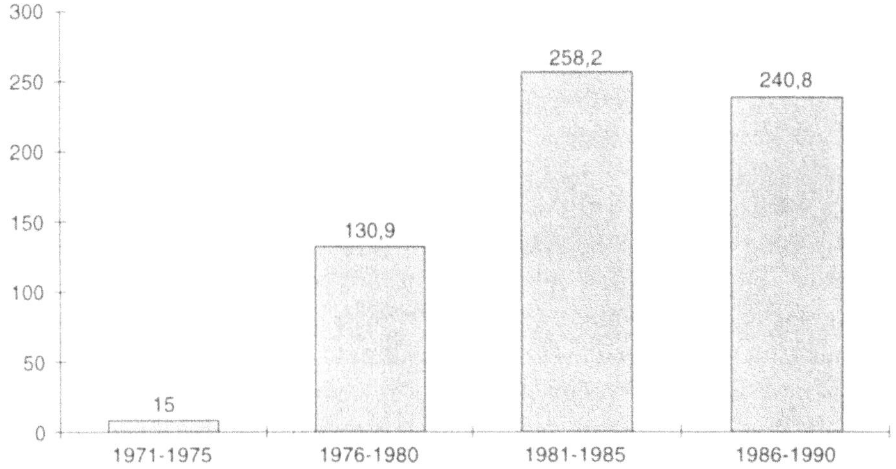

ausgelegt waren, erwies sich diese Zielstellung als mit den gegebenen Kapazitäten und Infrastrukturen der Bauproduktion nicht vereinbar. Es stellte sich ein beträchtliches Investitionsproblem. Diese Problemlage wird in der bereits zitierten Arbeit von Klaus Selonke, die als Diplomarbeit an der Hochschule für Ökonomie in Berlin-Karlshorst 1972 verfaßt wurde, derart scharfsinnig analysiert, daß sie aufgrund ihrer Brisanz als „Vertrauliche Dienstsache" (VD) deklariert wurde, was bei Diplomarbeiten zum damaligen Zeitpunkt in der Regel nicht üblich war. Die Arbeit befindet sich bezeichnenderweise im Archiv des Sekretariats des Ministers für Bauwesen (vgl. Selonke 1972; im Bundesarchiv: DH-1/24150).
„In Auswertung dieser Kritik an der WBS 70, die ihren Ausgangspunkt in einer, wie schon festgestellt, technokratischen Auffassung hatte, was vor allem seinen Ausdruck in der Ignorierung des ‚gesellschaftlichen Normals' und der Durchsetzung einer hohen Grundfondsökonomie [die nicht kongruenten Elemente der Produktionsmittel hätten dann ausgesondert werden müssen, C. H.] auf der Basis der Intensivierung der Produktion fand, wurde die Aufgabenstellung für die WBS 70 neu konzipiert. Dabei ging es vor allem darum, ausgehend vom ‚gesellschaftlichen Normal', die Gebrauchswerteigenschaften der Wohnung zu definieren sowie die z. Z. vorhandenen Erzeugnis- und Verfahrenslösungen im Plattenbau zu vereinheitlichen und ihre Weiterentwicklung auf der Grundlage des vorhandenen Grundfondsbestandes in den Wohnungsbaukombinaten zu garantieren. Da die Entwicklungsrichtungen im Wohnungsbau in den einzelnen Bezirken der DDR unterschiedlich verlaufen sind, [...] besteht gegenwärtig die Aufgabe darin, die für die Durchsetzung der einheitlichen Baupolitik relevanten Einflußfelder zu bestimmen und mit Hilfe der Standardisierung eine Vereinheitlichung im Rahmen der Gestaltung der WBS 70 durchzusetzen." (Selonke 1972: 11)

Bereits 1972 wurde der technokratische Ansatz der WBS 70, allerdings ohne ideologiekritischen Akzent, benannt. Der Autor verbleibt demgemäß innerhalb der damit gesetzten technokratischen Sachzwänge und denkt diese konsequent zu Ende. Die systemische Eigenlogik wird hier bereits in ihrer Spannung zum „gesellschaftlichen Normal" formuliert. Anstatt aber organisch an die Potentiale der technokratisch als „Normal" beschriebenen gesellschaftlichen Problemlösungskapazitäten anzuknüpfen, etwa an die Ressourcen der Kreisbaubetriebe und der Bauabteilungen in den Betrieben, wurde einseitig der Ausbau großer, zentralisierter und daher inflexibler Kapazitäten gefordert. Bereits 1972 wurde also die reale Entwicklung bis zum Ende der achtziger Jahre antizipiert.
Folgerichtig wurde dann der Ausbau der entsprechenden Baukapazitäten und produktionstechnischen Anlagen, insbesondere der Plattenwerke, forciert. Ein großer Anteil des Investitionsvolumens der Wohnungsbauwirtschaft wurde wiederum in die Großtafelbauweise investiert. 1977 betrug deren Anteil, so meldet die *Chronik Bauwesen,* am industriellen Wohnungsbau 75 Prozent. Dieser sollte bis 1980 auf mindestens 80 Prozent erhöht werden. Zu diesem Zweck wurde durch den Ministerrat der DDR der Aufbau von zehn neuen Plattenwerken beschlossen, „vier davon mit Ausrüstungen aus der Sowjetunion, drei werden in der DDR produziert und drei aus Finnland importiert" (Chronik 1985: 109).
Zugleich wurde ein umfangreiches Investitionsprogramm für die zu diesem Zeitpunkt in der DDR existierenden 47 Plattenwerke beschlossen. Diese Plattenwerke bildeten eine grundlegende Voraussetzung für die DDR-weite Einführung der WBS 70. Daß diese Vorgänge im wesentlichen als baulich-ökonomische bzw. politisch-administrative Maßnahmen behandelt wurden, zeigt die Schwerpunktsetzung beim von der Deckenspannweite und der Lage von Küche und Bad, nicht von sozialen und psychischen Bedürfnissen der Bewohner bestimmtem Grundrißkonzept der WBS 70.
Bedeutete diese technizistische Systemkonzeption schon eine erhebliche Einengung der Grundrißvarianten, so enthielt das Baukastenprinzip dennoch mehr Alternativen, als dann schließlich zur Ausführung kamen. Lediglich sechs (sieben) Wohnungsgrößen mit zusätzlich regionalen Abweichungen auf der Grundlage eines Grundrißkonzeptes (vgl. Anhang 2) sollten seit den siebziger Jahren flächendeckend in der DDR gebaut werden. Diese Reduzierung des Angebots beruhte auf der mangelnden Flexibilität der Wohnungsbaukombinate, deren Planvorgaben nicht die Variabilität des Angebots, sondern die Quantität der abgerechneten Wohneinheiten honorierten. Zusätzlich verschärft wurde diese Tendenz durch die begrenzte technologische Organisation des Bauprozesses. Auch dieser Aspekt ergab sich aus dem Diktat der Planvorgaben.
Dieser eine Wohnungstyp wurde, bevorzugt in der Stapelung identischer Wohnungsgrundrisse, in mehrspännigen und -geschossigen Wohngebäuden angeordnet (vgl. Anhang 2). Die Standardisierung der „klassischen" Neubauwohnung bedeutete:

1 bis 4 Räume, Loggia, Innenküche (teilweise Außenküche) und Badzelle sowie gezielte Zuordnung bestimmter Wohnfunktionen zu bestimmten Räumen. Das größte Zimmer der Wohnung ist als Wohnzimmer konzipiert. Das mittlere, meist zur verkehrsberuhigten Straße gelegene, als elterliches Schlafzimmer, die kleinsten Räume sind die Kinderzimmer. Der Korridor ermöglicht den Zugang zu den anderen Räumen innerhalb der Wohnung und dient darüber hinaus als Empfangsraum, als Garderobe und als Abstellraum für Kleinmöbel und Haushaltsgeräte. Parallelen zum Grundrißkonzept der Sozialwohnung der Weimarer Republik sind offensichtlich.
Aus soziologischer Perspektive wäre hier zu fragen, auf welchen Annahmen das Grundrißkonzept beruht und welche gesellschaftlichen Ziele damit verbunden waren. Diese Frage stützt sich auf die Auffassung, daß gesellschaftliche Strukturen auch in den baulich-räumlichen Strukturen einer Gesellschaft wiederzufinden sind. Im Rahmen dieser Arbeit, die einerseits die historischen Kontinuitäten des industriellen Wohnungsbaus und andererseits die Spezifität der DDR analysiert, hieße dies zu fragen, ob und wie sich die Grundrißdebatte zur sozialen Kleinwohnung seit Mitte des 19. Jahrhunderts wiederfinden läßt und wie ein neues, sozialistisches Raumkonzept in der industriell gebauten Staatswohnung wirksam wird.
Während die städtebaulichen Leitbilder der Großsiedlungen aus der „Weiterentwicklung von Konzepten [entstanden], die aus wohnungsreformerischen Ansätzen des 19. Jahrhunderts hervorgegangen sind“ (Schmoll 1987), liegen die Wurzeln der WBS 70 in der Diskussion über die Sozialwohnung, „die Wohnung für das Existenzminimum“, der zwanziger Jahre. Als allgemein anerkannte Festlegung hatte sich ein Wohnungsgrundriß von etwa 45 qm durchschnittlicher Fläche für das Raumprogramm der sozialen Kleinstwohnung des staatlich subventionierten Wohnungsbaus entwickelt. Damit sollten Voraussetzungen geschaffen werden, unter den Bedingungen des gemeinnützigen oder staatlichen Wohnungsbaus für eine große Anzahl von Haushalten mit ähnlichen sozialen Situationen Wohnungen zu bauen.

Die folgende Darstellung verdeutlicht die ähnlichen Gestaltungsprinzipien der beiden Wohnungskonzepte:

Wohnung des sozialen Wohnungsbaus der zwanziger Jahre:	1. Repräsentations- und Wirtschaftsbereich: Wohn- und Kinderzimmer, Eßplatz und Küche (Tagbereich) 2. Familienbereich (Individualbereich): Kinderzimmer, Schlafzimmer und Bad (Nachtbereich)
Industriell gebaute „Sozialwohnung" der DDR:	1. Familien- und Wirtschaftsbereich: Wohn- und Kinderzimmer, Eßplatz und Küche (vor allem Innenküche) (Tagbereich) 2. Individualbereich: Schlafzimmer und Bad, teilweise Kinderzimmer (Nachtbereich)

Die Dominanz dieses Wohnungstypus hat sich auf verblüffende Weise sowohl im ‚Dritten Reich' als auch in der frühen Bundesrepublik und der DDR behauptet. Dies ist um so überraschender, als bereits seit der Wohnungsreformdiskussion im Kaiserreich ein alternativer Wohnungstypus im Gespräch ist. „Der Unterschied lag in der Aufteilung der Wohnung. Der eine [...] bot im wesentlichen gleich große Räume und damit eine (eingeschränkte, bei den Raumgrößen) Wahlfreiheit in der Nutzung; auch an der Wohnküche, zumindest der Einrichtung eines Eßplatzes, wurde festgehalten. Der andere dagegen ging von einer größeren Differenzierung der Zimmergrößen aus; dem (relativ) großen allgemeinen Wohnraum standen kleine, z.T. bis zu Kammer-Kabinen reduzierte Schlafzimmer gegenüber." (Kähler 1989: 41).

Diese Debatte ist in der DDR nie nachvollzogen worden; theoretisch wäre ansonsten auch ein anderer Weg der Grundrißkonzeption für die WBS 70 denkbar gewesen, eine Überlegung, die angesichts ihrer Durchschnittsgröße von 59 qm keineswegs nur akademisch ist. Grundrisse beeinflussen Wohnverhalten. Das Prinzip der Entwicklung der WBS 70 war die eindeutige Nutzungszuweisung der Räume entsprechend den notwendigen Möbelstellflächen und den Bewegungsabläufen beim Wohnen.

Eine Debatte um eine sozialistische Wohnform auch auf der Ebene der Wohnung ist in der DDR nicht nachweisbar. Eine solche ist nach meinen Recherchen in geringem Umfang in den fünfziger Jahren geführt worden, als jährlich neue Wohnungstypen der Öffentlichkeit vorgestellt und insbesondere auf der Ebene der Gewerkschaften breit diskutiert wurden. Vereinzelte Rufe nach der Diskussion neuer Wohnformen verhallten ungehört.

„Was haben unsere neuen Städte wie Stalinstadt oder Hoyerswerda den kapitalistischen voraus? Weisen sie ein deutliches Merkmal sozialistischer Lebensweise auf, ein Merkmal, das sie von Le Havre oder Vällingby unterscheidet? Ich meine nicht: von wem für wen gebaut, nicht Mietpreise und auch nicht die äußere Form. Diese Frage ist zu verneinen. Der Grund ist bei uns Architekten zu suchen. Er liegt in einem Mangel an Mut für den Blick in die sozialistische Zukunft." (Welser 1957: 486)

Soweit eine Leserzuschrift an die Zeitschrift *Deutsche Architektur*, die schon 1957 die fehlende Debatte über neue sozialistische Wohnformen bemängelte. Die Diskussion der fünfziger Jahre unterschied sich von den Architekturdebatten der folgenden Jahrzehnte dadurch, daß sie die soziale Relevanz der Wohnungsgrundrisse noch thematisierte, wenn sie auch keine wirklichen Alternativen benennen konnte. In den sechziger Jahren wurde nur noch einmal ein Versuch unternommen, unter Berufung auf August Bebels *Die Frau im Sozialismus*, stärker die Vision kollektiven Wohnens als Alternative zur familienzentrierten Wohnform wieder aufzunehmen. Dieser Vorstoß des in der DDR an der Bauakademie tätigen iranischen Kommunisten Silvio Macetti blieb allerdings ohne Resonanz. (vgl. Macetti o.J.)

Die gesamte Entwicklung der im staatlichen Wohnungsbau der DDR verwendeten Grundrißtypen basierte auf dem Konzept der Kleinfamilie in der Kleinstwohnung, zusammengefaßt in sozialistischen Wohnkomplexen, die nach dem Prinzip der Funktionstrennung strukturiert waren. Die grundsätzliche Alternative zu diesem Grundrißkonzept, die Addition annähernd gleich großer Räume für alle Nutzer der Wohnung, wurde gar nicht erst in Betracht gezogen. Letztlich folgte man mit der genauen Festlegung der Raumnutzung bei der WBS 70 den Ideen einer Funktionalisierung sozialer Abläufe. „Die Funktionalisierung der Wohnung nach ‚betriebstechnischen' Abläufen (Gropius) war in den zwanziger Jahren eine soziale Errungenschaft, weil sie eine Wohnform ablöste, in der aus Not alle Abläufe in einem Raum stattfanden. Heute, nachdem das reibungslose ‚Funktionieren' innerhalb von Betrieb und Gesellschaft allenfalls als ‚Sekundärtugend' gelten kann, muß sie anders bewertet werden; die bloße Vergrößerung der Flächenansätze reicht da als qualitatives Alibi nicht aus." (Kähler 1989: 44)

Diese „Sekundärtugend" aber war für die DDR eine notwendige „Primärtugend". Nach dem Konzept des „reibungslosen Funktionierens" der Organisation des (Arbeits-)alltags, im „DDR-Deutsch" z.B. formuliert als „Vereinbarkeit von Berufstätigkeit und *Mutter*schaft" als rein weiblicher, von staatlicher Sozialpolitik unterstützter, zu erbringender Leistung, erfolgte der Entwurf von Wohngebiet, Wohnhaus und Wohnung.

4 Zur Ideologie der ‚Platte'

Die ‚Platte' als soziologisches Sachverhältnis

Als Sache, mit der in der DDR gesellschaftliche Verhältnisse vermittelt wurden, hat die ‚Platte' soziale Implikationen, in der „Grundzüge gesellschaftlicher Ordnung" (Linde) angelegt sind. Eine solche Interpretation technischer Artefakte entspricht einer Soziologie der Sachen (Linde 1972) oder in einer neueren Weiterentwicklung dieses Ansatzes einer Soziologie der Sachverhältnisse (Joerges 1979). Im folgenden soll dieser theoretische Bezugsrahmen verwendet werden, um das Produkt ‚Platte' als ein Resultat sozialen Handelns, als einen symbolisch vermittelten Entstehungszusammenhang zu beschreiben. Obwohl dieser Herstellungsvorgang auf intentionales Handeln von individuellen und kollektiven Akteuren rückführbar ist, verweisen die diesen Handlungen zugrunde liegenden Deutungsmuster auf tieferliegende Strukturen. Die Analyse und Erklärung der sozialen Konstruktion von Sachen bzw. von Sachverhältnissen entspricht einer spezifisch soziologischen Herangehensweise an einen Objektbereich, der von verschiedenen Wissenschaftsdisziplinen – im Fall der ‚Platte' z.B. von der Kunst- und Architekturgeschichte, der Wirtschaftswissenschaften oder auch der Baukonstruktion – her behandelbar ist. Der gesellschaftlichen Konzeption der ‚Platte' muß bei der Behandlung der DDR ein besonderer Stellenwert zugebilligt werden, da die „herrschende Ideologie [...] in stärkerem Maße als in anderen sozialistischen Ländern [...] den Charakter einer Staatsräson [gewann]. Denn der SED war es verwehrt, die DDR gleichsam als nationale Notgemeinschaft gegen das Joch der sowjetischen Hegemonie zusammenzuschweißen: Ihre Herrschaft mußte sich auf die – wenn notwendig: unbedingte – Konformität mit dem sowjet-sozialistischen Modell stützen." (Meuschel 1992: 20)

Im Falle des industrialisierten Wohnungsbaus der DDR muß die Suche nach diesen Strukturen hinter die holistischen Selbstdeutungsschablonen der SED, wie etwa die „sozialistische Menschengemeinschaft" unter Ulbricht oder die „Klassengesellschaft neuen Typs" unter Honecker, vordringen. Der ganzheitlichen, synthetischen Sicht dieser Selbstthematisierung, die als Ideologie des Herrschaftsapparates analysierbar ist, entspricht auf der Ebene der wissenschaftlichen Thematisierung eine vergleichbare Tendenz zur holistischen Begriffsbildung, etwa der modernen Gesellschaft, der Industriegesellschaft oder der Marktwirtschaft.

Im folgenden werde ich über die unbefriedigenden Ergebnisse der gegenwärtigen soziologischen Theoretisierungsbemühungen hinausgehen, indem unterhalb der abstrakten, ganzheitlichen Begriffsbildung empirisch identifizierbare Handlungsorientierungen analysiert werden. Der empirische Objektbereich dieser Studie legt es nahe, die handlungsleitenden Deutungsmuster unterhalb der abstrakten Ebene zu suchen. Hier lassen sich drei bestimmende Ideologeme, die in unterschiedlichen Ausprägungen das Sachverhältnis ‚Platte' begründeten, analysieren. Denn der industrialisierte Wohnungsbau in Großsiedlungen ist weder zwingend aus einem Verständnis von Modernisierung abzuleiten, wie etwa der weitestgehend fehlende Massenwohnungsbau in den USA belegt, noch folgt etwa der Grundriß der „klassischen" DDR-Neubauwohnung aus den ideologischen Prämissen des Marxismus-Leninismus, die vielmehr in den seit Beginn der zwanziger Jahre in Sowjetrußland erprobten Kollektivwohnformen (vgl. Chan-Magomedow 1983: 344ff.; Kreis 1985: 20ff.) begründet wären. Zu den bekanntesten Neuerungen der sozial-räumlichen Umsetzung der neuen sozialistischen Lebensweise gehören die seit 1920 in den selbstverwalteten Moskauer „Kommunehäusern" durchgeführten Experimente. „Schon auf dem VIII. Parteikongreß der KPR(B) wurde diese Wohnform neben der gerechten Verteilung der Wohnfläche, [...], auch als Möglichkeit zur Emanzipation der Frau gesehen: [...] die Partei strebt danach, die Frau von ihrer materiellen Last der veralteten Hauswirtschaft durch Einrichtung von Kommunehäusern, vergesellschafteten Speisehallen, zentralen Wäschereien, Krippen usw. zu befreien." (Kreis 1985: 21)
Die Kommunehäuser sind ein Beispiel für die Suche nach anderen Wohnformen, die den neuen gesellschaftlichen Verhältnissen adäquat sind. In der Sowjetunion wurden diese Experimente unter Stalin beendet und die Kleinfamilie als kleinste Zelle des Staates wieder inthronisiert.
Dieses Kleinfamilienmodell, das konservativen Ideen über die soziale Basis der bürgerlichen Gesellschaft entspringt, ist eines von drei Ideologemen, aus denen das Syndrom ‚Platte' amalgamiert wurde. Auch die beiden anderen Ideologeme, der Gedanke der sozialen Gleichheit und der Glaube an den technischen Fortschritt in der SED-Ideologie, entstammen älteren Denktraditionen. Zwar wurden diese drei Momente oberflächlich in die holistische „wissenschaftliche Weltanschauung" eingebaut, entfalteten aber auf der konkreten Handlungsebene in den einzelnen gesellschaftlichen Teilbereichen auf höchst unterschiedliche Weise ihre Eigenlogik, die den Akteuren nur selten ganz bewußt war. Dies um so mehr, als die starre Handhabung der offiziellen Parteiideologie eine Reflexion über ihre Entstehung und ihren Handlungskontext gerade verhinderte. Daher konnten sich die unbegriffenen Ideologeme um so ungehinderter verselbständigen, im Falle des industrialisierten Wohnungsbaus der DDR im Wortsinne „materialisieren".
Das Sachverhältnis ‚Platte' ist die nicht-intendierte Handlungsfolge intentionaler Handlungen (Hayek), die drei, letztlich in ihren Implikationen nicht begriffene,

handlungsleitende Ideologeme in einer spezifischen Konfiguration zusammenführte, die als staatlich organisiertes Wohnungsbauprogramm zum nicht mehr korrigierbaren Selbstläufer wurde. Dabei ist auffallend, daß in der Durchsetzungsphase des industrialisierten Bauens bis etwa Ende der sechziger Jahre das Ideologem der sozialen Gleichheit als Begründungsmotiv wesentlich war, während sich spätestens mit der WBS 70 zusehends das rein technokratische Element, gekoppelt mit der Tonnenideologie der Planung unter Günter Mittag, als Sekretär für Wirtschaft beim Zentralkomitee der SED, damit quasi Chef der DDR-Wirtschaft, durchsetzte. In der Tendenz läßt sich also ein Überwuchern der sozialen Idee, d.h. der Lösung der Wohnungsfrage als soziales Problem, durch technologische Imperative einer sich zusehends verschlechternden Mangelwirtschaft konstatieren.
Die Verwendung der drei Ideologeme und ihre unterschiedliche Gewichtung war im Verlauf der DDR-Wohnungsbaugeschichte in pragmatische Entscheidungs- und Handlungskontexte eingebunden. Dieses Vorherrschen strategischer und instrumenteller Orientierungen hat eine Reflexion und damit auch die Möglichkeit selbstkritischer Revision verhindert. Dieses für den Staatssozialismus generell charakteristische Fehlen von Rückkopplung und Lernfähigkeit hat auch und gerade im Bauwesen Innovationen in ihr Gegenteil verkehrt (s. Abschnitt 3). Eine nachträgliche Rekonstruktion der handlungsleitenden Ideologeme muß also Zusammenhänge theoretisch zugänglich machen, die den Akteuren nicht oder nur begrenzt bewußt waren. Die einzelnen Ideologeme sollen daher zunächst einmal in ihrer Eigenlogik beschrieben werden. Abschließend wird zu zeigen sein, wie das Wohnkonzept der SED aus einer Engführung dieser Eigenlogiken im industrialisierten Wohnungsbau resultierte.

1. Das Gleichheitspostulat

Die egalitäre Orientierung der SED-Ideologie war bis Anfang der achtziger Jahre, als die Periode der ‚Erstarrung' und des ‚Niedergangs' der DDR begann (vgl. Weber 1991: 176ff.), ein grundlegendes Merkmal der gesellschaftspolitischen Entwicklungsrichtung: Für den sozialen Wandel in der DDR galt, daß er „durch den Anspruch der Staats- und Parteiführung geprägt war, die Entwicklung der sozialen Strukturen in all ihren wesentlichen Komponenten – Eigentums-, Bildungs- und Qualifikations-, Beschäftigungs- und Einkommensstruktur – zentralistisch zu planen und den wirtschaftlichen Zielsetzungen entsprechend zu steuern. Bis Ende der siebziger Jahre fungierte dabei die ‚Annäherung der Klassen und Schichten' hinsichtlich wesentlicher Lebensbedingungen (Einkommen, Bildung, Wohnen) als zentrales ideologisches Leitmotiv." (Wilgohs et al. 1990: 22)

Das Gleichheitsideal an sich ist natürlich keine genuine ‚Erfindung' des Marxismus-Leninismus, sondern ein gesellschaftliches Entwicklungsziel, das seit der Antike im sozialphilosophischen Denken eine wichtige Rolle spielt. Im Rahmen der Entwicklungsetappen der modernen Emanzipationsbewegung lassen sich nach Meyer drei Ebenen der sozialen Beziehungen unterscheiden, auf die das Gleichheitspostulat angewandt werden kann: „(1) die Rechtsgleichheit, die eine Gleichheit gegenüber den geltenden Gesetzen verlangt, (2) die politische Gleichheit, die [...] die Gleichheit der Staatsbürger verlangt" und die (3) „soziale Gleichheit, die über die beiden ersten hinausgehende Formen ökonomischer, kultureller und sozialer Gleichheit anstrebt" (Meyer 1986: 233).
Erst in der sozialen Gleichheit, d.h. einer auf die Lebensbedingungen insgesamt ausgeweiteten Gleichheit, sahen die Arbeiterbewegung und die sozialistische Theorie die konsequente Vollendung der Gleichheitsforderung, die auch Marx und Engels meinten, wenn sie im *Kommunistischen Manifest* eine Gesellschaft deklarierten: in der „die freie Entwicklung eines jeden die Bedingung für die freie Entwicklung aller ist" (Marx/Engels 1848: 482).
Eine wesentliche Schwierigkeit in der theoretischen Formulierung dieses Zieles bestand darin, daß Marx und Engels zwar als Fluchtpunkt der historischen Entwicklung die klassenlose Gesellschaft angenommen hatten, außer der notwendigen proletarischen Revolution aber nur vage Vorstellungen über eine sozialistische Gesellschaft (Aufhebung des Privateigentums an den Produktionsmitteln etc.) und keine Vermutungen über deren „Höherentwicklung" zur klassenlosen Gesellschaft hinterlassen hatten. Indem sich der Marxismus-Leninismus als wissenschaftlicher Sozialismus Geschichte als gesetzmäßige Abfolge von Gesellschaftsformationen aneignete, stellte sich der Politik der SED das Ziel, ihre Maßnahmen als Ausdruck der wissenschaftlichen Einsicht in den Übergangsprozeß vom Sozialismus zum Kommunismus präsentieren zu müssen. Unter dieser ideologischen Vorgabe leiden alle sozialwissenschaftlichen Arbeiten aus der DDR. War Gleichheit ein wesentliches Kriterium der klassenlosen Gesellschaft, so mußte die offenkundige Ungleichheit der Gesellschaft der DDR als historisch notwendig und gleichwohl nur transitorisch interpretiert werden. Der Transfer dieses Problems sollte nach Auffassung des dialektischen und historischen Materialismus als „Annäherung der Klassen und Schichten" beim allmählichen Übergang zum Kommunismus „als ein gesetzmäßiger, langfristiger Prozeß" (DiaMat 1979: 304) unter Führung der Arbeiterklasse und ihrer marxistisch-leninistischen Partei erfolgen. Der Begriff der sozialen Annäherung bezeichnete im Verständnis der DDR-Ideologie „den Prozeß des Wachstums und der weiteren Ausprägung der sozialökonomischen, politischen und ideologischen Gemeinsamkeiten der werktätigen Klassen und Schichten der sozialistischen Gesellschaft und der allmählichen Verringerung der zwischen ihnen bzw. der in ihnen bestehenden sozialen Unterschiede" (Wörterbuch 1983: 23).

Der als ständige „Höherentwicklung“ begriffene Prozeß sollte zum Abbau der durch die „Arbeitsteilung der Klassengesellschaft“ entstandenen sozialen Unterschiede in allen Lebensbereichen der Gesellschaft führen. Dies galt insbesondere für die überkommenen kapitalistischen Wohnbedingungen, die durch eine neue, sozialistische Wohnarchitektur ersetzt werden sollten.[104] Somit kam in diesem Zusammenhang gerade der Wohnungspolitik eine Schlüsselstellung zu. Hatte Friedrich Engels die Lösung der Wohnungsfrage im Sozialismus erwartet, so mußte die SED gerade in diesem Bereich um Legitimation bemüht sein.
Für die Wohnungs- und Städtebaupolitik der DDR formulierte Siegfried Grundmann, Stadtsoziologe an der Akademie für Gesellschaftswissenschaften beim Zentralkomitee der SED, 1984 dieses Problem resümierend als das eines sukzessiven Abbaus von sozialer Ungleichheit. Nicht „die Existenz sich bekämpfender Klassen und die Vertiefung sozialer Gegensätze, sondern [...] die schrittweise Verringerung von sozialen Unterschieden [ist] von nun an das grundlegende Gesetz in der Sozialstruktur von Städten“ (Grundmann 1984: 205).
Die bauliche Umsetzung dieses Anspruchs besagte, gleiche und komfortable Wohnbedingungen für alle zu schaffen: „Das bis 1990 terminierte Ziel: Lösung der Wohnungsfrage als soziales Problem bedeutet also: Angleichung der Wohnverhältnisse aller Klassen und Schichten der Bevölkerung an die (z.B. durch Neubaugebiete) maßstabbildende Wohnqualität in erleb- und vergleichbaren Territorien.“ (Kuhn 1985: 29)
Diese Forderung taucht in den städtebaulichen Konzepten vor allem Ende der sechziger und Anfang der siebziger Jahre verstärkt auf. Eines der bekanntesten Beispiele für die bewußt formulierte Umsetzung des allseitig anerkannten Gleichheitspostulats im Städte- und Wohnungsbau der DDR findet sich in den wohnungspolitischen und städtebaulichen Plänen von Halle-Neustadt: „Der Wohnkomplex einer Stadt im Sozialismus ist nicht durch Differenzierung nach Einkommensklassen, Berufsständen oder anderen Unterschieden gekennzeichnet. [...] Es gibt keinen sozial bedingten Vorrang für die Anlage von Wohnkomplexen oder einen aus diesem Grunde begünstigten Standort von Wohngebäuden innerhalb des Wohnkomplexes. Jeder wohnt unter gleichen Bedingungen in gleichen Wohnungen: Es wohnen der Generaldirektor im gleichen Haus wie der Anlagenfahrer aus dem großen Chemiekombinat, die Oberbürgermeisterin im gleichen Block mit dem Schaltwart aus der Wärmeversorgungszentrale und dem Städtebauer, der die Stadt mitgeplant hat.“ (Autorenkollektiv 1972: 85)
Die sozialistische Menschen-Gemeinschaft im Wohngebiet wurde zur prononcierten Gegenthese zur kapitalistischen, segregierten Stadtentwicklung: „Unser Ziel ist es, die historisch entstandenen sozialen und territorialen Unterschiede in den Wohnverhältnissen Schritt um Schritt abzubauen. Das verlangt der sich in der entwickelten sozialistischen Gesellschaft gesetzmäßig vollziehende Prozeß der Annäherung der Klassen und Schichten. Es betrifft sowohl die sozialen Niveauunterschiede in den

Wohnverhältnissen zwischen Stadt und Land, Zentrum und Stadtrand, Altbau- und Neubaugebieten, ebenso aber zwischen den Bezirken der Republik." (Doehler 1974: 447)

Die noch bestehenden sozialen Unterschiede in den Wohnbedingungen der städtischen Klassen und Schichten wurden bis Ende der siebziger Jahre als historisch bedingte Ursachen, d.h. als „Muttermerkmale des Kapitalismus" betrachtet (vgl. z.B. Rommeiß 1979). In diesen Jahren wird auch immer wieder der Erfolg bei der Durchsetzung des Gleichheitspostulats herausgestellt. So etwa 1977 durch Konrad Neumann, Mitglied des Politbüros des Zentralkomitees der SED und 1. Sekretär der Bezirksleitung von Ostberlin: „In engem Zusammenhang mit der Schaffung der materiellen Bedingungen für die Herausbildung des neuen Charakters der kommunistischen Gesellschaft vollzieht sich auf immer höherem Niveau und auf der Grundlage der Weltanschauung der Arbeiterklasse die Annäherung der Klassen und Schichten und bildet sich somit allmählich das klassenlose Wesen der neuen kommunistischen Gesellschaft heraus. Wenn wir Straßen, Gebäude und Landschaften verändern, produzieren und reproduzieren wir damit stets auch soziale Verhältnisse, unter denen die Menschen leben und arbeiten, und wir haben sie damit in den letzten Jahren schon wesentlich verändert. Schon heute zeigen unsere Wohngebiete entsprechend dem Charakter unserer Gesellschaft eine relativ hohe soziale Homogenität und bieten Vertretern der verschiedensten Klassen und Schichten, geistig wie körperlich Arbeitenden, etwa gleiche Bedingungen für die Entwicklung ihrer Fähigkeiten und Talente." (Naumann 1977: 269)

Frank Werner, der bereits 1981 den ethischen Gleichheitsanspruch der SED-Politik und die realen, auch räumlichen Ungleichheiten untersucht, konstatiert den Stellenwert der angestrebten egalitären Entwicklung für die Stadt und das Wohnen: „Das Fehlen der Segregation als Ausdruck der Klassengesellschaft müßte in den Städten der DDR ein wesentliches, vielleicht sogar das entscheidende Kriterium der sozialistisch-industriegesellschaftlichen Struktur sein." (Werner 1981: 122)

Ausgehend vom grundlegenden Gleichheitspostulat der SED-Ideologie ist folgerichtig im Laufe der DDR-Wohnbaugeschichte ein immer gleicher Wohnungstyp im Rahmen des komplexen Wohnungsbaus in den immer gleich strukturierten Neubauwohngebieten angewandt worden. Den seit Beginn der achtziger Jahre offensichtlich gewordenen Differenzierungserfordernissen der DDR-Gesellschaft auch beim Wohnen konnte nicht entsprochen, dem eklatanten Verfall der Altbausubstanz auf Grund der Unumkehrbarkeit der Entscheidungen zur Industrialisierung des Wohnungsbaus in den sechziger Jahren nichts mehr entgegengesetzt werden.

2. Die sozialistische Kleinfamilie

Für die Entwicklung des Grundrißkonzepts und der Ausstattungskataloge der Wohngebiete in den Neubaugebieten war das DDR-Verständnis der sozialistischen Familie von grundlegender Bedeutung, denn mit der Planung von Wohnung und Wohngebiet wurde der baulich-räumliche Rahmen für diese Vorstellungen geschaffen. Obgleich die SED-Familienideologie Wandlungen[105] unterlegen war, gab es grundsätzliche Auffassungen, wie die von der Berufstätigkeit der Frau, die in 40 Jahren DDR unverändert blieben. Da maßgebliche Festlegungen für den Wohnungsbau in der DDR in den fünfziger und sechziger Jahren erfolgten, sollen nachfolgend deren wichtigste Prämissen dargestellt werden.

Generell wurde die sozialistische Familie in der DDR als kleinste Zelle der sozialistischen Gesellschaft betrachtet. „Familie als kleinste Zelle der Gesellschaft" bedeutete, daß die Familie als ein Grundkollektiv angesehen wurde, das organisch mit anderen Kollektiven – dem Arbeitskollektiv, dem Pionierkollektiv, dem Parteikollektiv, dem Hausgemeinschaftskollektiv usw. – in seiner Addition das gesellschaftliche Umfeld des einzelnen und der Familie ergab. „Das Verhältnis zwischen Gesellschaft und Familie im Sozialismus wird bestimmt durch die grundlegende Übereinstimmung der Interessen des einzelnen, der einzelnen Familie und der Interessen der Gesellschaft." (Wörterbuch 1983: 179)

Das dementsprechende politisch-ideologische Leitbild von der Familie wurde 1965 im *Familiengesetzbuch der DDR* fixiert, das die bis dahin noch geltenden Teile des *Bürgerlichen Gesetzbuches* ablöste und damit zum neuen DDR-Familienrecht wurde. In der Präambel hieß es: „Die Familie ist die kleinste Zelle der Gesellschaft. Sie beruht auf der für das Leben geschlossenen Bindung und auf den besonders engen Bindungen, die sich aus den Gefühlsbeziehungen zwischen Mann und Frau und den Beziehungen gegenseitiger Liebe, Achtung und gegenseitigen Vertrauens zwischen den Familienmitgliedern ergeben." (Familiengesetzbuch 1973[5])

Die Familie habe des weiteren einen wesentlichen Anteil an der Entwicklung aller ihrer Mitglieder – der Ehepartner und deren Kinder – zu „sozialistischen Persönlichkeiten". Die führende Familienrechtlerin der DDR erklärte diese Bestimmung „zur Hauptaufgabe" (Grandke 1972: 25ff.) der Familie in der sozialistischen Gesellschaft.

Zur Bestimmung der „sozialistischen Familie" gehörte wesentlich die „Sicherung der allseitigen Entfaltung der Persönlichkeit der Frau. Das erfordert die Einbeziehung der Frau in die gesellschaftliche Produktion, erfordert, die Beschränkung der Frau auf den familiären Lebensbereich aufzugeben, ihr insbesondere die Möglichkeit zur Mitgestaltung der gesellschaftlichen Entwicklung, zur Erprobung und zum Einsatz ihrer Fähigkeiten und zum Kontakt mit dem Arbeitskollektiv zu ermöglichen." (Grandke 1972: 30)

Entwicklungsgeschichtlich wurde die „sozialistische Familie" als „Höherentwicklung" vorsozialistischer Familienformen angesehen. Auch für die „sozialistische Familie" waren die Trennung von Wohn- und Arbeitsort, von Produktions- und Konsumentengemeinschaft, von Arbeit und Freizeit und die Vergesellschaftung von Bildung, Erziehung und bestimmten Bereichen der Hausarbeit die Familienform strukturierende Elemente. Da die Familie in Abhängigkeit vom Prozeß der Vergesellschaftung der Arbeit ihre Form und ihren Inhalt ändere, sei sie im Kapitalismus zu einem untergeordneten Verhältnis geworden. So habe die Frau eine prinzipiell unterprivilegierte Stellung, wie die DDR-Ideologie noch Ende der siebziger Jahre lehrte: „Erst unter sozialistischen Bedingungen gewinnt die Arbeiterfamilie den Entwicklungsrahmen zur Herstellung einer Übereinstimmung mit den Wesensmerkmalen ihrer Klasse. [...] Das gilt freilich nicht nur für die Arbeiterfamilie, sondern die Beseitigung des Klassenantagonismus führt zu einer allmählichen Aufhebung der klassenbedingten Unterschiede der Familientypen überhaupt." (Aßmann/Stollberg 1979: 309) Empirisch bestehende soziale Unterschiede, durch soziologische Forschungen in der DDR vorsichtig konstatiert, wurden als nur auf der individuellen Ebene existierend interpretiert, die sich aber im Laufe der Entwicklung zum Kommunismus aufheben würden.[106]
Aus der Tatsache, daß die „sozialistische Familie" als Aufhebung der bürgerlichen Familie betrachtet wurde, erklärt sich, daß eines der Grundverhältnisse von Familie und Gesellschaft, das Verhältnis von Öffentlichkeit und Privatheit, obgleich empirisch existent, als aufgehoben angesehen wurde. Die im Städte- und Wohnungsbau in Westdeutschland so entscheidende Trennung von Privatheit und Öffentlichkeit, die bis in Grundrißkonzepte der Wohnungen im Sozialen Wohnungsbau nachweisbar ist, spielte in der DDR-Ideologie keine Rolle. Familie und Wohnen wurden als Teilkollektiv bzw. Teilbereich eines einheitlichen Ganzen aufgefaßt. Dies wiederum führte lange Zeit zur Vernachlässigung des Problems des Übergangs von Privatheit zur Öffentlichkeit, dem halböffentlichen Raum: Treppenhäuser und unmittelbare Umgebung des industriell errichteten Wohngebäudes sind auch deshalb von Lieblosigkeit in der Planung und Ausführung gekennzeichnet.
Die Ausrichtung der „sozialistischen Familie" auf die Vollbeschäftigung der Frau bei gleichzeitiger möglichst mehrfacher ‚Mutterschaft' führte zur Ausstattung der Wohngebiete mit Ganztagsschulen, Kinderkrippen, -gärten und auch Jugendclubs. Insbesondere den „Polytechnischen Oberschulen" wurde eine entscheidende Rolle bei der Erziehung der Kinder zugebilligt: Ganztagsbetreuung und Mittagessen waren selbstverständlich. Vogel berichtet 1965 zum Thema der Unterbringung von Kindern und Jugendlichen in Tageseinrichtungen auch von bestimmten „Extremvorstellungen" der späten fünfziger Jahre, die sich aber als nicht integrierbar in das letztendlich kleinbürgerliche Konzept der „sozialistischen Kleinfamilie" erwiesen, hier aber als Reflexion von Zeitgeist zitiert werden sollen:

„a) Tageskindergärten können entsprechend späteren gesellschaftlichen und individuellen Bedürfnissen in Wohnheime umgestaltet werden.
b) Tagesschulen sind so angelegt, daß sie später die Funktion von Vollinternatsschulen übernehmen können.
c) Hausküchen in der Wohngruppe sind durch Speisegaststätten erweiterbar. Dabei sind für die Wohnung solche Typen vorgesehen, die ein relativ leichtes Umwandeln der individuellen Küchen in Wohnräume gestatten.“ (Vogel 1965: 153)

Das Konzept der Tagesunterbringung der Kinder und Jugendlichen kam aber dennoch im Wohnungskonzept zur Anwendung, indem z.B. in den für zwei Kinder geplanten durchschnittlich 10 qm[107] großen Zimmer nach TGL[108] 9552, der Norm für die Stell- und Bewegungsflächen der Ausstattungselemente (Möbel) der DDR, keine Spielfläche nachgewiesen werden mußte.

Die ideologischen Vorstellungen von der „sozialistischen Kleinfamilie“ fanden bis in die achtziger Jahre hinein ihren Niederschlag in der Realität. Die „sozialistische Kleinfamilie“ erscheint als einer der wenigen Aspekte der SED-Ideologie, der tatsächlich gelebt wurde; das zeigt der quantitative und qualitative Vergleich der in der DDR existierenden Familienformen, die von der Familiensoziologie der DDR untersucht wurden. Die Forschungen ergaben, daß die vorherrschende Familienform in der DDR-Gesellschaft die Kleinfamilie war. In dem 1990 von ehemaligen Mitarbeitern des Instituts für Soziologie und Sozialpolitik der Akademie der Wissenschaften herausgegebenen *Frauenreport '90* wird dies wie folgt beschrieben: „Die ökonomische Einheit ‚Haushalt‘ – als Bindeglied zwischen den Familien und den ökonomischen Strukturen einer Gesellschaft – fiel in der DDR weitgehend mit den Kernfamilien (= Zwei-Generationen-Familien) zusammen.“ (Winkler 1990: 101) Dritte und vierte Generationen sowie familienfremde Personen waren weitgehend aus den Familienhaushalten ausgeklammert. Noch immer heißt es 1990 in demselben Bericht, unkritisch der eigenen Arbeit gegenüber: „alternative Lebensformen zur Kleinfamilie [...] kannte die DDR so gut wie nicht.“ (Winkler 1990: 101)

Alternative Lebensformen waren sehr wohl bekannt. Dies sowohl in historischer Form als Kollektivwohnhäuser als auch in Form moderner außerfamilialer Wohnformen, wie die seit 1968 sehr bekannten „westlichen“ Wohngemeinschaften. Alternative Lebensformen begannen seit Anfang der achtziger Jahre auch in der DDR verstärkt gesellschaftsrelevant zu werden, hatten aber aufgrund einer restriktiven familienzentrierten Wohnungsvergabe- und Wohnungsbaupolitik wenige Möglichkeiten der Realisation. Statistisch ergab die Volkszählung von 1981, daß „62,9% aller Mehr-Personen-Haushalte aus einer Familie (Elternpaar bzw. einem Elternteil mit Kindern)“ (bestanden). „Rechnet man die Ehepaare ohne Kinder hinzu, beträgt dieser Anteil 91,5%.“ (Winkler 1990: 101)

Der Anteil der Mehr-Personen-Haushalte an der Anzahl der Privathaushalte insgesamt (1981 = 6,51 Millionen) betrug 73,4 Prozent. Da der Anteil der Mehr-Personen-Haushalte im wesentlichen konstant blieb, die Gesamtzahl der Privathaushalte aber langsam anstieg, gab es auch in der DDR eine Tendenz der Zunahme an Ein-Personen-Haushalten (vgl. Winkler 1990). Die Differenzierung der DDR-Gesellschaft in unterschiedliche Lebensformen war dennoch insgesamt kaum ausgeprägt, da alternative Lebensweisen in ihrer Entwicklung und Entfaltung behindert wurden, weil sie nicht in das gesellschaftliche Konzept paßten. Auch deshalb, sahen die DDR-Entscheidungsträger keinen Grund, die Wohnungsbauprämissen zu modernisieren.

3. Technik- und Fortschrittsgläubigkeit

Die folgende Darstellung hat ihren Ausgangspunkt, wie in Abschnitt 1 ausgeführt, in der Analyse des Selbstverständnisses der DDR-Gesellschaft. Deren Fixpunkt war, daß sich die DDR als moderne Industriegesellschaft[109] verstand, auch wenn die DDR-Ideologie zur Kennzeichnung ihrer gesellschaftlichen Entwicklungslinien nie diesen „bürgerlichen" Begriff verwendete. Die Anwendung des Begriffs ‚Industriegesellschaft' auf die DDR ist jedoch berechtigt, wenn man eine relativ unkomplizierte Bestimmung zugrunde legt: Das Konzept der Industriegesellschaft ist, wie auch die Analysen zur Industrialisierung des Bauens gezeigt haben, ein auf Industrialisierung beruhendes Struktur- und Entwicklungsmodell. „Im Grunde geht das Modell der Entwicklung hin zur Industriegesellschaft davon aus, daß der technische Fortschritt den Motor und die Ursache wirtschaftlicher und gesellschaftlicher Strukturbildung darstellt." (Hradil 1992: 5)
Unter dem Gesichtspunkt der Selbstthematisierung ist es wichtig, daß die offizielle DDR-Wissenschaft diese Bezeichnung immer zurückgewiesen hat.[110] Da sie die Eigentumsverhältnisse als fundamentalen Unterschied zwischen Kapitalismus und Sozialismus betrachtete, drohte die aus dem Westen stammende Industriegesellschaftskonzeption, eben diesen Unterschied zu tilgen. Die dahinter aufscheinende Annahme einer tendenziellen Konvergenz der Systeme mußte als historische Möglichkeit geleugnet werden. Das Paradox dieser offiziellen Tabuisierung des Industrialismus als sozialistischer Ideologie bestand darin, daß unterhalb dieser Metaebene das auf Industrie und Technik beruhende Fortschrittsmodell gesellschaftlicher Entwicklung um so unreflektierter wirken konnte.
Sicherlich läßt sich die Industrialisierung des Bauens auch aus der ausschließlichen Notwendigkeit heraus verstehen, die Wohnungsnot zu beheben. Daß aber, im Gegensatz zur Bundesrepublik, der spezifische Weg der Zentralisierung gewählt wurde, der in den sechziger Jahren durch die Einführung der Wohnungsbaukom-

binate noch verschärft wurde, hat primär ideologische und politische Gründe. Das Ziel der Industrialisierung des Bauwesens entsprach der Grundannahme des Sozialismuskonzepts seit Lenin, der Sozialismus müsse zuerst und vorrangig die „Produktivkräfte“ voll entfalten, um die Grundlagen für den Übergang zum Kommunismus zu schaffen. Die Grundlagen für eine derartige Ausrichtung des DDR-Bauwesens waren Anfang der fünfziger Jahre mit dem Beschluß der SED, den Sozialismus in der DDR „planmäßig“ aufzubauen, gelegt worden. Fortschritts-, Technik- und Wissenschaftsgläubigkeit basierten vor allem auf Stalins „ökonomischem Grundgesetz des Sozialismus“. Durch das „ununterbrochene Wachstum und die Vervollkommnung der sozialistischen Produktionsverhältnisse auf der Basis der höchsten Technik“ sollten die wachsenden Bedürfnisse aller Gesellschaftsmitglieder befriedigt werden. Dieses „Gesetz“ bildete den Kontext für das Sozialismus-Konzept in der DDR und damit auch für die Industrialisierung des Bauwesens. (vgl. Weber 1991: 40ff.; Meuschel 1992: 117ff.)

Gleichwohl war die Durchsetzung einer am wissenschaftlich-technischen Fortschritt orientierten Industrialisierungstheorie im Rahmen des Marxismus-Leninismus nicht unproblematisch. Nach dem Ende der Stalin-Ära wurde, ausgehend von den Modernisierungsdiskussionen in der Sowjetunion unter Chruschtschow, auch in der DDR versucht, in der Auseinandersetzung mit dem westlichen Konzept der „Zweiten industriellen Revolution“ die produktive Bedeutung von Wissenschaft und Technik neu zu bestimmen (vgl. Zimmermann 1976: 35ff.). In dieser Diskussion wurde bezeichnenderweise die Arbeit des Architekten und damaligen Staatssekretärs im DDR-Bauministerium Gerhard Kosel, zu einem Schlüsseltext, der erst langfristig Folgen haben sollte. Wissenschaft als Produktivkraft sollte in der Folge zum Kernstück des theoretischen Konzepts der „wissenschaftlich-technischen Revolution“ werden (Buchholz 1975; Zimmermann 1976; Krämer-Friedrich 1976).

Auch bei diesem Konzept war die SED gegenüber der Sowjetunion in einem eher zögerlichen Nachvollzug begriffen. Die KPdSU hatte bereits 1961 im Rahmen ihres neuen Parteiprogramms die Bedeutung von Wissenschaft und Technik zentral bestimmt. „Die Wissenschaft wird in vollem Maße zu einer unmittelbaren Produktivkraft. [...] Die Menschheit tritt in die Periode einer wissenschaftlichen und technischen Umwälzung ein, die mit der Meisterung der Kernenergie, der Erschließung des Kosmos, der Entwicklung der Chemie, der Automatisierung der Produktion und anderen größten Errungenschaften von Wissenschaft und Technik verbunden ist. [...] Die Produktionsverhältnisse des Kapitalismus sind jedoch für die wissenschaftlich-technische Revolution zu eng. Nur der Sozialismus kann diese Revolution vollbringen und ihre Früchte zum Wohle der Gesellschaft nützen.“ (Parteiprogramm der KPdSU)[111]

Bereits 1963 wurde eine vergleichbare Bestimmung in das Programm der SED aufgenommen. Auffallend ist, daß die SED den wissenschaftlich-technischen Fortschritt zunächst eher als praktisches Aufgabenfeld begrenzen wollte und die theoretischen Implikationen verdrängte. „Die Zögerlichkeit, mit der sich die SED den Begriff – weniger die Praxis – zu eigen machte, hatte vor allem politisch-ideologische Gründe. Sie lagen in der Abneigung, eine gesellschaftliche Dynamik anzuerkennen, die das Wort ‚Revolution' ja implizierte, und die zu beherrschen und zu steuern man sich weder theoretisch noch praktisch in der Lage sah." (Meuschel 1992: 183)

Offensichtlich war man in der DDR weniger gewiß, daß nur der Sozialismus die volle „Entfaltung der Produktivkräfte" garantieren könne, als in der UdSSR. Auch steckte in der Anerkennung der wissenschaftlich-technischen Revolution das Problem, der Machtverteilung zwischen der ideologischen und der eher technokratischen Fraktion in der Partei-Elite. Mitte der sechziger Jahre sollte sich das Konzept der wissenschaftlich-technischen Revolution jedoch durchsetzen und konnte auf dem VII. Parteitag in eine Neubestimmung des Sozialismus als „relativ selbständige sozialökonomische Formation" integriert werden (vgl. Meuschel 1992: 184).

Das Bauwesen der DDR ist in dieser Phase der ideologischen Diskussion zur wissenschaftlich-technischen Revolution ein hervorragendes Beispiel für den relativen Vorlauf der Praxis vor der Theorie bzw. für die relative Unabhängigkeit der Praxis von der Theorie. Da sich aus der politisch brisanten metatheoretischen Debatte keine unmittelbar handlungsrelevanten Schlüsse für die Probleme der Industrialisierung des Bauens ziehen ließen, konnten die Praktiker des Bauens um so ungehinderter ihre professionellen Ideologeme verwenden. „Wissenschaftliche Arbeitsorganisation", „Intensivierung", „Rationalisierung", „Typenbildung", „Automatisierung", „Standardisierung" etc. erwiesen sich nach wie vor als zentrale Leitbegriffe im Bauwesen. Sie signalisieren die ungebrochene Kontinuität der überkommenen Ansätze von Taylorismus und Fordismus.

Jenseits dieser ideengeschichtlichen Kontinuitäten zeigt jedoch die Entwicklung des Bauwesens exemplarisch, wie sich die potentiell bedrohliche Bestimmung der wissenschaftlich-technischen Revolution in die politische Vorherrschaft der SED integrieren ließ. Hatte die ältere Diskussion seit den fünfziger Jahren gezeigt, daß eine Neubestimmung wissenschaftlich-technischen Fortschritts auch hinsichtlich der organisatorischen Umsetzung im Sinne von größerer Autonomie und mehr Dezentralisierung für die Facheliten Folgen haben würde, so wurde nun in der Verknüpfung von Ministerium und Kombinaten deutlich, daß die wissenschaftlich-technischen Revolution auch anders umsetzbar war. Nicht größerer Handlungsspielraum für kleinere Einheiten, sondern größere Zentralisierung in größeren Einheiten war die Entwicklung im Bauwesen, und nicht nur dort. Neben der in Abschnitt 3 analysierten Entdifferenzierung der Institutionen des Bauwesens am Beispiel des Ministeriums für Bauwesen lassen sich diese Effekte auch an der drastischen Zentralisierung und Reduzierung der am Bauwesen beteiligten Berufsgruppen und Gewerke belegen. So wurde etwa der klassische Maurerberuf durch den Betonfacharbeiter und den Facharbeiter für Ausbau ersetzt. Der Architekt

wurde in der Hierarchie hinter dem Bauingenieur und dem Städtebauer eingeordnet, diese wiederum wurden den einengenden Prämissen der Kombinate und diese letztlich den Planvorgaben der Staatlichen Plankommission untergeordnet.
Der Verlust ästhetischer Sensibilität und Vielfalt, der aus dieser technokratischen Konzentration folgt, ergab sich vor allem aus der Abschaffung der gestalterischen Dimension des Architektenberufs. „Die DDR-Bauorganisation hat es fertiggebracht, einen Beruf einzusparen, den des Architekten." (Hoffmann-Axthelm 1990: 68) Das Ergebnis bezeichnet Hoffmann-Axthelm als den „vollvergesellschaftlichten Entwerfer". „Apparatarchitektur" tritt an die Stelle subjektiv zuschreibbarer gestalterischer Entscheidungen.
Als sich mit Beginn der Honecker-Ära das Konzept der wissenschaftlich-technischen Revolution endgültig durchgesetzt hatte und die systemtheoretischen Interpretationen der Ulbricht-Ära wieder zurückgenommen wurden, konnte die mittlerweile irreversible Verknüpfung von industrialisiertem Bauen und Großkombinaten ohne Probleme in die neue Ideologie der „Einheit von Wirtschafts- und Sozialpolitik" integriert werden. Fortschritt wurde jetzt nicht nur quantitativ-technisch, sondern auch qualitativ-sozialpolitisch interpretiert. Gegen Ende der Honecker-Ära war es die immer größer werdende Schere zwischen beiden Dimensionen, die gerade auch im Wohnungsbau die Unerfüllbarkeit der politischen Vorgaben für alle sichtbar werden ließ.

Realisation: Wohnen und Neubaugebiet

Diese drei ideologischen Grundkonzeptionen der ‚Platte' bildeten zusammen mit der noch zu reflektierenden Ideolgie über „sozialistisches Wohnen" die Entwurfsgrundlagen für die sozialistischen Neubauwohngebiete der DDR.
Die offizielle DDR-Ideologie hatte das Wohnen als zentralen Bereich der sozialistischen Gesellschaft bestimmt und zusehends in der Honecker-Ära als Legitimationsbasis der „Einheit von Wirtschafts- und Sozialpolitik" überhöht. Schon in der ersten Verfassung der DDR von 1949 war das Recht auf Wohnraum für jeden Staatsbürger verankert worden. Dies war bereits seit den fünfziger Jahren Grundlage für die Ausrichtung des Wohnungsbaus auf den Massenwohnungsbau, der ausschließlich auf staatlicher oder genossenschaftlicher Eigentumsbasis erfolgte. Letztere verlor allerdings im Verlauf der Entwicklung zusehends an Bedeutung. Sozial folgenreich war die staatlich gelenkte Wohnungsvergabe- und Bewirtschaftungspolitik.
Mit der Bereitstellung von Wohnraum wollte der Staat sowohl die demographische Reproduktion der Bevölkerung als auch die für den Produktionsprozeß unerläßliche Reproduktion des Arbeitsvermögens garantieren. Diese Perspektive, die sich in ihrer Grundhaltung von konservativen Staatstheorien nicht fundamental unter-

scheidet, dominiert auch die Konzeption der sozialistischen Neubauwohngebiete. Wohnen, Familie und „sozialistische Gesellschaft" wurden aber in neuer Weise funktional aufeinander bezogen. Wobei auch in diesem Bereich die Verknüpfung aller gesellschaftlichen Verhältnisse mit der Produktion deutlich wird. Diese „sozialistischen" Auffassungen zur „dialektischen Wechselwirkung" von Staat und Wohnen werden sehr anschaulich in der folgenden Grafik verdeutlicht, die 1966 in einer der wenigen Promotionsschriften (Vogel 1966) zu diesem Thema überhaupt, veröffentlicht wurde.

„Dialektische Wechselwirkung" von Staat und Wohnen gemäß der marxistisch-leninistischen Ideologie[112]

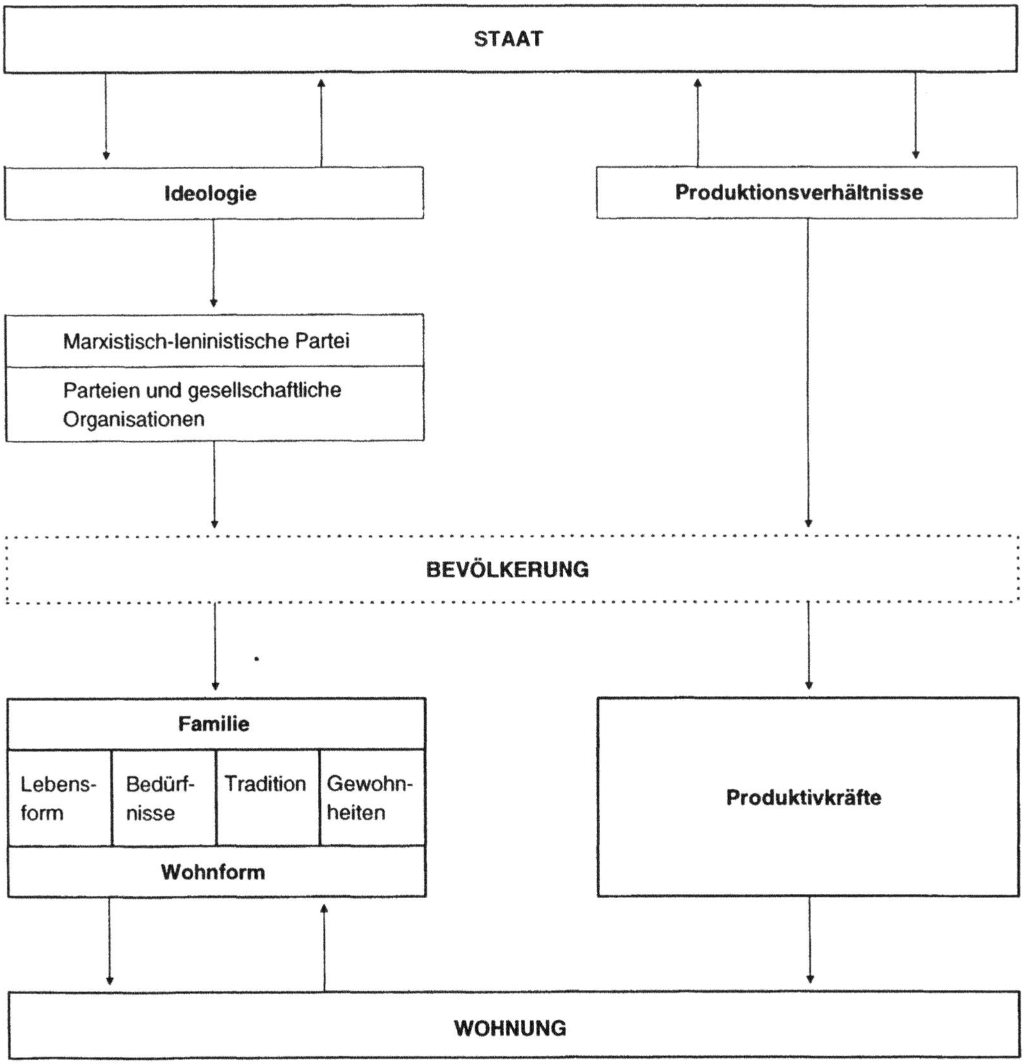

Auf der städtebaulichen Ebene waren für die Planung von Wohnung, engerem Wohnumfeld und Wohngebiet, ausgehend von der vollständigen gesellschaftlichen Verfaßtheit dieser Bereiche, folgende Kriterien bedeutsam:

- die überwiegende Orientierung auf die Kleinfamilie, existent als Zwei-Generationen-Familie, bestehend aus Eltern und Kindern;
- die Intimität der Beziehungen, die vor allem vom emotionalen Charakter dieser Beziehungen bestimmt wurde und eine relative Abgeschlossenheit der Familie gegenüber der äußeren Umwelt erforderte;
- die Aufhebung der als bürgerlich angesehenen Trennung von Privatheit und Öffentlichkeit in einer allgemeinen, grundlegenden Interessenübereinstimmung von Individuum, Familie und Gesellschaft;
- die Vollzeitberufstätigkeit (8 3/4 h + Pausen) aller Familienmitglieder im erwerbsfähigen Alter und damit die vollständige Integration der Frauen in den ‚gesellschaftlichen Produktionsprozeß', mit enormer planwirtschaftlich bedingter Inanspruchnahme von physischem und psychischem Kapital als auch individuellem Zeitbudget, bei gleichzeitigem Aufziehen mehrerer Kinder (Losung: Vereinbarkeit von Berufstätigkeit und Mutterschaft);
- die weitgehende Übernahme der Funktionen Bildung und Erziehung durch den sozialistischen Staat;
- die Annahme, daß die Hauswirtschaftsfunktionen der Familie einer immer stärkeren Vergesellschaftung unterliegen würden.

Die baulich-räumliche Anwendung dieser Kriterien erfolgte, wie in allen sozialistischen Ländern auch in der DDR seit Mitte der fünfziger Jahre, in der städtebaulichen Form des „sozialistischen Wohnkomplexes". In der DDR wurde mit dem Übergang zum industrialisierten Wohnungsbau neben Typisierung und Normierung der Bauproduktion auch das städtebauliche Planungselement ‚sozialistischer Wohnkomplex' definiert (vgl. Sozialistische Wohnkomplex 1959). Die Größe eines derartigen Wohnkomplexes richtete sich nach dem Einzugsbereich einer Acht-Klassenschule und umfaßte ca. 4.000 bis 5.000 Einwohner. Des weiteren war die fußläufige Erreichbarkeit aller zum Wohnkomplex standardisiert zugeordneten gesellschaftlichen Einrichtungen wie Schule, Kindergarten, Einzelhandelsgeschäft und Haltestelle des öffentlichen Nahverkehrs, Grundlage der Flächenbemessung und der baulich-räumlichen Konzeption. Städtebaulich wurde die Anordnung der Wohngebäude in zeilenförmiger Bebauung festgelegt, während die Erschließung des Komplexes über Wohnstichstraßen erfolgte. Erwerbsarbeitsstätten wurden nur in Form der ‚Wohnfolgeeinrichtungen' wie Kinderkrippen und -gärten in die Wohnkomplexe integriert. Die dem bürgerlichen Gesellschaftsmodell zugerechnete Trennung der sozial-räumlichen Strukturen in Privatheit und Öffentlichkeit wurde durch den vollständigen Verzicht auf private Freiflächen aufgehoben. Aufgrund der Gebäudeabstandsnormen und der freien Verfügbarkeit über Grund und Boden wurden die Freiräume im wesentlichen als undifferenzierte Grünflächen mit Spiel-

und Wäscheplatz geplant. Diese den Erfordernissen einer rationellen Planung und den technologischen Notwendigkeiten des Kranspiels beim industrialisierten Bauen untergeordnete Vorgehensweise wurde bis zum Beginn der siebziger Jahre – trotz zunehmender Ablehnung in der Fachwelt und in der literarisch interessierten Öffentlichkeit der DDR[113] – Grundlage großer Neubaugebiete, der Großsiedlungen der siebziger und achtziger Jahre. Die erste Generation der DDR-Neubaugebiete basierte auf den Richtlinien zum ‚sozialistischen Wohnkomplex' und der zunehmenden Reduzierung der Bautechnologie auf die Großplattenbauweise. Die schematische Addition immer gleicher Wohnkomplexe führte zur Entstehung von baulich-räumlichen Monostrukturen, die das Haupterbe der Großsiedlungsphase im Städtebau bilden und deren grundlegendes Kennzeichen in der Entdifferenzierung der Wohnstrukturen besteht. Die monostrukturelle Aufteilung der Räume in den Großsiedlungen ist Konsequenz eines Gesellschaftsbildes, das von der Idee funktionaler Differenzierung der sozialen Rollen des Individuums im Sozialismus getragen wurde. Es wurde davon ausgegangen, daß sich die verschiedenen Formen und Inhalte der sozialistischen Lebensweise in den Gemeinschaftsformen der Familie und in den Kollektivformen der Hausgemeinschaft, dem Wirkungsbereich der Nationalen Front, der Elternversammlung, der Arbeiter-Wohnungsbaugenossenschaft, der Konsumgenossenschaft, der Sportgemeinschaft usw. entwickeln würde. „Es ist aber Aufgabe des sozialistischen Städtebauers, eben diesem neuen Leben Raum und Ausdruck zu geben, durch die raumkörperlichen Ordnungen und Erlebnisse, die er schafft." (Engelberger 1958/59: 163) So bildete die Basis des ‚sozialistischen Wohnkomplexes' ein „klares und leicht ablesbares Bezugssystem [...], das von der räumlichen Umwelt der Familie zu der Wohngruppe des Wohnkomplexes und des Stadtzentrums fortschreitet" (ebd.: 164).
Auch der scheinbare ‚Paradigmenwechsel' vom ‚sozialistischen Wohnkomplex' zum ‚Komplexen Wohnungsbau' erbrachte Anfang der siebziger Jahre keine grundlegende Änderung dieses fordistischen Wohnungs- und Städtebaus, sondern bedeutete seine Fortführung in neuer Qualität und Quantität. Mit Beginn der Honecker-Ära in der DDR war eine Neuorientierung der Wirtschafts- und Sozialpolitik in der DDR verbunden. Die Politik der SED war auf den Ausbau ihrer beherrschenden Rolle in allen gesellschaftlichen Bereichen ausgerichtet. Die damaligen positiven Eckdaten der wirtschaftlichen Entwicklung ließen eine optimistische Interpretation der weiteren Entwicklung des Sozialismus in der DDR zu und führten zu einer gesellschaftspolitischen Strategie, die eine Erhöhung der inneren Stabilität durch eine allgemeine Erhöhung des Lebensstandards anstrebte. In Anlehnung an das westliche Konsum- und Wohlfahrtsmodell avancierte im Programm der SED-Sozialpolitik der in der Ulbricht-Ära stark vernachlässigte Wohnungsbau zum zentralen Legitimationsinstrument (s. Abschnitt 3).
Es ist offenkundig, daß die Reflexion dieser wesentlichen Dimensionen der sozialen Lebenswelt der DDR durch die Planungs- und Leitungstätigkeit des Staates allein

mit ideologischen Leerformeln und technokratischen Implementationsstrategien nicht zu gewährleisten war. Es ist diese Schnittstelle zwischen sozialer Realität und politischem Führungsanspruch, an der vergleichsweise spät eine sozialwissenschaftliche Forschung zugelassen wurde.

5 Wohnen in der ‚Platte' im Spiegel soziologischer Forschung der DDR

Wohnen als Bestandteil „sozialistischer Lebensweise-Theorie"

Die soziologische Forschung blieb auf der Ebene der Begriffsbildung bei der Definition des Gegenstandes Wohnen in historisch-materialistischen Lehr- und Leerformeln stecken. Wohnen erscheint weder im Standardlehrbuch *Grundlagen der marxistisch-leninistischen Soziologie* (Aßmann/Stollberg 1979) als soziologischer Forschungsgegenstand noch als Stichwort im *Wörterbuch der marxistisch-leninistischen Soziologie* (Wörterbuch 1983). Hier bereits wird das ausgeprägte Theoriedefizit der umfangreichen empirischen Sozialforschung zum Wohnen deutlich. Die soziologische Forschung unternahm begriffliche Annäherungsversuche auf dem Hintergrund des Ansatzes der „sozialistischen Lebensweise". So etwa bei den wichtigsten Vertretern der Wohnsoziologie, Alice Kahl (Leipzig) und Loni Niederländer (Berlin): „Wohnen ist als einer der Komplexe von Tätigkeiten zur Reproduktion der Gesellschaft – sowohl des individuellen einzelnen Wesens als auch der Gattung – immer geprägt durch die historische Qualität der Gesamtheit der Lebensbedingungen und Lebenstätigkeiten innerhalb der jeweiligen Gesellschaftsform, in der der einzelne lebt." (Niederländer 1984: 13) Auch bei Kahl wird „Wohnen als Gegenstand soziologischer Lebensweiseforschung aufgefaßt" (Kahl 1986: 9).
Was bei Niederländer noch diffus als „historische Qualität" bestimmt wird, versucht Kahl in Forschungsfragen auf die sozialistische Gesellschaft zu übersetzen: „Bei der Erforschung des Wohnens als Bestandteil der sozialistischen Lebensweise interessieren folgende Fragen:

- Inwieweit spiegeln sich im Wohnverhalten die einheitlichen sozialökonomischen, politischen und ideologischen Grundlagen der sozialistischen Gesellschaft wider?
- In welchem Zusammenhang stehen die unterschiedlichen Wohnbedingungen [...] mit dem Gesamtverhalten der Klassen und Schichten bzw. spezieller sozialer Gruppen?
- Welche Typen von Wohnverhalten stimulieren den Reifungsprozeß der sozialistischen Gesellschaft am günstigsten und sind daher zu fördern?
- Welche Art von Differenzierung in den Wohnbedingungen entspricht am besten den spezifischen Bedürfnissen sozialer und demografischer Gruppen der sozia-

listischen Gesellschaft und sollte folglich reproduziert oder bewußt angestrebt werden?“ (Kahl 1986: 10f.)

Es wird hier bereits deutlich, daß mit dem Konzept der sozialistischen Lebensweise der Versuch unternommen wird, die normativen Vorgaben des historischen Materialismus in eine forschungsnahe Begrifflichkeit zu überführen, ohne daß damit aber diese Prämissen in ihrer Normativität hätten begriffen und damit hinterfragt werden können.

Die soziologische Stadtforschung wurde seit Ende der sechziger Jahre und in den siebziger Jahren vor allem in territorial-, wohn-, städtebau- und raumsoziologischer Spezialisierung entwickelt. Auffallend ist das Fehlen einer explizit formulierten Stadtsoziologie, insbesondere der spätestens seit der Chicagoer Schule klassischen Thematisierung sozialer Segregation und Ungleichheit im Raum. Trotz einiger Ansätze, etwa im Umkreis von Siegfried Grundmann an der Akademie für Gesellschaftswissenschaften beim Zentralkomitee der SED (vgl. Grundmann 1989), wurde eine Analyse der Sozialstruktur in der Stadtforschung ausgeblendet.

Diese Defizite verweisen auf eine zentrale Problematik der Soziologie in der DDR generell. Da sie bis in die sechziger Jahre hinein als bürgerliche Wissenschaft von der offiziellen Ideologie abgelehnt wurde, konnte sie sich bis zum Untergang der DDR nicht von der Vorherrschaft des von der SED kanonisierten historischen Materialismus emanzipieren. Als empirische Wissenschaft wurde die Soziologie mit den Widersprüchen der gesellschaftlichen Realität konfrontiert, die sie als Teil der offiziellen Ideologie in Abrede stellen sollte. Das Fehlen bestimmter Forschungsschwerpunkte verweist daher auf die ideologische Brisanz dieser Themen. Daß sich die DDR-Soziologie dem Führungsanspruch der Partei untergeordnet hatte, wurde noch 1990 von führenden DDR-Soziologen[114] im Rahmen eines Rundtischgesprächs bekräftigt. Zwar habe sich die DDR-Soziologie in ständiger Auseinandersetzung mit dem Dogmatismus und der Reduktion dieser Wissenschaft auf den „Historischen Materialismus“ befunden, aber sich sehr wohl als Parteiwissenschaft, als Leitungs- und Planungswissenschaft der sozialistischen Gesellschaft verstanden. Dieses Selbstverständnis wurde auch 1990 noch aufrechterhalten. Zusammenfassend stellten die Teilnehmer fest: „Soziologie und Parteiarbeit, Soziologie und Führung der Gesellschaft, Soziologie und Ausarbeitung der Gesellschaftsstrategie – das waren und sind markante Themen, zu denen wir wichtige und konzeptionelle Ideen eingebracht haben und worauf der geachtete Platz der Soziologie im Verband der Gesellschaftswissenschaftler in der DDR beruht.“ (Rundtischgespräch 1990: 57)

Es ist diese enge Anbindung der Soziologie an die Partei, die die Soziologie auf eine Hilfswissenschaft für die politischen Zielstellungen der staatlichen Leitungstätigkeit reduzierte. Da auf theoretischer Ebene die offizielle Lehre nicht problematisiert werden konnte, war auch die empirische Forschung als Falsifikationsinstanz eingeschränkt. „Die der empirischen Forschung zugrundegelegte Gesellschafts-

theorie wurde nicht angetastet, selbst wenn empirische Forschungsergebnisse ihr widersprachen." (Simon/Sparschuh 1992: 3)
Diese allgemeine Beurteilung trifft auch auf die Stadtforschung der DDR zu. Gerade hier erweist sich die enge Anbindung an die wohnungspolitischen Zielsetzungen als hinderlich. Da die meisten Forschungsergebnisse zugleich als Planungsempfehlungen formuliert werden mußten, wurden kognitive und politisch-taktische Elemente so miteinander verknüpft, daß eine immanent wissenschaftliche Interpretation nur schwer möglich ist.
In den Anfängen der soziologischen Stadtforschung in der DDR läßt sich bereits eine spezifische Verbindung der theoretischen, letztlich ideologisch motivierten Fragestellung nach einer „sozialistischen Lebensweise" mit dem empirischen Forschungsgegenstand der Großsiedlungen feststellen. Mit der Fertigstellung der ersten großen Neubaugebiete in der DDR seit den sechziger Jahren, wie z.B. Brandenburg-Nord, Schwerin-Weststadt oder Dresden-Johannstadt[115], begannen Untersuchungen, die sich mit der Frage der Entwicklung der „sozialistischen Lebensweise" in den neuen sozialistischen Wohngebieten auseinandersetzten. Ausgangspunkt war die theoretische Annahme, daß sich in diesen Stadtteilen die Elemente der „sozialistischen Lebensweise" am ehesten, aufgrund der neuen sozialistischen Lebens- und Wohnbedingungen, herausbilden würden. Aber schon die frühesten komparativen Untersuchungen von Alt- und Neubaugebieten[116] in der DDR zeigten die Unhaltbarkeit dieser These. So in einer der ersten wissenschaftlichen Arbeiten zum Verhältnis von Wohnen und „sozialistischer Lebensweise" aus den sechziger Jahren, die aus kultursoziologischer Sicht eine im Entstehen begriffene Dresdner Großsiedlung untersuchte: Die Promotionsschrift *Die sozialistische Lebensweise im städtischen Neubau-Wohngebiet und die Forderungen an Architektur und Städtebau* von Rolf Steiger aus dem Jahre 1966 kontrastiert mit beachtlicher Offenheit ideologische Forderung mit sozialer Realität. „Es ergibt sich also die eigentümliche Feststellung, daß sich in den Neubau-Wohngebieten, die doch am ehesten dazu bestimmt sein sollten, der ‚sozialistischen Lebensweise' zum Durchbruch zu verhelfen, allein durch die ungenügende Beachtung der altersmäßigen Zusammensetzung der Bewohnerschaft und durch den großen Verzug beim Bau von Gemeinschaftseinrichtungen große Schwierigkeiten für die Entfaltung der sozialistischen Lebensweise auftun." (Steiger 1966: 29/30)
Der Begriff der „sozialistischen Lebensweise" hat die stadt- und wohnsoziologische Forschung bis zum Ende der DDR gleichsam als Theorieersatz geprägt. In einem ersten, noch sehr kursorischen Überblick über die Bedeutung des Lebensweisebegriffs haben Vera Sparschuh und Dagmar Simon die Herkunft und Entwicklung dieses Forschungsansatzes skizziert (Simon/Sparschuh 1992). Ursprünglich als philosophische Frage nach dem Zusammenhang von Produktionsweise, ökonomischer Gesellschaftsformation und Lebensweise im Anschluß an die Klassiker des historischen Materialismus formuliert, wurde sie in den sechziger Jahren in eine an-

satzweise empirische, kultursoziologische, wie etwa bei Steiger, transformiert. In den siebziger Jahren werden stärker sozioökonomische und sozialpolitische Aspekte fokussiert. Der von Simon und Sparschuh beobachtete Rückgang dieser Forschungsrichtung in der DDR-Soziologie in den achtziger Jahren läßt sich jedoch in der Stadt- und Wohnforschung nicht konstatieren (vgl. Simon/Sparschuh 1992). Gerade die Stadtsoziologie konnte mit diesem Konzept ihren Gegenstand im Rahmen einer Gesamttheorie, deren Schwerpunkt im Bereich von Produktion und Arbeit lag, legitimieren. Für die DDR-Soziologie wurde schließlich, als Resultat der langwierigen und umfangreichen Lebensweise-Debatte folgende Definition verbindlich: Die Lebensweise ist die „Gesamtheit der für die jeweilige Gesellschaft charakteristischen Arten und Formen der materiellen und geistigen Lebenstätigkeit und der Lebensbedingungen der Menschen. Sie ist geprägt durch die jeweils konkrethistorischen Verhältnisse, durch die soziale Stellung der Menschen bzw. der Klassen und anderer sozialer Gruppen in der Gesellschaft und besonders durch den Charakter der Produktionsverhältnisse und das Entwicklungsniveau der Produktivkräfte." (Wörterbuch 1983: 392)
In der Entwicklung des Konzepts der sozialistischen Lebensweise sah die DDR-Soziologie die Chance, einer auf die Produktionssphäre ausgerichteten Gesellschaftskonzeption einen „Gegenpart" zu formulieren, um die Bedeutung der „außerarbeitlichen" Bereiche (also der nichtproduktiven Sphäre) für die Individuen und sozialen Gruppen im Rahmen des historischen Materialismus diskutabel zu machen. „Wurde die Lebensweise früher [bis Mitte der achtziger Jahre, C. H.] als Erscheinungsform bzw. als Ausdruck der sozialistischen Produktionsverhältnisse untersucht, so sind in den achtziger Jahren die differenzierten Wirkungen des wissenschaftlich-technischen Fortschritts auf die Entwicklung der Lebensweise der Angehörigen der verschiedenen gesellschaftlichen Gruppen in den Vordergrund gerückt." (Wilgohs 1989: 3) Angesichts der Orientierung der soziologischen Forschung der DDR auf die sozialen Triebkräfte des ökonomischen Wachstums erwuchs die „Notwendigkeit, die Lebensweise auch unter dem Aspekt zu untersuchen, soziale Bedingung der Produktivkraftentwicklung zu sein" (Wilgohs 1989: 3).
Eine besondere Rolle wurde den „Bedürfnissen" bei der Herausbildung der „sozialistischen Lebensweise" zugeschrieben: „Die Bedürfnisse als Ausdruck des historisch begründeten, von der Produktionsweise abgeleiteten Entwicklungsstandes der Beziehungen des Menschen zu seiner Umwelt unterliegen in der Folge der Entwicklung der Produktivkräfte und mit der Veränderung des Charakters der Arbeit einem Wandel." (Elsner 1976: 16)
In der Operationalisierung dieses Konzepts ergab sich eine Sichtweise auf das Wohnen in den Neubaugebieten als Teilbereich der „sozialistischen Lebensweise", deren Verbesserung wiederum als „soziale Triebkraft des ökonomischen Wachstums" für die Entwicklung der produktiven Sphäre angesehen wurde. Mit dieser Konzession an die technokratische Ideologie der staats-sozialistischen „Industriegesell-

schaft" blieb die soziologische Befreiung vom produktivistischen Menschenbild und der Arbeit als „dem Herzstück" der „sozialistischen Lebensweise" notwendigerweise unvollendet.

Da sich die DDR-Soziologie erst in den späten sechziger Jahren entwickeln durfte, konkurrierten anfänglich noch andere Disziplinen, vor allem die Sozialpsychologie, mit der Stadtsoziologie. Bezeichnenderweise stammt eine der für die DDR-Verhältnisse brisantesten Studien aus dem Umfeld der Medizin und der Psychiatrie, von einer Arbeitsgruppe des Ostberliner Griesinger Krankenhauses, einer psychiatrischen Klinik (AG Griesinger-Krankenhaus 1969). Deren Ergebnisse problematisierten neben Fragen des Lärmschutzes vor allem die zu geringe Wohnungsgröße: „Es muß ferner an die Erfahrungen der psychiatrischen Klinik erinnert werden, daß eine räumliche Enge von Wohnungen für Familien mit Kindern zu psychischen Belastungen für die Mutter und die übrigen Mitglieder der Familie führt. Auch ist es wohl nicht zweifelhaft, daß eine räumliche Enge die Kinderfreudigkeit beeinträchtigt. Die Befragungen ergaben, daß die Mehrzahl der angesprochenen Personen die Wohnungen als zu klein ansahen." (AG Griesinger-Krankenhaus 1969: 76)

Während der sozialpsychologische Ansatz bei der Untersuchung der neuen Wohngebiete nicht fortgeführt wurde, entwickelte sich die soziologische Neubaugebietsforschung zu einem eigenständigen Arbeitsgebiet innerhalb der DDR-Stadtsoziologie. Ziel solcher wohnsoziologischen Untersuchungen war eine empirisch gestützte Planungs- und Politikberatung. Gemeinsames Merkmal der meisten Untersuchungen ist, daß sie in Wohngebieten durchgeführt wurden, die erst zum Teil bzw. wenige Jahre zuvor fertiggestellt worden waren. Der Schwerpunkt der Analysen lag also auf der nachvollziehenden Forschung. Nur in wenigen Fällen wurden von Sozialwissenschaftlern für die Planung von Neubaugebieten soziale Expertisen angefordert, die mögliche Problemlagen beim Bau dieser Gebiete thematisierten. So wurde 1974 von einer zeitweiligen interdisziplinären Arbeitsgruppe[117] eine „Studie über soziologische und umweltgestalterische Probleme der städtebaulichen Planung des neuen Stadtteiles in Biesdorf-Marzahn[118]" (Studie 1974) ausgearbeitet. Das in dieser Studie z.B. analysierte Problem der durch die Standortwahl der Neubaugebiete verursachten Verlängerung der Arbeitswege fand allerdings keinen Eingang in die Planungsgrundlagen. Dieser Widerspruch zwischen der großen Planungsnähe der soziologischen Forschung und ihrer praktischen Irrelevanz ist kennzeichnend für die ganze Disziplin. In dem Maße, in dem die Soziologie die Folgeprobleme des Systems ‚Platte' bearbeitete und erforschte, wurde deutlich, daß sie als Wissenschaft kein integraler Bestandteil dieses politisch-technologischen Komplexes war. Das „System" Platte konnte die Soziologie ignorieren. Umgekehrt mußte die Soziologie die Imperative dieses Systems als nichthinterfragbare Rahmenbedingung in ihren Untersuchungen voraussetzen. Eine kritische Rekonstruktion der Entstehung der baulich-räumlichen Strukturen war nicht möglich. Als

„Entwicklungsstand der Produktivkräfte" setzte dieses System der „sozialistischen Lebensweise" Grenzen.
In den achtziger Jahren wuchs in Fachkreisen, etwa in der Bauakademie, die Einsicht, daß die Vorherrschaft des Plattenbaus im Bauen zu einer fast unumkehrbaren Einengung von Handlungsmöglichkeiten geführt hatte. Auch in der soziologischen Diskussion wurde vermehrt auf die Problematik hingewiesen: „Der Hauptauftraggeber, der nach gesetzlicher Grundlage dem örtlichen Rat unterstellt [ist] [...] , wird durch die zur Zeit vielerorts praktizierte Zuordnung zu den Organen des Bauwesens oft einseitig als Interessenvertreter der Baukombinate und Baubetriebe wirksam. Der Entscheidungsprozeß [...] bleibt durch diese Zuordnung schwerpunktmäßig auf Effektivitätskriterien der Bauwirtschaft orientiert." (Staufenbiel, im Sommer 1989: 187)
Gegenüber einem „standortneutralen Angebot von Bauwerken mit einer möglichst einheitlichen Technologie" reklamiert Staufenbiel „eine für die Stadtentwicklung bedarfsgerechte Bauproduktion". Als Soziologe kam er nicht umhin, diese sozialwissenschaftliche Expertise wiederum „mit hohen volkswirtschaftlichen und betriebswirtschaftlichen Effekten" zu legitimieren (ebd.: 187f.).

Neubaugebietsforschung in der DDR

Im folgenden werden nun empirische Forschungen zu den Neubaugebieten dargestellt. Da diese die ‚Platte' selbst nicht zum Gegenstand hatten, sollen nach einer Zusammenschau dieser Forschungen in einem zweiten und abschließenden Argumentationsschritt mittels einer Sekundäranalyse ausgewählte Resultate in ihrer Relevanz für das Leben in der ‚Platte' reinterpretiert werden.
Eine erste Befragung von Bewohnern in zwölf DDR-Neubaugebieten wurde 1975 vom Institut für Meinungsforschung beim Zentralkomitee der SED im Auftrag der Abteilung Bauwesen der selben Institution durchgeführt. Eine von Alfred Schwandt, der zum damaligen Zeitpunkt Leiter der Themengruppe Soziologie im Institut für Städtebau und Architektur der Bauakademie war, vorgelegte soziologische Analyse dieser Umfrage durfte jedoch nicht veröffentlicht und selbst im internen Kollegenkreis nicht diskutiert werden. Diese Studie mußte, nachweislich, vernichtet werden. (vgl. Schwandt: 1977)
Erst seit den achtziger Jahren wurden dann wieder soziologische Neubaugebietsforschungen in großem Umfang durchgeführt. Diese begannen mit den Intervallstudien unter Leitung von Alice Kahl in Leipzig-Grünau und Potsdam „Am Stern" (Kahl 1986, 1992) und Loni Niederländer in Berlin-Marzahn (Niederländer 1981, 1982, 1988). Das Ziel der Analysen war die Untersuchung der Integration der

Bürger in die neuen sozialistischen Wohngebiete „am Rande der Großstadt" (vgl. Kahl 1986; Kabisch 1991).

Die Forschungen wurden unter restriktiven Bedingungen durchgeführt; so waren alle Untersuchungen und Bevölkerungsbefragungen genehmigungspflichtig[119], die Fragebögen mußten einen Genehmigungsvermerk der Staatlichen Zentralverwaltung für Statistik der DDR[120] tragen.[121] Da Forschungsergebnisse zur DDR-Neubaugebietsforschung nur in geringem Umfang veröffentlicht und viele Arbeiten nur als NfD[122]- oder VD[123]-Darstellungen erarbeitet werden durften, ist es äußerst schwierig, einen Gesamtüberblick[124] über soziologische Neubauforschungen in der DDR[125] zu gewinnen.

Die folgenden Ausführungen zu den Besonderheiten des Lebens in DDR-Großsiedlungen basieren auf soziologischen Untersuchungsergebnissen aus drei Städten mit typischen Neubaugebieten in der DDR. Die Daten wurden im Rahmen von stadtübergreifenden soziologischen Untersuchungen in Brandenburg (Staufenbiel et al. 1988) 1987 und in Jena 1988 erhoben. Die Gesamtdatenbasis wurde 1989 durch die Autorin neubaugebietsbezogen – für Brandenburg-Hohenstücken und für Jena-Lobeda – unter Hinzuziehung der Daten, die zu Magdeburg-Neu-Olvenstedt (Staufenbiel et al. 1987) vorlagen, hinsichtlich von Besonderheiten des Lebens in Großsiedlungen, ausgewertet. Weiterhin wurden in die Analyse Forschungsergebnisse wohngebietsbezogener Untersuchungen in den Neubaugebieten Berlin-Marzahn und Leipzig-Grünau einbezogen (Kahl 1984; Niederländer 1988).[126] Aufgrund der starken Ähnlichkeit der baulich-räumlichen Strukturen der Neubaugebiete und der allgemeinen Einheitlichkeit der Lebensweisen in der DDR können die Ergebnisse für viele Neubaugebiete der DDR verallgemeinert werden.

Liste soziologischer und sozialpsychologischer Untersuchungen in Neubaugebieten der DDR von 1966 bis 1989[127, 128]

Jahr	Neubaugebiet	Stichproben-umfang	Institution
1966	Dresden-Seevorstadt-Ost	ohne Nennung	AfG[1]
1969	Berlin-Hans-Loch-Viertel	ohne Nennung	AG Griesinger-Krankenhaus[2]
1975	12 Neubauwohngebiete		Institut für Meinungsforschung[3]
1976	Halle-Neustadt	23	BA[4]
	Rostock-Evershagen	30	BA[4]
	Rostock-Groß Klein, -Schmarl, -Lichtenhagen	1465	Uni-Rostock[5]
1979	Leipzig-Grünau	310	KMU[6]
	Potsdam „Am Stern“	312	KMU[6]
1980	*Berlin-Marzahn*	*250*	*HUB*[7, 8]
	Halle-Neustadt	40	BA[4, 9]
1981	Leipzig-Grünau	578	KMU[6]
	Potsdam „Am Stern“	199	KMU[6]
1982	*Berlin-Marzahn*	*492*	*HUB*[10]
	Rostock-Lütten Klein, -Lichtenhagen, -Schmarl	365	HAB[11, 12]
1983	Leipzig-Grünau	346	KMU[6]
	Potsdam „Am Stern“	197	KMU[6]
1984	Halle-Neustadt	180	HAB[13]
1985	Eisenach „Am Mölmen“	60	HAB[14]
1986	*Berlin-Marzahn*	*553*	*HUB*[15]
	Magdeburg-Neu-Olvenstedt	*169*	*HAB*[16]
1987	*Brandenburg-Hohenstücken*	*66*	*HAB und BA*[17, 18]
	Leipzig-Grünau	330	KMU[6, 19]
1988	*Jena-Lobeda*	*220*	*HAB und BA*[20]

Fast schon sprichwörtlich ist die durch die verschiedensten soziologischen Untersuchungen, vor und nach dem Umbruch, belegte hohe Wohnzufriedenheit der Bewohner der Neubaugebiete mit ihren Wohnbedingungen. Ein Ergebnis, das

keineswegs eine DDR-Besonderheit darstellt. So überschrieb Karolus Heil, ähnliche Untersuchungen Ende der sechziger und Anfang der siebziger Jahre in der Bundesrepublik darstellend, in einer entsprechenden Arbeit zusammenfassend: „Bewohner sind immer zufrieden" (Heil 1974: 192). Eine Besonderheit der soziologischen Neubaugebietsforschung der DDR ist aber, daß Ziel und Inhalt der mehr als 20 Untersuchungen nahezu identisch sind: Es wurde immer wieder das gleiche mit den gleichen Ergebnissen erforscht (eine Ausnahme bildete nur die Arbeit von Schwandt 1977). Ein Beispiel hierfür ist gerade die Analyse der Wohnzufriedenheit, auf die bereits in der ersten soziologischen Studie, der „10-Städte-Untersuchung" aus dem Jahre 1968, eingegangen wurde. So hatte bereits diese Untersuchung ergeben, daß „80% der Bewohner von Neubaugebieten mit ihren Wohnungen und den übrigen Wohnbedingungen zufrieden oder überwiegend zufrieden sind" (Schwandt 1976: 12/13).
In den folgenden Untersuchungen wurde nie geklärt, worauf diese hohen Zufriedenheitsquoten beruhten. Diese relativ positive Meinung der DDR-Neubaugebietsbewohner über ihre Wohnung und ihr Wohngebiet ist darauf zurückzuführen, daß der Bezug einer Neubauwohnung für viele DDR-Bürger die einzige Möglichkeit war, eine Wohnung mit „Vollkomfort" (zentrale Warmwasserversorgung und Fernheizung) zu erhalten. Diese Wohnungen bedeutete die Lösung langjähriger Wohnungsprobleme; war es die Hinterhofwohnung mit Außentoilette oder die aussichtslose Situation von jungen Familien in den Klein- und Mittelstädten der DDR, in denen der Wohnungsneubau nur in geringem Umfang erfolgte. Aufgrund der Fokussierung des Ausbaus von Ostberlin zur „sozialistischen Hauptstadt der DDR", der damit wesentlich besseren Versorgungslage und der vielfältigeren Arbeitsmöglichkeiten und Bildungschancen war es für viele Menschen ein Glücksfall, wenn sie eine Neubauwohnung in einem der neuen Stadtviertel von Ostberlin bekamen. So erklärt es sich z.B., daß gegen Ende der DDR in den Ostberliner Neubausiedlungen vor allem nicht in Berlin geborene Menschen wohnten; in Marzahn waren das Mitte der achtziger Jahre 60 Prozent der Einwohner (vgl. Niederländer et al. 1987).
Im Unterschied zur insgesamt durchaus positiven Binnenwahrnehmung der DDR-Großsiedlungen durch ihre Bewohner stand die Außenwahrnehmung dieser Gebiete durch Nichtneubaugebietsbewohner: Großsiedlungen galten auch in der DDR als grau, langweilig und anonym, als Schlafstädte. Als Arbeitsstätten, insbesondere für Frauen, waren sie wenig im öffentlichen Bewußtsein verankert. Großsiedlungen hatten auch in der DDR einen schlechten Ruf, wobei zu beachten ist, daß die skizzierten Zugangsmöglichkeiten zu einer „Vollkomfortwohnung" zu bedeutenden Unterschieden in der Bewertung von Neubaugebieten durch Nichtbewohner und Bewohner führten: „Vollkomfort", günstige Spielmöglichkeiten für Kleinkinder und Verkehrsberuhigung wurden von den Bewohnern als positive Aspekte des Wohnens in Neubaugebieten hervorgehoben. Mit der mangelhaften architektoni-

schen Gestaltung des Wohngebietes hatten sich die Bewohner abgefunden. Kritisiert wurden vor allem die Mängel der Infrastrukturausstattung des Wohngebietes.
Im Hinblick auf die Wohnung wurden vor allem die Größe der Zimmer und die Dysfunktionalität der Wohnungsgrundrisse als problematisch angesehen; darüber hinaus waren die Wohnungen für Familien mit Kindern zu klein. Bereits in den sechziger Jahren wurde kritisiert, daß Kinderzimmer und Bad (Badzelle) zu gering bemessen seien, die Küche zu eng sei und daß ein Abstellraum fehle. Diese Einsicht wurde in den meisten Untersuchungen in der Folgezeit formuliert, blieb allerdings für die Planungen folgenlos.
Defizite in der kulturell-sozialen Infrastruktur, vor allem bei den Möglichkeiten, Sport zu treiben, sind weitere, seit Jahren formulierte Hauptkritikpunkte. Gleiches galt für die Unzufriedenheit mit den Naherholungsmöglichkeiten.
Ein zusätzliches Problem ergab sich aus der Wohnungsvergabepolitik der DDR: Die Großsiedlungen sind weitestgehend generationshomogen. Die Formel lautet schlicht: Das Baualter bestimmt das Bewohneralter. So leben in den Großsiedlungen der ersten Generation, die in den fünfziger und sechziger Jahren entstanden, vorwiegend Menschen, die schon das Rentenalter erreicht haben oder es in naher Zukunft erreichen werden. Hier entstehen wahre „Seniorenhochburgen". Die Großsiedlungen der zweiten Generation werden von einer Bevölkerung mit einem wesentlich jüngeren Durchschnittsalter und einer hohen Kinderanzahl geprägt; in Berlin-Hellersdorf sind die erwachsenen Bewohner überwiegend zwischen 30 und 40 Jahre alt, ein Problem, auf das schon in der ersten soziologischen Neubauuntersuchung der DDR hingewiesen wurde (vgl. Steiger 1966: 29/30).
Hinsichtlich der Qualifikation bestanden Unterschiede zwischen der Bevölkerung in den Neubaugebieten und der in den älteren Stadtgebieten und der Innenstadt. Bewohner mit Hoch- und Fachschulabschlüssen waren deutlich überrepräsentiert. Diese Sozialstruktur war vermutlich typisch für die meisten Großsiedlungen in den ehemaligen sozialistischen Ländern.[129] Dieser Sachverhalt erklärt sich aus der Art und Weise administrativer Zuweisung der knappen Ressourcen; es handelt sich also um Segregationsprozesse, die auf wohnungspolitischen, nicht auf marktwirtschaftlichen Prozessen beruhen: Fertiggestellte Neubauwohnungen wurden seit den siebziger und achtziger Jahren vorrangig an junge Ehepaare und junge, aber auch kinderreiche Familien vergeben. Diese „zweite" Generation der Neubaugebietsbewohner hatte ein wesentliches höheres Qualifikationsniveau als ältere Generationen, so z.B. die der Erstbezieher von Großwohngebieten der fünfziger und sechziger Jahre.
Diese Besonderheiten in der Sozialstruktur ostdeutscher Großsiedlungen werden durch einen weiteren Aspekt vertieft: Die geschlechtsspezifische Segregation. Aufgrund der oben beschriebenen Tatsache, daß Neubaugebietsbewohner vor allem über Hoch- und Fachschulabschlüsse verfügen, gekoppelt mit der hohen Scheidungsrate in der DDR, ergibt sich das Phänomen, daß in diesen Gebieten über-

durchschnittlich viele hochqualifizierte Frauen mit Kindern leben. „Alleinerziehende in Neubaugebieten sind vor allem geschiedene Frauen (ca. 12 Prozent in Jena-Lobeda und 15 Prozent in Berlin-Marzahn), von denen drei Viertel Kinder haben." (Hannemann 1991: 128)
Diese Zahl dürfte sich nach dem Umbruch in den DDR-Neubaugebieten der siebziger und achtziger Jahre weiter erhöht haben. Eine Tatsache, auf die auch durch die Autorinnen einer soziologischen Analyse zur Modernisierung von industriell errichteten Wohnungen 1993, allerdings ohne konkreten empirischen Beleg, hingewiesen wird. Die Gruppe der beruflich hochqualifizierten Frauen findet sich „in Neubaugebieten in einem deutlich höheren Anteil als in Altbaugebieten. Mit steigender Arbeitslosenquote unter den Frauen ist gerade diese Gruppe im Großwohngebiet quantitativ stark vertreten." (Modernisierung 1993: 209)
Dringend notwendig wäre eine Untersuchung der unterschiedlichen Qualifikations- und Berufsprofile in den einzelnen Großsiedlungen, denn weder Statistik noch die soziologischen Untersuchungen in der DDR geben dazu Auskunft. Ein Defizit, dessen sich einzelne DDR-Soziologen, zumindest seit Beginn der achtziger Jahre, mit Beginn der generellen Infragestellung der SED-Wirtschafts- und Sozialpolitik immer stärker bewußt wurden. So forderte der Rostocker Soziologe Peter Voigt schon 1981 eine stärkere Einbeziehung sozialstruktureller Zielsetzungen in die Wohnungsbaupolitik: „Die Planung und auch leitungsmäßige Realisierung der Sozialstruktur eines bestimmten Wohngebietes haben wir gegenwärtig noch unzureichend ‚im Griff'. Das beginnt damit, daß wir unzureichend über die tatsächliche Sozialstruktur der Bewohner bereits existierender Wohngebiete informiert sind, und endet schließlich damit, daß wir unzureichende Vorstellungen über ein ‚sozialstrukturelles Modell' zu erreichender Verteilung haben." (Voigt 1981: 187)
Es ist zu vermuten, daß z.B. in Jena-Lobeda ein hoher Anteil von Wissenschaftlern und Ingenieuren lebt. In den Ostberliner Neubaugebieten dürfte ein Großteil der Bewohner aus ehemaligen Mitarbeitern staatlicher Institutionen und Verwaltungen bestanden haben. Das Phänomen einer hauptstadtspezifischen „Dienstklasse" zeigt sich auch nach 1989 in überdurchschnittlich hohen Wahlergebnissen für die PDS. Die Großsiedlungen in Ostberlin sind darüber hinaus Brennpunkte räumlicher und sozialer Mobilität. Demgegenüber hat sich in Hoyerswerda vermutlich eine homogene Facharbeiterschaft sozial verankert, die seit 1989 stärker vom Niedergang der Industrie betroffen ist als die relativ hochqualifizierte und jüngere Bewohnerschaft etwa von Berlin-Marzahn.
Wie die Beispiele zeigen, gibt es einen Zusammenhang zwischen Wohnsegregation, regionalem Arbeitsmarkt und Industriestruktur. Inwieweit die klassen- und schichtspezifischen Unterschiede in den Wohnbedingungen, wie sie für die marktwirtschaftlich geordnete Gesellschaft prägend sind, in der DDR überwunden wurden, ist im nachhinein schwer nachzuweisen, da solche eigentlich genuin soziologischen Fragestellungen nicht bearbeitet wurden. Die oben an Hand empirischer Unter-

suchungen nachvollzogenen sozialen Unterschiede der Neubau- und Nichtneubaugebietsbevölkerung, die vor allem auf Allokationsprämissen der DDR-Wohnungspolitik beruhen, lassen es berechtigt erscheinen, von wohnungspolitisch bedingter statt marktwirtschaftlich bedingter Segregation[130] zu sprechen. Die Sozialstruktur von Wohngebieten war wesentlich ein Produkt der DDR-Wohnraumvergabepolitik: Der Sozialstruktur der Wohnungsantragsteller, des Platzes auf „Warteliste" und der wechselnden gesellschaftlich anerkannten Prioritäten bei der Vergabe von Wohnraum.

Der bisherige Kenntnisstand läßt daher die Schlußfolgerung zu, daß die Großsiedlungen Teil einer spezifischen sozialen Segregation in der DDR waren, die als solche nicht von der Soziologie erforscht werden durfte. Zwar findet sich der Begriff in einem parteiinternen Material der Akademie für Gesellschaftswissenschaften beim Zentralkomitee der SED aus der zweiten Hälfte der achtziger Jahre, ohne jedoch von einer entsprechenden Segregationsanalyse gedeckt zu sein (Grundmann et al. 1985). Auch frühere Arbeiten, wie die von Alfred Schwandt 1976, konstatieren, daß Segregation und Statusprobleme Erscheinungen seien, auf die die Stadtsoziologen der DDR nicht einmal ansatzweise gestoßen wären (vgl. Schwandt 1976). Die „Entdeckung" einer sozialismusspezifischen Segregation hätte die Soziologie in einen Widerspruch zum zentralen Ideologem des Gleichheitspostulats gebracht. Daher finden sich Versuche zur Analyse dieser Art von Segregation allein in der westdeutschen Literatur. Hier ist vor allem die Arbeit von Frank Werner *Stadt, Städtebau, Architektur in der DDR* (1981) zu nennen, die eine Vielzahl von Segregationsdimensionen aufführt. Die folgende Abbildung auf S. 126 gibt die von Werner sehr richtig vermuteten sozial-räumlichen Differenzierungen in den Städten der DDR wieder.

Betrachtet man zusammenfassend die hohe soziale und räumliche Mobilität in der DDR, die vor allem von Gravitationszentren der Industrieansiedlungen und den ihnen nachgezogenen Großsiedlungskomplexen ausging, so scheint die These zwingend, daß soziale Segregation in der DDR ohne das System ‚Platte' und die entsprechende Siedlungsform nicht denkbar gewesen wäre. Der paradoxe Effekt dieser Struktur des Bauwesens, gekoppelt mit der spezifisch staatlich gelenkten Wohnungsvergabepolitik, bestand darin, daß das materialisierte Gleichheitspostulat Ungleichheit im Wohnen erzeugte.

Sozialräumliche Differenzierungen in den Städten der DDR[131]

Neue politische Elite			Außerhalb der Städte: Funktionärsgettos wie Wandlitz bei Berlin (früher Berlin-Pankow), zugeordnete und abgegrenzte Erholungsgebiete usw.
Neue und alte wirtschaftl. und kulturelle Elite	3 % Oberschicht 47 % Mittelschicht	Höchster Wert nach Lage und Qualität	Villen der Zeit 1900 bis 1913 in landschaftlich begünstigter, stadtnaher Lage (hochwertige Bauqualität, gut ausgestattet mit Zentralheizung, Garagen usw.) Neubauwohnungen in den stadtzentralen Ensembles der frühen fünfziger Jahre (große Wohnungen) und der späten sechziger Jahre (voll ausgestattet).
Selbständige u. wirtschaftl. Führungskräfte		Überdurchschnittl. Wohnwerte	Einfamilienhäuser, offene Alt- u. Neubaugebiete in Stadtrandlage (überdurchschnittl. große Wohnungen, Freiflächen) Ältere Mietvillenwohnungen (große Wohnungen, stadtzentral), modernisierte innerstädtische, lagegünstige Bebauungen
„Normalbevölkerung"	50 % Unterschicht	Durchschnitt	Geschlossene und lockere Wohnbebauungen der Zwischenkriegszeit und ersten Nachkriegszeit (Siedlungen) von 1918 bis 1965
		Unterdurchschnitt	Geschlossene dichte Wohnbebauung 1860–1918, nach 1965
Alte Bevölkerung*)		Geringster Wert	Altbebauung in den Kernen der Klein- und Mittelstädte, in den dichten Altbaumischgebieten, v. a. vor 1880 (z.T. Fachwerk, Lehmausfachung, Holzdielen, kleine Wohnungen, keine Sanitärausstattung, nicht instandgehalten)
Einteilung bei Rytlewski/Voigt 1979[132]		Lage und Wohnwert	Merkmale

*) sowie Außenseiter, z.B. religiöser Bekenntnisse

6 Die ‚Platte' als sozio-technisches System

Abschließend ist es nun möglich, unter Rückgriff auf die bereits in den Abschnitten 1 und 3 ansatzweise eingeführte techniksoziologische Fragestellung nach der Wechselwirkung von Gesellschaft und Technik die ‚Platte' als großes technisches System zu reinterpretieren. Die vorgeblichen technologischen Notwendigkeiten des industriellen Bauens in der DDR lassen sich im Rahmen dieses theoretischen Ansatzes als spezifische Verknüpfung einer staatssozialistischen Organisationsform mit einem industrialistischen Modell von Technik interpretieren.

Über techniksoziologische Zusammenhänge gibt es in der westdeutschen Soziologie eine lange Diskussionstradition, die in den fünfziger und sechziger Jahren mit den Arbeiten von Arnold Gehlen(1904-1976) und Helmut Schelsky (1912-1984) begonnen hat.[133] Das Grundanliegen technikwissenschaftlicher Fragestellungen besteht darin, die Ursachen für die Entwicklung von Technik im weiteren Sinne[134] und der Industrialisierung (Technikgenese) sowie der daraus entstehenden Folgen (Technikfolgenabschätzung) zu erforschen. Für die Soziologie von speziellem Interesse ist in diesem Kontext die Dynamik technischer Entwicklungen. Gehlen betont, daß sich Industrialisierung, Technik und Naturwissenschaften gegenseitig voraussetzen. Aber ohne die parallele Entwicklung der kapitalistischen Produktionsweise und deren Verwertungsinteresse wiederum wäre die Dynamik der Industrialisierung nicht möglich gewesen. Nach Schelsky zeichnet sich moderne Technik dadurch aus, daß die Auseinandersetzung des Menschen mit der Natur durch die Auseinandersetzung mit der Technik abgelöst wird. Die Folgen der Technikentwicklung werden nach den „Jahrzehnten" der Technikeuphorie (zwanziger, fünfziger und siebziger Jahre) heute ambivalent eingeschätzt. Bezüglich der Entwicklung des industriellen Bauens in der DDR kann aber eindeutig festgestellt werden, daß trotz der offensichtlichen Defizite der ‚Platte' offiziell nie negative Wirkungen dieser Technik[135] diskutiert wurden.

In den Geschichts- und Sozialwissenschaften gilt Industrialisierung allgemein als zentrales Strukturmerkmal der Modernisierung und des sozialen Wandels. Präzisierend schrieb Wilbert E. Moore: „Es gibt eine besondere Form, in der die Richtung eines Wandels dargestellt werden kann [...]. Das ist die *Theorie der Wirtschaftsentwicklung* und des *Gesellschaftswandels*, für die es darum geht, die Vorgänge zu untersuchen, die sich bei der Industrialisierung (oder wirtschaftlichen Modernisierung) abspielen." (Moore 1967: 74)

Unter der Maßgabe, die Modernisierung unter dem Blickwinkel des wirtschaftlichen Wachstums zu betrachten, kann man von „dem Vorgang der Modernisierung als von der Industrialisierung sprechen. [Dabei bezeichnet] das Wort den Zustand, in dem in ausgedehntem Maße statt der Kraft von Lebewesen andere Kraftquellen für die wirtschaftliche Erzeugung genutzt werden, und es umfaßt dazu alles, was dieser Zustand für die Organisationsformen, das Transportwesen, das Nachrichtenwesen usw. nach sich zieht." (Moore 1967: 152)
Die Industrialisierung des Bauprozesses wurde in bautechnischer Hinsicht als Konzentration (Zusammenfassung) und Vernetzung (Integration) einzelner Techniken des Bauprozesses, um die Effektivität und Effizienz des Bauens zu erhöhen und um den wissenschaftlich-technischen Fortschritt als mehr oder weniger gesetzmäßige Höherentwicklung des gesellschaftlichen Handelns durchzusetzen, betrachtet. Dies entspricht auf der allgemeinen Ziel- und Verfahrensebene der soziologischen Perspektive auf die Technologie, die darin besteht, daß unter diesem Begriff „die systematische Zusammenfassung und Integration einzelner Techniken zu einer auf einen Zweck gerichteten Verfahrensweise" (Lankenau 1986: 341) verstanden wird. Die spezifisch soziologische Sicht auf die Industrialisierung des Bauens in der DDR besteht in der Analyse und Interpretation dieses sozio-technischen Prozesses.[136]
Aus diesen Ausführungen wird deutlich, daß es sich bei der soziologischen Interpretation der ‚Platte' auch um die Bearbeitung einer klassisch techniksoziologischen Fragestellung handelt. Ein Aspekt, der bei der Analyse der DDR-Gesellschaft wesentlich in den Vordergrund gerückt werden muß, denn die gesellschaftspolitischen Entwicklungen der DDR sind nur dann richtig nachzuvollziehen, wenn man das spezifische Verhältnis der SED zur Technik in Betracht zieht. Erinnert sei z.B. daran, daß Partei- und Staatsführung bis zur Implosion der DDR in all ihren gesellschaftspolitischen Konzepten davon ausgingen, daß Technik, zum Ende die Mikroelektronik, die Probleme des Sozialismus lösen werde.
Wesentliche Elemente des DDR-Bauwesens entsprechen in ihrer Struktur und in der Entwicklung den Definitionskriterien eines in der westlichen Techniksoziologie entwickelten empirisch-theoretischen Konzepts: Dem Großen Technischen System. Abschließend kann es deshalb erhellend sein, die empirischen Befunde der Analyse der Industrialisierung des Bauwesens in der DDR auf der Folie dieses Modells zu interpretieren. In die technikwissenschaftliche Diskussion wurde der Begriff des „large-scale technological system" (LTS – dt. GTS) von dem amerikanischen Technikhistoriker Thomas P. Hughes eingeführt, der in seinem zu diesem Thema bisher wichtigsten Werk *The Networks of Power* (1983) die Entwicklung der modernen Elektrizitätsnetzwerke in Deutschland, England und den USA untersucht hat. Ein Grund dafür, warum diese Arbeit in den deutschen Sozialwissenschaften relativ schnell rezipiert wurde, erklärt sich m.E. aus dem von Hughes verwendeten empirischen Konzept, mit dem er soziale Akteure, Organisationen, Wissen und

Normen als Systemkomponenten in seine Untersuchung einbezieht. Der Berliner Techniksoziologe Bernward Joerges hat die mit dem Begriff GTS verbundenen konzeptuellen und theoretischen Probleme ausführlich diskutiert. Die Bedeutung des Vorgehens von Hughes für die Sozialwissenschaften sieht Joerges wie folgt: „Hughes goes far beyond mere historical description or interpretation against broad social change. He puts forward systematic concepts generalizable to other systems of similar scale and provides a rationale for delineating technological systems from other social systems, small or large.“ (Joerges 1988: 2)

Joachim Radkau untersuchte 1991, in welcher Weise sich dieser Begriff für die technikhistorische Forschung fruchtbar machen läßt: „Er besitzt heuristischen Wert; er schult in komplexem, über simple Kausalitäten hinausgelangendem Denken; er kann Entwicklungsstufen und Erfolg und Nichterfolg von Technikkomplexen erklären helfen, er lenkt die Aufmerksamkeit auf die Perspektiven, von denen die technische Entwicklung geleitet wurde, und er trägt zur wechselseitigen Verknüpfung von Geschichte und Gegenwart bei.“ (Radkau 1991: 38/39)

Bis heute erfuhr der Begriff GTS eine starke Erweiterung und wurde bei verschiedensten Forschungsprojekten verwendet. So wurde dieses Untersuchungskonzept bei der Beschreibung technischer Dominanz von Interkontinentalraketen, von Kernkraftwerken, des Herzorgantransplantationssystems in Deutschland und auch einer modernen Armee im Golfkrieg auf gesellschaftliche Strukturen angewandt. Gemeinsamer Nenner ist die Klärung der Frage, warum die Technik eine „gegenüber“ der Gesellschaft anscheinend mächtige Kraft ist bzw. als solche wahrgenommen wird.

Die verschiedensten Forschungsobjekte, die als GTS untersucht wurden, zeigen die Flexibilität und Anpassungsfähigkeit des Hughes-Konzepts. Und noch einen dem Anschein nach banalen Aspekt macht diese Aufzählung deutlich: Der entscheidende Unterschied zu den bisher von der Techniksoziologie untersuchten Artefakten besteht darin, daß es sich bei den GTS nicht um Waschmaschinen, Fahrräder oder Werkzeugmaschinen handelt, eine für die Entwicklung von Theorie höchst unscharfe Abgrenzung des Begriffs Großes Technisches System, die denn auch in Deutschland zu einer bis heute noch nicht beendeten Diskussion über seine Definition führte. Peter Weingart wies 1989 zuerst auf dieses Problem hin und versuchte eine erste Abgrenzung. Er kam zu dem Ergebnis, daß der „Ausgangspunkt der sozialwissenschaftlichen Diskussion und der Bemühungen um eine präzisere analytische Konzeptualisierung [...] solche ‚Systeme‘ [sind], die sich durch netzwerkartige Strukturen, geographische Ausbreitung und erhebliche Kapitalintensität auszeichnen. Sie sind vor allem durch die Interaktion ökonomischer, politischer und technisch-wissenschaftlicher Systeme charakterisiert.“ (Weingart 1989: 175)

Diese Kriterien treffen auf das Bauwesen der DDR zu, ein in Kombinatsstrukturen organisiertes, geographisch über das Territorium der DDR verteiltes und fast alle Investitionsmittel für das Bauen bindendes, zentralistisch verknüpftes Netzwerk. Als wesentliches Merkmal dieser Systeme hat sich in der Diskussion deren Irreversibilität herausgestellt. Veränderungen sind bei Großen Technischen Systemen nur als Expansion denkbar: „Das heißt, daß die Entdeckung und Behebung von Fehlerhaftigkeit nur durch Steigerung ihrer selbst, also durch ‚bessere' Theorien und Techniken erfolgen kann." (Weingart 1989: 174)

Auch dieses Merkmal läßt sich am Bauwesen der DDR zeigen, dessen eindimensionale Entwicklungsmöglichkeiten konkurrierende Modelle zusehends ausschlossen. Es gab zur WBS 70 selbst beim innerstädtischen Bauen[137] keine Alternative mehr. Daß die Steigerung des Systems zum Schluß nur noch als Vereinfachung möglich war, war bereits ein Indiz für den sich abzeichnenden Kollaps des Systems als Ganzem. Der Kollaps ist auch in der westlichen Forschung als eine mögliche Zukunft Großer Technischer Systeme formuliert worden, so etwa bei Joachim Radkau (1991).

Der Begriff des GTS und die Analysen, die er anleitet, ermöglichen also eine Verknüpfung von technischer Entwicklung, hier der industriellen Bauweise, und sozialem Wandel, hier der Entdifferenzierung von Wohnstrukturen, die für die soziologische Interpretation der ‚Platte' äußerst gewinnbringend ist. Wie weit das Konzept des GTS in der Anwendung auf das DDR-Bauwesen trägt, ist noch nicht abzusehen, da westliche Gesellschaften bisher nicht mit einem technischen System Bauwesen konfrontiert waren. Das Konzept des GTS setzt marktwirtschaftliche und damit auch politische Rahmenbedingungen voraus, ohne diese selber noch einmal zu diskutieren. Aber gerade für die DDR ist die Bedeutung des politischen Systems zentral: Die Form der Parteienherrschaft setzt einen Grad an politischem Zentralismus voraus, der das GTS überschreitet.

Große Technische Systeme sind gesellschaftstheoretisch von Bedeutung, weil die Existenz der großen Energieversorgungs-, Verkehrs- und Kommunikationssysteme in Deutschland auf wichtige, „aber oft vernachlässigte Aspekte des gesellschaftlichen Differenzierungsprozesses verweist" (Mayntz 1993: 100). Diese als „Funktionssysteme" (Mayntz) gekennzeichneten GTS erfüllen grundlegende menschliche Bedürfnisse. Zu den Forschungsprämissen gehört folglich die Annahme, daß diese Differenzierungen durch die GTS die gesellschaftliche Entwicklung befördern. Falls diese These zutrifft, liegt hier eine wesentliche Differenz zur Entwicklung der Großen Technischen Systeme in der DDR, und vermutlich im Staatssozialismus gemeinhin, vor. Der von Sigrid Meuschel beobachtete Entdifferenzierungsprozeß in der DDR läßt sich auch und gerade an der Versorgung mit Wohnraum beobachten. Die WBS 70 führte zu einem starren und reduzierten Wohnprogramm, das den unterschiedlichen Lebensbedürfnissen kaum noch Spielraum bot. Das Wohnungsversorgungssystem, das ursprünglich den normativen Anspruch des Sy-

stems umsetzen sollte, das menschliche Grundrecht auf Wohnen zu garantieren, erwies sich zum Schluß nicht nur quantitativ, sondern vor allem auch qualitativ als ungeeignet.
Eine Affinität zwischen der politischen Autorität des Staates und der Industrialisierung des Bauwesens wird deutlich, die man auch als Systembildung begreifen kann – hier kommt die Frage nach der Effizienz ins Spiel. Die Besonderheit liegt darin, daß einzig in Osteuropa der Staat das industrielle Bauen in solch kompromißlosem Maß politisch forcierte, mit dem Ergebnis, daß sich die erhoffte Verbindung von Systemvorteilen (Sozialismus und Industrialisierung) als ruinös erwies. Der Zentralismus und die Ineffizienz des politischen und ökonomischen Systems schlugen bis auf die Ebene des Wohnungsbaus durch. Darin steckt ein latentes Potential der Art und Weise der Industrialisierung seit dem 19. Jahrhundert: Die Kopplung mit dem Staat und die dadurch bewirkte Auslösung von Negativeffekten. Das technokratische Politikverständnis der SED-Führung verband eine unkritische Technikgläubigkeit mit der ökonomischen Ideologie großer Produktionseinheiten, den Kombinaten. Dies mußte so zwangsläufig im Bausektor zur Ausbildung eines großen technischen Systems führen. In dem Maße, in dem dieses technische System materielle Gestalt annahm, trat die Eigenlogik dieses ökonomisch-technischen Systems in den Vordergrund. Hier verschränken sich die Perspektive der politischen Soziologie und der Techniksoziologie. Aus techniksoziologischer Sicht handelte es sich bei Zielstellung, Organisationsstruktur und Technologie des Bauwesens um ein sozio-politisches System. Dessen Aufgabe bestand in der Durchsetzung der Plattenbautechnologie als technisch-organisatorische Basis für die Lösung der Wohnungsfrage. Die Ausrichtung der DDR-Baupolitik auf die ‚Platte' resultierte aus der notwendigen Kooperation mit (Bau-)Experten. Nur so konnte das materiell definierte gesellschaftspolitische Ziel, die Lösung der Wohnungsfrage als soziales Problem, erreicht werden. Daraus entstand ein Typus der Bauadministration, der auf der Koppelung von „Fach- und Ideologiebürokratie" (vgl. Meuschel 1992: 13ff.) beruhte. Die systemische Vernetzung beider Bürokratietypen, die im DDR-Bauwesen durch die einmalige personelle Konstanz des Ministers für Bauwesen und des Leiters der Abteilung Bauwesen beim Zentralkomitee der SED verstärkt wurde[138], führte zu einer Dominanz des Materiell-technischen, insbesondere der Planvorgaben der Wohnungsbaukombinate, gegenüber den sozialen Zielstellungen und dem gesellschaftlichen Ideal. Diese Konstellation ermöglichte in der Entwicklung des Systems die Freisetzung von teilsystemischen Eigenlogiken. Dies genau ist im DDR-Bauwesen geschehen. Die Formierung und die Engführung des Ausbaus des Wohnungsbausystems führte zur Entdifferenzierung der Wohnstrukturen. Das Ziel der Lösung der Wohnungsfrage, die nach Häußermann und Siebel sowohl eine quantitative als auch eine qualitative Seite hat (vgl. Häußermann/Siebel 1991: 69), wurde auf ihren quantitativen Aspekt, auf die Wohnungsversorgung, reduziert.

7 Ausblick: Entdifferenzierung als Hypothek – Differenzierung als Aufgabe

Während kurz nach der Wende die Zukunft der ‚Platte' diskutiert wurde, hat sich heute der Schwerpunkt der Debatten verschoben: Es geht um die Zukunft der ostdeutschen Großsiedlungen und nicht mehr um die Plattenbautechnologie allein. Durch verschiedene Gutachten wurde die Standfestigkeit der Plattenbauten nachgewiesen, die konstruktiven und bautechnischen Probleme gelten als lösbar, dies ist vor allem eine finanzielle Frage.

Die öffentliche Meinung zum Problemfeld Großsiedlung wird heute von den Entwicklungen prävaliert, die sich mit der ‚Krise des fordistischen Städtebaus' verbinden: Mit der Abkehr der internationalen Städtebauauffassung von der funktionalen Stadt und der Wiederentdeckung der ‚alten' Stadt sowie der Postmoderne entwickelte sich die Großsiedlung in den westlichen Industrieländern zum sozialen und städtebaulichen Erneuerungsproblem. Der Aufwertung der innerstädtischen Gründerzeitgebiete entsprach die Abwertung und Stigmatisierung der Großsiedlungen. Vielfältige Nachbesserungsmaßnahmen wurden aus bautechnischer Notwendigkeit und vor allem als aktive soziale Krisenintervention in Gang gesetzt. Diese Erfahrungen prägten den Umgang mit den ostdeutschen Großsiedlungen nach der Wende.

Die relative Homogenität der sozialen Lagen als auch der defizitären baulich-räumlichen Bedingungen aller ostdeutschen Großsiedlungen wird sich, so die These, auflösen. Denn die Enwicklungschancen der ostdeutschen Großsiedlungen sind unterschiedlich: Sie können sowohl ‚Problemsiedlungen' mit Wohnungsleerstand und allen weiteren bekannten Negativerscheinungen als auch beliebte Wohngebiete für Familien mit mittlerem Einkommen sein. Die Entwicklung der Großsiedlungen wird – analog zur Entwicklung der ostdeutschen Gesellschaft insgesamt – durch zunehmende Differenzierung auf sozialer, städtebaulicher und architektonischer Ebene geprägt sein.

Die Ausgangssituation aller ostdeutschen Neubaugebiete ist durch ähnliche Defizitlagen in der städtebaulichen und infrastrukturellen Situation gekennzeichnet:

- bautechnische Schäden an Häusern, Ver- und Entsorgungssystemen,
- funktionelle Mängel in den typisierten Wohnungen bei Grundriß, Nutzungsmöglichkeiten, Bauqualität und Ausstattung,
- Gestaltungs- und Nutzungsmängel im Wohnumfeld,

- Mangel an Konsum-, Kultur- und Freizeiteinrichtungen in den Wohngebieten,
- fehlende Möglichkeiten zur wohnungsnahen Erwerbstätigkeit,
- enorme Parkplatzprobleme aufgrund der gestiegenen Pkw-Dichte.

Auffallend ist, daß der zu DDR-Zeiten hohe Status der Neubaugebiete in der Selbsteinschätzung der Bewohner auch nach der Vereinigung ungebrochen ist. Der negativen Wahrnehmung durch die Außenwelt entspricht (noch) keine analoge Binnenwahrnehmung. Dennoch sind erste Abwanderungen von Besserverdienenden und/oder Akademikern und/oder jungen Haushalten zu beobachten. In der offiziellen Behandlung der Großsiedlungsproblematik, etwa durch das Bundesbauministerium, wird die Tendenz deutlich, der Stigmatisierung dieser Wohnform in der öffentlichen Meinung durch eine positive Imagebildung entgegenzutreten. Als Technologie ist die ‚Platte' mittlerweile rehabilitiert. Sie gilt als sanierbar.

Die aktuellen Ansätze, die Plattenbausiedlungen baulich instandzusetzen und, insbesondere durch Wohnumfeldmaßnahmen, ihr Image zu verbessern, müssen sich aus soziologischer Sicht daran messen lassen, ob und wie weit es ihnen gelingt, die Entdifferenzierung rückgängig zu machen und differenziertere Nutzungspotentiale freizusetzen. Wenn es gelingt, den Wohnstandard zu heben, d.h. die Infrastruktur zu verbessern, die Grundrisse flexibler und das Wohnumfeld städtischer zu gestalten, dann ist es vorstellbar, daß diese Neubaugebiete gerade in den Großstädten für Haushalte mit Kindern, die sich kein Eigenheim leisten können oder wollen, attraktiv bleiben und wieder werden. Folgende Aspekte kennzeichnen die Situation und Entwicklungsgrundlagen der ostdeutschen Großsiedlungen:

1. Die quantitativ-räumliche Dimension: Der Wohnungsbestand in den ostdeutschen Großsiedlungen von über einer Million bildet einen Kernbestand für die Wohnraumversorgung für ‚breite Schichten der Bevölkerung'. Er ist nicht wie in Westdeutschland auf städtische Agglomerationsräume konzentriert, sondern regional breit gestreut, d.h. auch im ländlichen Raum existiert diese Wohnform.
2. Die historisch-städtebauliche Dimension: Die städtebauliche Form der Großsiedlung ist Ergebnis der Diskussionen um die ‚Wohnungsfrage', die seit Mitte des 19. Jahrhunderts in Deutschland geführt wird. Unterschiede hinsichtlich Entstehungsgeschichte, Planungs- und Bauprozeß, aktuellem Zustand und insbesondere der Dominanz der industriellen Bauweisen ergeben sich aus den konstitutiven Rahmenbedingungen des staatlichen Massenwohnungsbaus in Ost und West.
3. Die soziale Dimension: Die soziale Situation in den ostdeutschen Neubaugebieten unterscheidet sich erheblich von der in westdeutschen Großsiedlungen. Ostdeutsche Großsiedlungen sind durch eine sozialstrukturelle Mischung und hohe Altershomogenität gekennzeichnet. Soziale Problemlagen wie Arbeitslosigkeit, hoher Ausländeranteil und Sozialhilfeempfänger sind hier (noch nicht) konzentriert.

Oben links: Innerstädtischer Wohnungsneubau in Plattenbauweise mit einer modifizierten Form der WBS 70 in Berlin-Friedrichshain, Wohngebiet Frankfurter Allee Süd. Foto: Thomas Rühl. Unten links: Sechsgeschossige Wohnbebauung (WBS 70), Ansicht: Innenhoffassade, errichtet im Rahmen des innerstädtischen Wohnungsneubaus Mitte der achtziger Jahre in Berlin-Lichtenberg, Josef-Orlopp-Straße. Foto: Ulrich Müller

Ein typisches Beispiel für das Nebeneinander von alter und neuer Bebauung in der Ostberliner Innenstadt; hier Plattenbauten aus den siebziger Jahren an der Straße Alt-Friedrichsfelde. Foto: Ulrich Müller

4. Die kulturelle Dimension: Eine weitere kulturelle Entwertung der Wohnsituation fast jedes vierten DDR-Bürgers vertieft unnötig die mentale Spaltung zwischen Ost und West. Die pauschale Stigmatisierung der ostdeutschen Neubauwohngebiete als „Hauptmerkmal der sozialistischen Wohnungsbaumisere" und „PDS-Hochburgen" führt im Extremfall zu einer Ablehnung des bundesdeutschen Wirtschafts- und Gesellschaftsmodells.
5. Die wohnungspolitische Dimension: Die Marktposition der ostdeutschen Großsiedlungen ist aufgrund des generellen Wohnungsproblems in Deutschland günstig. Die möglichen Alternativen sowohl der modernisierten Altbau- als auch der Einfamilienhausgebiete können aufgrund der hohen Mieten und Erwerbskosten nur für eine kleine Gruppe von einkommensstarken Großsiedlungsbewohnern relevant werden. Wohnungen im ostdeutsche Großsiedlungsbestand stellen ein erhebliches Privatisierungskapital zur politisch gewünschten Wohneigentumsbildung in Ostdeutschland dar.

Mit der Wende verändern und verschärfen sich die Probleme in den Neubaugebieten. Die Mitte der achtziger Jahre einsetzenden soziale Differenzierung in der DDR erfuhr durch den Umbruch 1989 eine Beschleunigung: War schon in der DDR das Verhältnis der Entwicklung der Wohnbedürfnisse und der real existierenden Wohnstrukturen durch eine sich ständig vergrößernde Schere gekennzeichnet, so wächst heute diese Differenz zwischen Wohnanspruch und Wohnwirklichkeit beschleunigt. „In Großsiedlungen verschärfen sich die Probleme: [...] Die Wohnungsgesellschaften in den Großsiedlungen im Osten befürchten ernsthaft, daß die Sozialstruktur ihrer Quartiere ‚umkippen' könnte. Sollten die städtischen Gesellschaften den Abzug ihrer Mieter zulassen, hätten sie ihren Auftrag verfehlt." (Brüning 1993: 28)

Um eine solche Entwicklung zu verhindern, werden seit 1991 insbesondere durch politisch-administrative Institutionen wie Bundesbauministerium und Bundesforschungsanstalt für Landeskunde und Raumordnung Initiativen zur Konsolidierung der Großsiedlungen gesteuert und finanziert. Milliardenprogramme zur Plattenbausanierung wurden aufgelegt. Mit diesen Programmen ist eine Schwerpunktsetzung auf stadtplanerische und bauliche Verbesserungsmaßnahmen programmiert. Im Rahmen der Institutionalisierung des Forschungsfeldes ‚Entwicklung großer Neubaugebiete' wurden seit 1992 z.B. elf Modellvorhaben mit verschiedenen inhaltlichen Zielsetzungen konzipiert und realisiert. Damit sollen „zukunftsweisende Wege aufgezeigt werden, wie eine langfristige städtebauliche und soziale Perspektive für die großen ostdeutschen Neubaugebiete durch deren qualitative Weiterentwicklung gesichert werden kann" (ExWoSt-Informationen 1992: 1). Dieses Forschungsfeld stellt eine „Wiederaufnahme des Themas ‚Städtebauliche Entwicklung großer Neubaugebiete' im experimentellen Wohnungs- und Städtebau (ExWoSt)" (ExWoSt-Informationen 1991: 1) als städtebaupolitische Aufgabe des Bundes dar. Das westdeutsche Thema der Großsiedlungsnachbesserung war in den sechziger und siebziger Jahren entstanden, als massiver Wohnungsleerstand, hohe Fluktuation und soziale Erosion Handlungskonzepte erforderten. Problemstellungen, die in ostdeutschen Großsiedlungen 1991 noch nicht existierten und durch schnelle politisch-administrative Intervention vermieden werden sollten. Heute zeigt sich, daß die Chancen der Großsiedlungen in erster Linie nicht von städtebaulichen und baulichen Aspekten abhängig sind. Ausschlaggebende Faktoren sind nicht einzelne Wohnumfeldmaßnahmen, sondern die arbeitsmarktlichen und wirtschaftlichen Chancen der Region und der Stadt, in der das Neubaugebiet liegt. Der zweite Faktor ergibt sich aus der Stärke der Wohnortkonkurrenzen innerhalb einer Stadt: Ein Neubaugebiet wie Berlin-Marzahn wird aufgrund der äußerst angespannten Lage auf dem Berliner Wohnungsmarkt in absehbarer Zeit kaum mit Problemen wie Leerstand zu kämpfen haben. Auch im *Großsiedlungsbericht* der Bundesregierung wird festgestellt, daß die „Verbesserung der relativen Marktchancen vor allem auf die Entwicklung der externen Wohnungsmarktbedingungen und weniger auf den Erfolg der bisherigen internen Wohnwertverbesserungen zurückzuführen ist“ (Großsiedlungsbericht 1994: 15).

Erste Differenzierungen der Wohnverhältnisse in der ‚Platte‘ deuten sich hinsichtlich der Eigentumsverhältnisse und der Wohnstrukturen an. Da in den Großsiedlungen zunehmend Menschen leben, die älter als 50 Jahre sind, wagt es angesichts der fehlenden Erwerbschancen fast niemand, sich zu verschulden. Zum Volumen der Nachfrage nach Wohneigentum in Ostdeutschland insgesamt liegen Informationen aus einer repräsentativen Befragung von 1992 vor. Demnach besteht die größte Nachfrage bei jüngeren und größeren Haushalten. Gewünscht werden aber vor allem Ein- und Zweifamilienhäuser, dagegen wäre nur jeder fünfte Haushalt an einer privatisierten Eigentumswohnung interessiert. Die Präferenzen entsprechen nicht der Struktur des Wohnungsbestandes in Ostdeutschland. Es zeigt sich, daß bürgerliche Häuser und Wohnungen leichter zu verkaufen sind. Wohnungen in den sozialistischen Plattenbauten dagegen, aus denen das größte Angebot kommt, werden nur geringe Absatzchancen zugebilligt. (vgl. Chancen 1992: 13ff.)

Zur geringen Attraktivität der Großsiedlungen tragen die Mieten bei, die das Wohnen zu einem vernünftigen Preis-Leistungs-Verhältnis auf Dauer sehr in Frage stellen. Aufgrund der degressiven Subventionierung von Mieten werden „Marktmieten für vergleichbare Wohnungen erreicht und häufig überschritten“, wird im Großsiedlungsbericht der Bundesregierung eingestanden (Großsiedlungsbericht 1994: 15) – Mieten also, die aufgrund der Lageungunst – randstädtische Standorte – vieler Großsiedlungen und des negativen Images des Wohnens in der ‚Platte‘ nicht akzeptiert werden. Die Aussichten dafür, daß in den Großsiedlungen eine negative soziale Segregation verhindert werden kann, sind also nicht besonders günstig. Lediglich in den Regionen, die aufgrund ökonomischen Wachstums auch weiterhin Wohnungsknappheit haben werden, werden die Probleme gering bleiben.

Anhang 1: Kurzangaben zu soziologischen und sozialpsychologischen Untersuchungen in den Neubaugebieten der DDR von 1966 bis 1989

1. Akademie für Gesellschaftswissenschaften beim Zentralkomitee der SED: Dissertation von Rolf Steiger „Die sozialistische Lebensweise im städtischen Neubau-Wohngebiet und die Forderungen an Architektur und Städtebau", Dissertation 1966. Außer der Dresdener Seestadt als dem Hauptuntersuchungsgebiet wurden die Neubaugebiete Dresden-Mitte, Dresden Seevorstadt-West, Erfurt-Süd (Daberstedter Feld) und Halle-Nord (Trotha) in die empirische Untersuchung über die Haltung der Bewohner zur „gesellschaftlichen politischen Mitarbeit" einbezogen.
2. AG Griesinger-Krankenhaus (1969): Sozialpsychologische und sozial-psychiatrische Untersuchungen in Wohngebieten – ein Beitrag zu psychohygienischen Aspekten des Wohnens
3. Institut für Meinungsforschung beim Zentralkomitee der SED (1975): Neubauwohngebiete im Urteil der Bewohner, Befragung in zwölf Neubauwohngebieten der DDR, unv. Mat.[139]
4. Heinrich, Helga (1976): Untersuchungen zu Eindruckspotentialen in den Neubaugebieten Halle-Neustadt und Rostock-Evershagen. Die Untersuchung erfolgte im Rahmen der Bearbeitung des Forschungsthemas „Analyse der Stadtgestalt. Beispieluntersuchungen in Städten der DDR", die von einem Autorenkollektiv der Abteilung Theorie und Geschichte des Instituts für Architektur und Städtebau an der Bauakademie der DDR durchgeführt wurde.
5. Universität Rostock: Dissertation von Eva-Maria Elsner „Probleme der Entwicklung der sozialistischen Lebensweise in Neubauwohngebieten: unter besonderer Berücksichtigung des Handels mit Waren des täglichen Bedarfs"
6. Die Erhebungen in Leipzig-Grünau und in Potsdam „Am Stern" wurden von der Forschungsgruppe „Wohnverhalten" an der Karl-Marx-Universität Leipzig unter Leitung von Alice Kahl in einer Intervalluntersuchung, die bis zur Vereinigung viermal und danach einmal (1992) wiederholt wurde, durchgeführt. (Kahl 1986)
7. Die Erhebungen in Berlin-Marzahn wurden nach dem Leipziger Erhebungsstandard und gleicher Methodik wie in Leipzig-Grünau vom Institut für mar-

xistisch-leninistische Soziologie an der Humboldt-Universität zu Berlin unter Leitung von Loni Niederländer durchgeführt und ausgewertet (zusammenf. Niederländer et al. 1987).

8. Niederländer/Zimmick (1981): Forschungsbericht zum 1. Intervall der Untersuchung „Wohnen 80 – Marzahn"
9. Weber, Olaf/Zimmermann, Gerd (1980): Zur Wirkung der Stadtgestalt. Beispieluntersuchungen in Halle, Halle-Neustadt und Erfurt. Pkt. 2: Zum Bedeutungsgehalt der Architektur in Halle-Neustadt
10. Niederländer et al. (1982): Forschungsbericht „Wohnen 82 – Marzahn"
11. Die von der Hochschule für Architektur und Bauwesen Weimar unter Leitung von Fred Staufenbiel jährlich durchgeführten stadtsoziologischen Untersuchungen hatten nicht explizit die Untersuchung von Neubaugebieten, wie etwa die Studien von Kahl und Niederländer zum Ziel, sondern die Erhebung von soziologischen Daten für die Generalbebauungsplanung. Bei einigen der untersuchten Städte wurden explizit Neubaugebiete in die Analyse einbezogen.
12. Hochschule für Architektur und Bauwesen Weimar: Rolf Kuhn/Bernd Hunger (1983): Soziologische Untersuchung von Wohngebieten der Stadt Rostock
13. Hochschule für Architektur und Bauwesen Weimar: Fred Staufenbiel et al. (1985): Stadtentwicklung und Wohnmilieu von Halle/S. und Halle-Neustadt
14. Hochschule für Architektur und Bauwesen Weimar: Rolf Kuhn et al. (1986): Eisenach: Stadt und Siedlungsgruppe
15. Niederländer et al. (1987): Forschungsbericht „Wohnen 86 – Marzahn"
16. Hochschule für Architektur und Bauwesen Weimar: Fred Staufenbiel et al. (1987): Magdeburg: Stadtentwicklung und Wohnmilieu
17. Seit 1987 wurden die stadtsoziologischen Untersuchungen der Hochschule für Architektur und Bauwesen in Weimar in Zusammenarbeit mit der Bauakademie der DDR durchgeführt.
18. Hochschule für Architektur und Bauwesen Weimar: Fred Staufenbiel et al. (1988): Brandenburg '87: Die Stadt und ihre Bewohner
19. Kahl, Alice (1989): Wohnen im Neubaugebiet – Zur Entwicklung des Neubaugebiets Leipzig-Grünau, unv. Forschungsbericht
20. Neubaugebietsspezifische Auswertung der stadtsoziologischen Daten der Untersuchung der Stadt Jena durch die Hochschule für Architektur und Bauwesen Weimar (Uta Schäfer) in Kooperation mit der Bauakademie (Christine Hannemann) 1988

Anhang 2: WBS 70 – typische Grundrißlösungen

WBS 70 1-Raum-Wohnung[140]

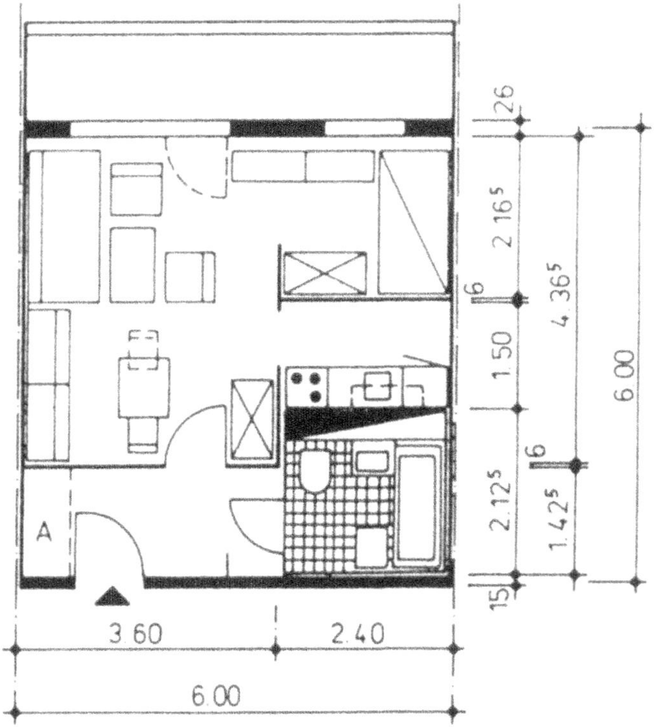

Raumprogramm:

Wohnraum	20,36 qm
Küche	3,35 qm
Bad	3,43 qm
Flur	5,17 qm
Fläche	32,31 qm

WBS 70 2-Raum-Wohnung[141]

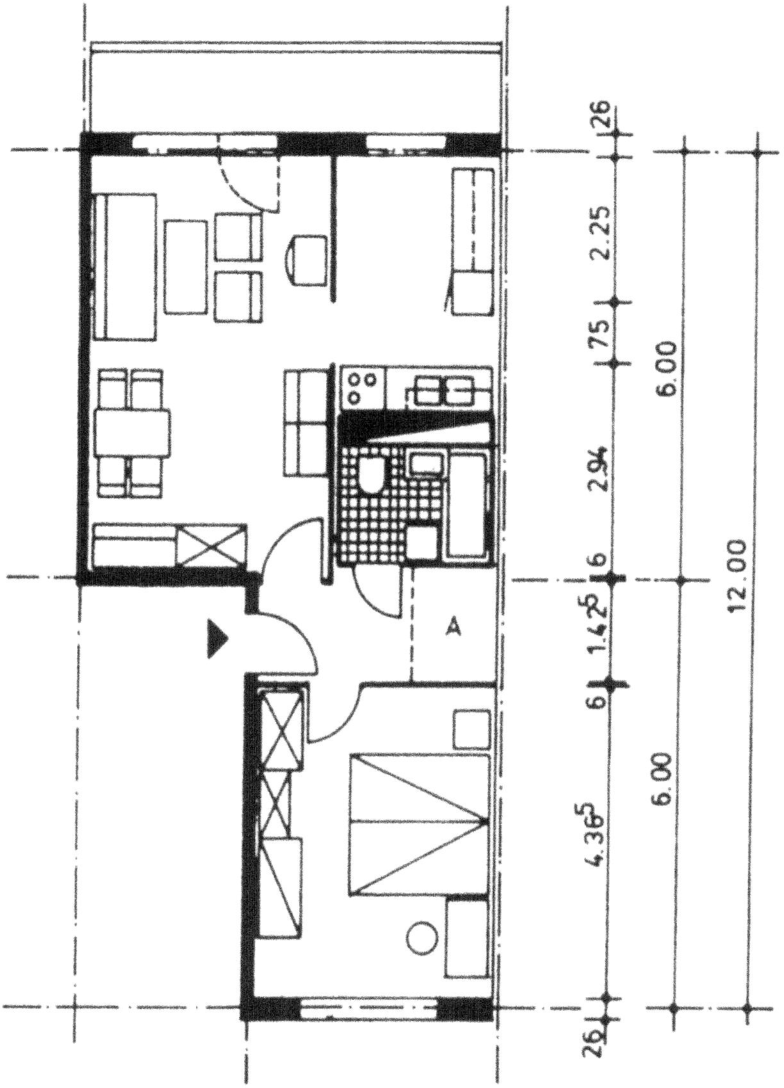

Raumprogramm:

Wohnraum	20,80 qm
Schlafraum	15,06 qm
Küche	8,33 qm
Bad	3,43 qm
Flur	5,31 qm
Fläche	52,93 qm

WBS 70 3-Raum-Wohnung mit Außenküche[142]

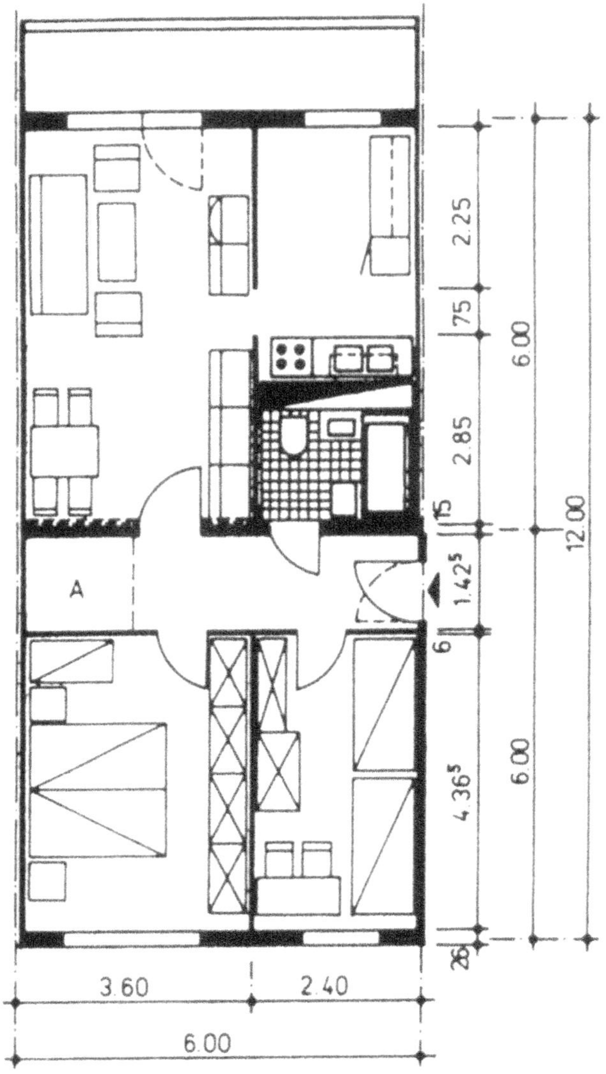

Raumprogramm:

Wohnraum	20,80 qm
Schlafraum	14,62 qm
Kinderzimmer	10,65 qm
Küche	8,33 qm
Bad	3,43 qm
Flur	8,43 qm
Fläche	66,26 qm

WBS 70 3-Raum-Wohnung mit Innenküche[143]

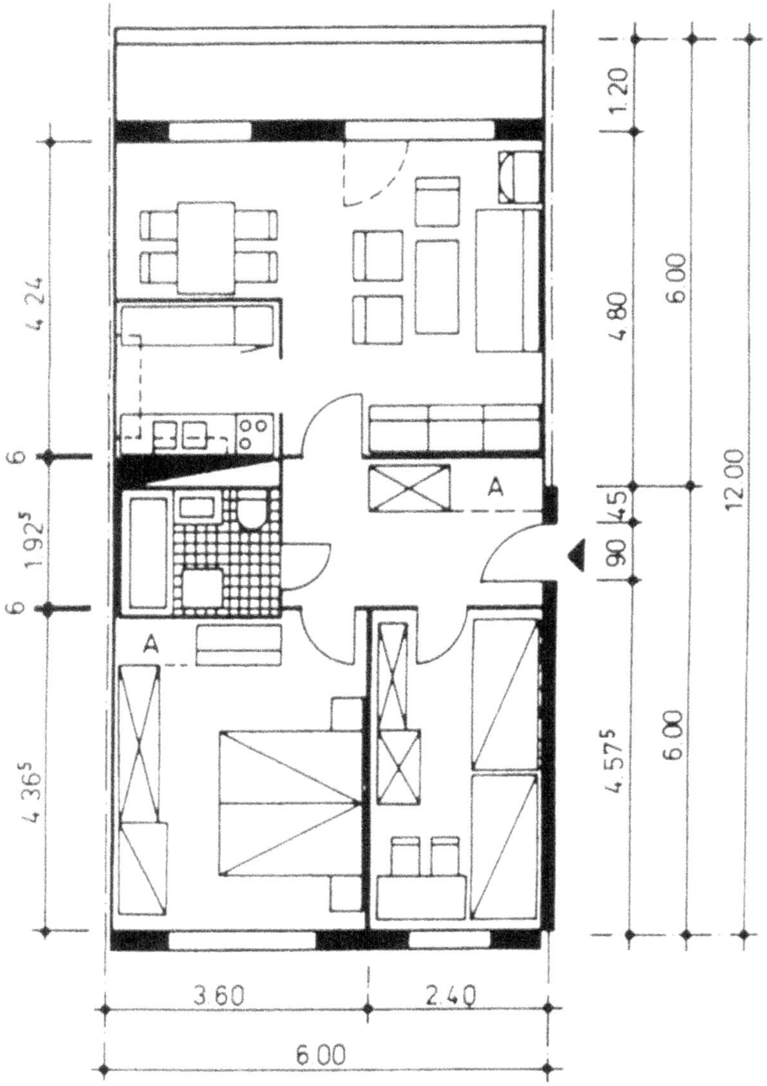

Raumprogramm:

Wohnraum	20,13 qm
Schlafraum	14,39 qm
Kinderzimmer	10,65 qm
Küche	4,55 qm
Bad	3,43 qm
Flur	6,97 qm
Fläche	60,12 qm

WBS 70 4-Raum-Wohnung[144]

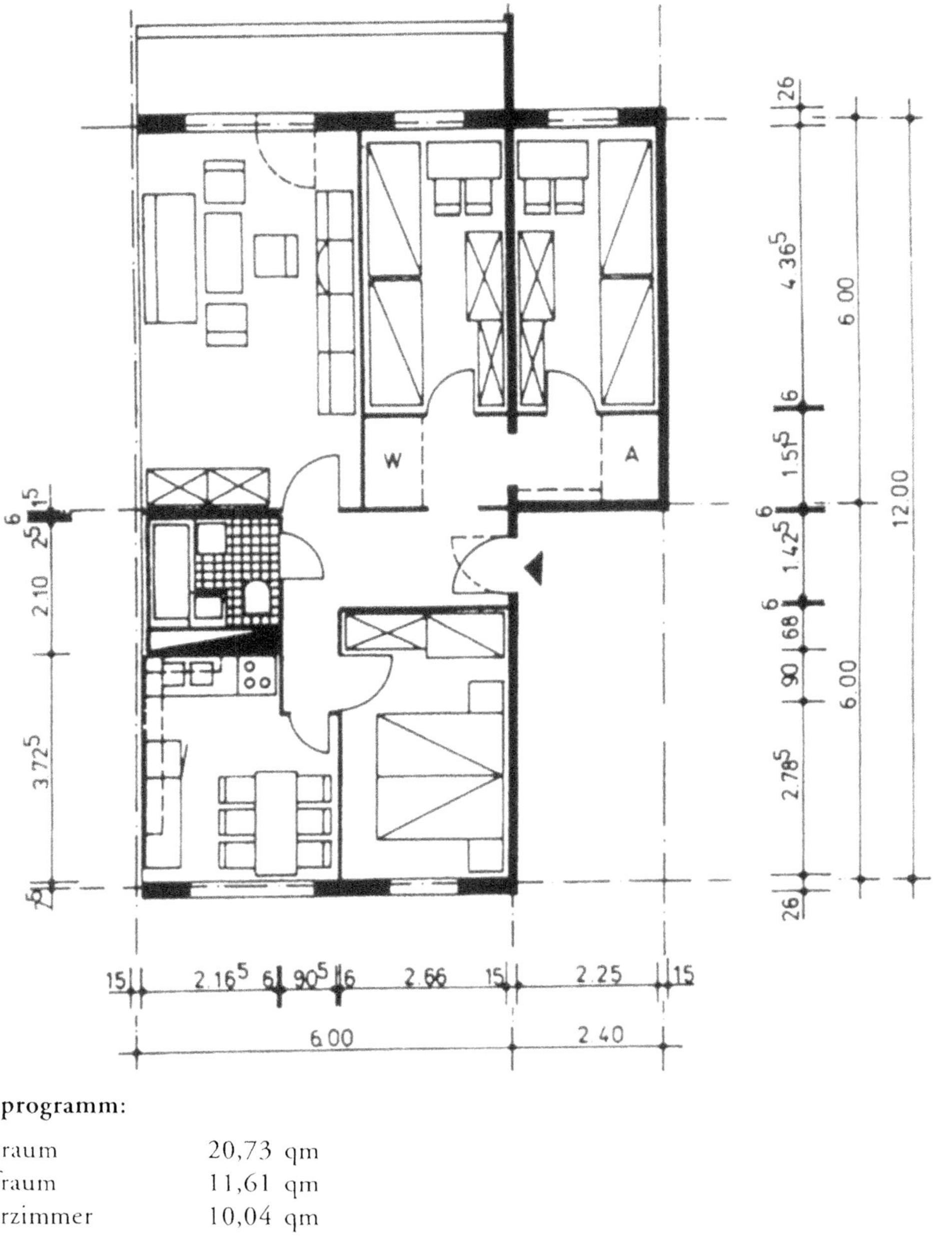

Raumprogramm:

Wohnraum	20,73 qm
Schlafraum	11,61 qm
Kinderzimmer	10,04 qm
Kinderzimmer	9,82 qm
Küche	10,67 qm
Bad	3,43 qm
Flur	13,39 qm
Fläche	79,69 qm

WBS 70 5-Raum-Wohnung[145]

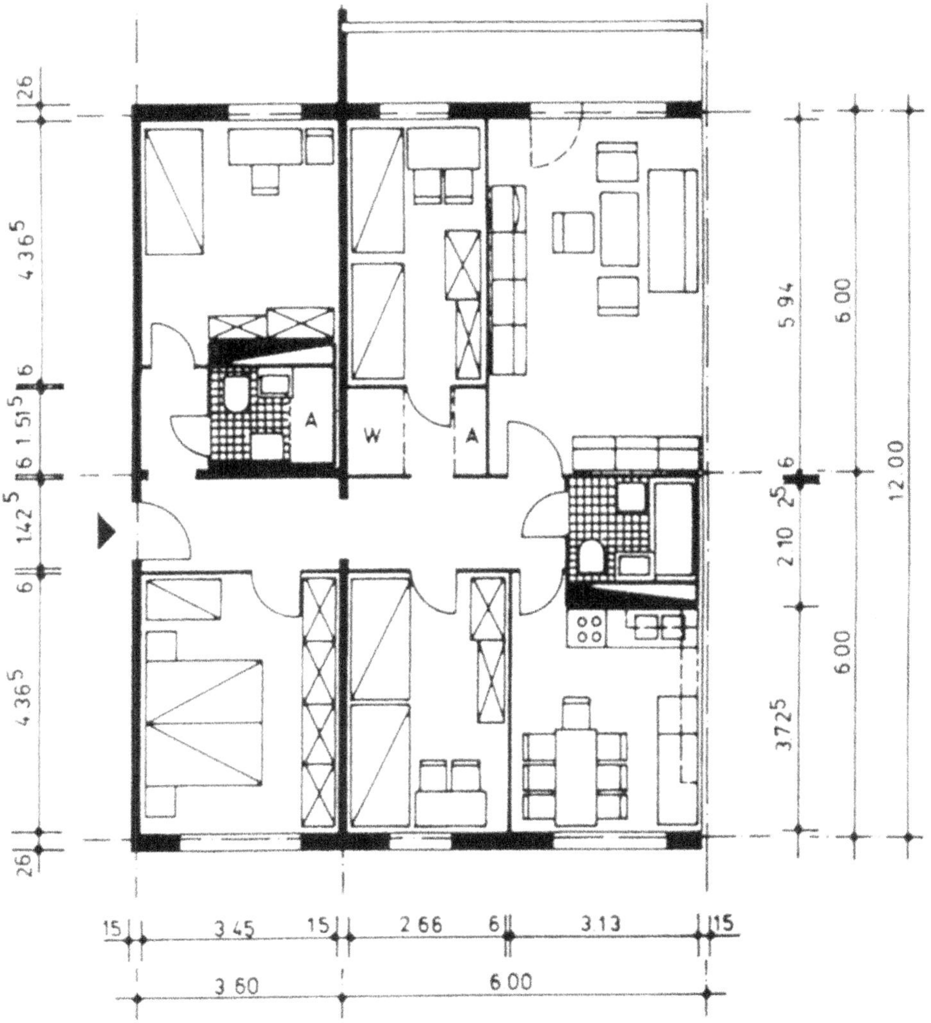

Raumprogramm:

Wohnraum	20,73 qm
Schlafraum	15,06 qm
Kinderzimmer	10,04 qm
Kinderzimmer	11,61 qm
Kinderzimmer	13,34 qm
Küche	12,24 qm
Bad	3,43 qm
Flur	15,60 qm
WC	3,43 qm
Fläche	105,48 qm

Sektionsgrundrisse – WBS 70 5geschossig[146]

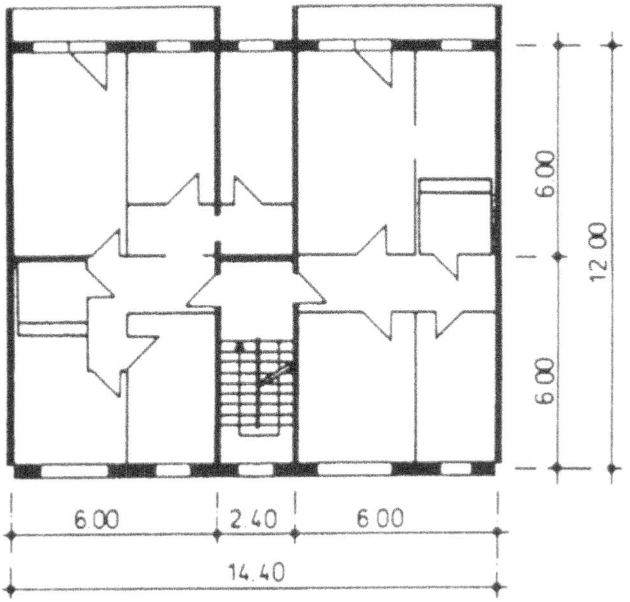

2.–5. Geschoß

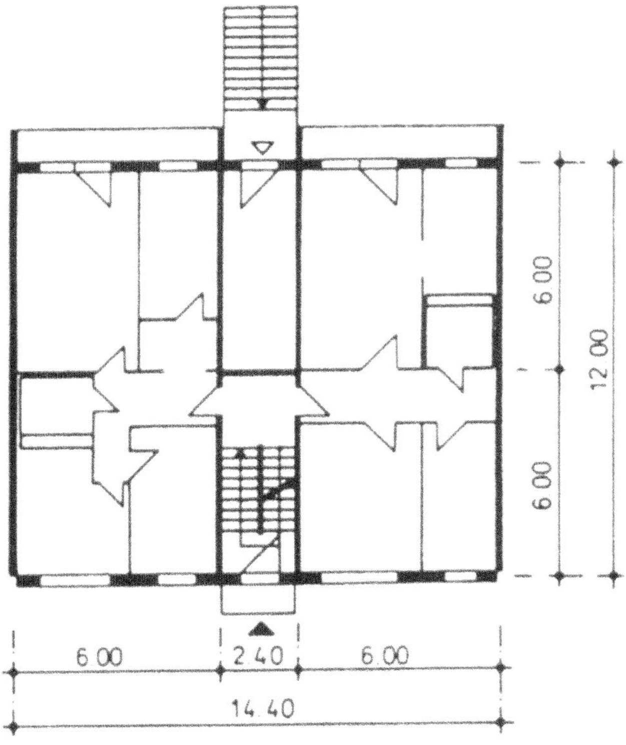

1. Geschoß

Ansichten eines 11geschossigen Wohngebäudes der WBS 70[147]

Wohnraumseite

Eingangsseite

Anmerkungen

1 Diese Einschränkung ist an dieser Stelle notwendig, da diese noch nicht systematisch aufgebaut worden sind; sie sind erst seit kurzem zugänglich.

2 Im einzelnen konnten folgende Personen als Experten gewonnen werden:
- Dr.-Ing. Günter Hirschfelder, 1953 bis 1958 u.a. Entwurfsgruppe Stalinstadt, Entwurfsgruppe Hochbau beim Ministerium für Aufbau, 1958 bis 1970 wissenschaftlicher Mitarbeiter am Institut für Typung des Ministeriums für Bauwesen, 1970 bis 1989 wissenschaftlicher Mitarbeiter am Institut für Städtebau und Architektur der Bauakademie der DDR, 1974 bis 1989 Leiter der Abteilung Prognose des Instituts für Wohnungs- und Gesellschaftsbau der Bauakademie der DDR.
- Prof. Dr. Gerhard Kosel, 1955 bis 1961 Staatssekretär im Ministerium für Aufbau der DDR, 1961 bis 1965 Präsident der Deutschen Bauakademie, 1966 bis 1972 Stellvertreter des Ministers für Bauwesen, 1958 bis 1972 Vorsitzender der Ständigen Kommission Bauwesen des Rates für gegenseitige Wirtschaftshilfe (RGW).
- Prof. Dr. h.c. Robert von Halász, 1941 bis 1947 Leiter des Betonwerkes Rüdersdorf b. Berlin, 1948 bis 1974 Professor für Baukonstruktion an der Technischen Universität Berlin.

3 Das Buch *Ein Haus für Alle* von Kurt Junghanns, in dem die baugeschichtliche Entwicklung des industriellen Bauens in Deutschland dargestellt wird, erschien nach Fertigstellung dieser Arbeit.

4 Zur Kritik an dieser These vgl. bereits Berndt 1968

5 Zitiert nach Sparschuh 1993: 183

6 Auf die Tradition der „Nicht-Thematisierung" der Wohnungsfrage in der Geschichte und insbesondere der theoretischen Sozialpolitik in Deutschland seit dem Kaiserreich verweist Zimmermann: „als die Entscheidung fiel, unter Sozialpolitik eben nur den Bereich kollektiver sozialer Sicherung und vor allem industrielle Arbeitsbeziehungen zu verstehen." (Zimmermann 1991: 13ff.). Diese Auffassung von Sozialpolitik ist bis zur Ära Erich Honecker auch in der DDR weitergeführt worden. Das sozialpolitische Konzept der SED ab 1971, „die Lösung der Wohnungsfrage als soziales Problem" zu verwirklichen, mußte deshalb im wesentlichen theorielos realisiert werden.

7 Zit. nach Frank/Schubert 1983: 23

8 Aus der Vielzahl seiner wohnungsreformerischen Schriften seien *Ueber innere Colonisation* (1846) und *Die Wohnungsnot der kleinen Leute in den großen Städten* (1857) genannt.

9 S. Anm. 8

10 Frank/Schubert verweisen auf verschiedene Texte, die den Bezug der gemeinnützigen Wohnungswirtschaft auf Huber nachweisen; des weiteren gibt es bis heute eine V.-A.-Huber-Plakette (Frank/Schubert 1983: 122)

11 Eines der bekannteren Beispiele dürften Teile des Märkischen Viertels in Berlin sein, wo z.B. 1964 acht vier- und vier achtgeschossige Wohngebäude in Großtafelbauweise nach dem System „Allbeton" hochgezogen worden sind (vgl. Wilde 1989: 47).

12 Vance, Mary (1982): Industrialized Building, Washington: Vance bibliographies, in dieser Reihe des weiteren Vance, Mary (1985): Prefabrication, up date zu Industrialized Buildings und Crosbie, Michael (1984): Industrialized Building for Housing in the United States

13 Quelle: Großsiedlungsbericht 1994: 132

14 Den Zahlenangaben liegen zwar unterschiedliche Definitionen des Begriffs ‚Großsiedlung' zugrunde, sie verdeutlichen aber die Proportionen (vgl. auch BMBau 1991: 9f.).

15 Quelle: Hoscislawski 1991: 158

16 Andere Begriffe, die alle im Prinzip gleiches meinen, sind: Industrialisierung des Bauens, Vorfertigung, Industrialisierung der Bautechnik, industrielle Vorfertigung, Industrialisierung des Bauwesens; industrielle Fertigung, industrielle Bauweise, Fertigteilbauweise und Systemfertigung. Auch im angelsächsichen Sprachraum existiert eine vergleichbare Bandbreite von Begriffen: „Homes which are partially or entirely built in a factory and then transported to the occupancy site have been given many different names – mobile homes, manufactured housing, factory built housing, pre-fabricated housing, industrialized housing, modular homes, panalized homes, sectional homes." (Anderman 1981: 3)

17 Wie schon an anderer Stelle der Arbeit angemerkt, gibt es bisher keine umfassende Darstellung der Geschichte des industriellen Bauens. Am ehesten kommt diesem Anspruch noch die Arbeit von Gilbert Herbert *The Pioneers of Prefabrication* aus dem Jahre 1984 entgegen.

18 Im folgenden verwende ich den Begriff ‚Prefabrication' aus zwei Gründen: Zum einen, weil diese Entwicklungen insbesondere von England ausgegangen sind und sich für Deutschland entsprechend seines vergleichsweise rückständigen Stadiums innerhalb der industriellen Revolution die Vorfertigung als Ableger aus Großbritannien nachweisen läßt; zum anderen, weil daraus folgt, daß die Literatur, auf die ich mich in diesem Abschnitt beziehe, vorwiegend aus dem angelsächsischen Sprachraum stammt. Generell wird im englischen Sprachgebrauch nicht zwischen Prefabrication und Industrialized Building unterschieden; präzise gesprochen bedeutet ‚Prefabrication' Vorfertigung, eine Methode des industriellen Bauens (zum Problem der Begriffsunklarheit siehe auch Abschnitt 1).

19 „Cottage" ist ein Sammelbegriff für einen im England des 19. Jahrhunderts wichtigen Wohnhaustyp für Arbeiter und Handwerker ohne großen Wirtschaftsteil und ohne eigene Felder. In seiner eigentlichen Wortbedeutung meint „Cottage" kleine Hütte, kleiner Stall bzw. ein architektonisch ländliches 1-Raum Wohnhaus (vgl. auch Geist/Kürvers 1981: 33). Dieser Haustyp wird Ende des 18. Jahrhunderts Vorbild für das Industriearbeiter-Wohnhaus. In seiner einfachsten Form, als einzeln stehendes Haus mit zwei nebeneinander liegenden Räumen, wird es Prototyp des vorgefertigten Hauses und in die englischen Kolonien exportiert.

20 Ursache für den Krieg war die russische Forderung an das osmanische Reich, den christlichen Untertanen eine privilegierte Stellung einzuräumen und sie unter russische Schutzherrschaft zu stellen; diese wurde mit britischer Unterstützung abgelehnt. Rußland besetzte Donaufürstentümer, und mit der Einnahme der Festung von Sewastopol durch Engländer und Franzosen wurde eine militärische Entscheidung herbeigeführt. Rußland mußte sich zurückziehen, und die Christen wurden unter den Schutz der Großmächte gestellt.

21 Auf die initiierende Rolle des Staates bei der Beschleunigung der Mechanisierung des Produktionsprozesses schon vor der industriellen Revolution macht Lewis Mumford aufmerksam: „Standardisierung, Vorfabrikation und Massenproduktion wurden alle zuerst in staatlichen Waffenarsenalen, vornehmlich in Venedig, eingeführt, Jahrhunderte vor der industriellen Revolution." Mumford verweist zugleich darauf, daß „wir uns darüber klar sein müssen, daß von Anfang an die düstere Atmosphäre des Schlachtfeldes und des Waffenarsenals über dem gesamten Bereich der industriellen Erfindungen lag und das zivile Leben beeinflußte". (Mumford 1974: 504)

22 *Space, Time and Architecture* avancierte zu einem Standardwerk der modernen Architekturgeschichtsschreibung: Bei einer Repräsentativbefragung amerikanischer Architekturlehrer Ende der siebziger Jahre stand dieses Werk an erster Stelle der unverzichtbaren Bücher. Nach Sokratis Georgiadis, dem Biographen Giedions, evozierte es eine breite Gemeinschaft von Architekten, Architekturtheoretikern, -kritikern und -historikern, die sich um die Aussagen Giedions scharrte. Damit erhielten seine Aussagen für lange Zeit eine fast unbezweifelte Gültigkeit (vgl. Georgiadis 1992: 111ff.).

23 Zitiert nach Giedion 1989[4]: 181

24 Schon damals erkannten Wohnungsbau-Investoren das Potential von Fertigbeton für die kommerzielle Verwertung, „who generally were interested in a smaller, and lighter, scale of components. [...] these elements could be easily assembled by unskilled labor“ (Herbert 1984: 13).

25 Zitiert nach Herbert 1984: 13

26 Zitiert nach Herbert 1984: 3

27 Auf den nationalsozialistischen Ursprung des Begriffs „sozialer Wohnungsbau“ verweisen Harlander und Fehl (1986: 107). Dementsprechend kam diesem Begriff in der nationalsozialistischen Ideologie auch eine bestimmte Bedeutung zu, die hier nur kurz skizziert werden kann: Der Nationalsozialismus verstand sich als Lehre vom „Volksganzen“, von der „Volksgemeinschaft“. Die sozialen Fragen wurden dabei grundsätzlich in den nationalen Fragen gelöst. Dabei stand der soziale Wohnungsbau für die Gesamtheit des „Volkskörpers“, und nicht wie in der Nachkriegszeit in der BRD für ein Wohnungsbaukonzept, das soziale Benachteiligungen berücksichtigen und ausgleichen will. In der DDR wurde die Verwendung dieses Begriffes, wie vieler anderer nationalsozialistischer Termini, vermieden. Der eigentliche Ursprung des Begriffes ist noch nicht endgültig geklärt, aber er sollte den überkommenen Begriff des „Volkswohnungsbaus“ aus dem Kaiserreich ersetzen und diente als Kampfbegriff der Deutschen Arbeitsfront im Sinne des „vorbildlichen Sozialstaates“. Mit Sicherheit bleibt zu konstatieren, daß der Begriff parteiideologisch konnotiert war und in der westdeutschen Verwendung „entnazifiziert“, d.h. rein äußerlich gesäubert (vgl. Harlander/Fehl 1986: 107) worden ist.

28 Zitiert nach Harlander/Fehl 1986: 19

29 Ernst Neufert wurde 1926 mit 26 Jahren Professor und Leiter der Architekturabteilung an der neugegründeten Staatlichen Bauhochschule Weimar und unternahm 1932/1933 verschiedene Vortragsreisen zur Propagierung seiner Standardisierungsvorstellungen, die ihn auch in die Sowjetunion führten (vgl. Voigt 1993). „Obwohl Ernst Neufert ein Bauhäusler der Weimarer Periode war, ist die Nähe zum Gedankengut des Bauhauses Dessau mit Händen zu greifen. Die Aura strenger Rationalität und der Glaube an den Nutzen einer umfassenden Systematisierung und Normung verweisen auf Ideen, wie sie in den zwanziger Jahren von Walter Gropius und Ludwig Hilberseimer propagiert worden waren.“ (ebd.: 180/81)

30 „Revolutionär war die Bauentwurfslehre durch ihre bis heute kaum veränderte Bildersprache, die Teile des Buches in die Nähe von Comics rückte. [...] So besteht die Bauentwurfslehre aus winzigen (geschlechtsspezifische Rollen festschreibende, C. H.) Strichzeichnungen, die nicht mehr Textillustration sind, sondern die notwendigen Aussagen selber transportieren.“ (Voigt 1993: 182)

31 Voigt zufolge beträgt die Auflage bis 1993 400.000, und es existieren zahlreiche Übersetzungen, u.a. ins Russische und Japanische.

32 „Das Ergebnis überholte selbst die kühnsten Wohnmaschinen-Phantasien der zwanziger Jahre. Im Unterschied zu den Vorschlägen der zwanziger Jahre dachte Neufert nicht daran, in der Fabrik gefertigte Rohbauteile an der Baustelle zusammenzusetzen, wie es unter Ernst May bei den Frankfurter »Plattenhäusern« praktiziert worden war. Bei ihm ist die Fabrik beweglich,

sie wird als mobile ,Hausbaumaschine' an jeder Baustelle neu installiert und wieder zerlegt. Als wandernde Schalung, die von Haus zu Haus auf Schienen vorwärtsrollt, hinterläßt sie an der Rückseite eine aus Beton gegossene fünfgeschossige Hauszeile von beliebiger Länge. Am Kopf der Maschine werden die Baumaterialien angeliefert (Beton für den Rohbau, Fertigteile für den Ausbau) und durch einen Aufzug in das gewünschte Stockwerk befördert." (Voigt 1993: 188)

33 Zitiert nach Voigt 1993: 191

34 ECA = Economic Cooperation Administration (Finanzierungsinstitut für den Wiederaufbau)

35 Hoscislawski errechnete einen Anteil an Fertigteilwohnungen in der Bundesrepublik „von 4% zu Beginn der statistischen Erfassung (1966) auf den Höchstwert von lediglich 9% (1974)" und „6% (1987)". „Seine größte Bedeutung erreichte der Montagebau [...] bei der Errichtung von Eigenheimen." (Hoscislawski 1991: 200 u. 203)

36 Quelle: Berthold 1970: 6

37 Ein Blick auf die Erscheinungsdaten der für diesen Teil verwendeten Literatur macht deutlich, daß sowohl deutschsprachige als auch französische Veröffentlichungen vor allem aus den siebziger Jahren stammen. Da aufgrund der generell sehr dünnen Literaturbasis diese Übersicht nur unvollständig sein kann, verweist sie auf ein weiteres Forschungsdefizit, das einer Verbesserung harrt.

38 Zitiert nach Chan-Magomedow 1983: 582

39 Zitiert nach Chan-Magomedow 1983: 582

40 Zitiert nach Kosel 1989: 58

41 Eine Aufgabe, der der Architekt Gerhard Kosel von nun an sein weiteres Leben widmen sollte und die ihm Erfahrungen und Qualifikationen verschaffte, die ihn zum idealen ,system builder' in der DDR machten (vgl. Abschnitt 3).

42 Bis zur Verwaltungsreform 1952 war die DDR in 5 Länder und 132 Kreise, danach in 14 Bezirke, 217 Kreise und das Stadtgebiet von Groß-Berlin gegliedert (Gesetz über die weitere Demokratisierung des Aufbaus und der Arbeitsweise der staatlichen Organe in den Ländern der DDR, in: Gbl. 1952: 613ff.).

43 Im Vorwort der hier zitierten Darstellung zur *Geschichte von Kunst und Architektur der DDR* von 1945–1959 heißt es, daß die Abschnitte zur Geschichte der Architektur und des Städtebaus bis zu den sechziger Jahren von einem Forschungskollektiv der Bauakademie der DDR geschrieben wurden, dem Adalbert Behr, Rolf-Dieter Meissner und Thomas Topfstedt angehörten.

44 Zu den Hintergründen dieser Reise vgl. Hain 1992

45 Die Industrialisierung umfaßte das gesamte Bauwesen der DDR, d. h. auch die in dieser Arbeit nicht behandelten Bereiche des Industrie- und Landwirtschaftsbaus. Diese erfolgten später als beim Wohnungsbau. So entstand der erste Muster- und Experimentalbau 1962 als Baumwollspinnerei in Leinefelde. Die Notwendigkeit der Industrialisierung des Industrie- und Landwirtschaftsbaus aber wurde mit den gleichen Argumenten wie für den Wohnungsbau begründet. (s. a. Kompaktbau 1963; Archiv-Kosel, Gruppe 12–4)

46 Im Hauptreferat *Die neuen Aufgaben im nationalen Aufbau* analysiert der 1. Sekretär des Zentralkommitees der SED, W. Ulbricht, die Lage im Bauwesen und entwickelt als vordringlichste Aufgabe die Maßnahmen zur Industrialisierung des Bauens (Ulbricht 1955: 5).

47 *O schirokom wnedrenii industrialnych metodow, ulutschenii katschestwa i snischenii stoimosti stroitelstwa* = Über die Einführung industrieller Methoden in großem Maßstab, die verbesserte Qualität und die gesenkten Baukosten

48 Rudolf Schüttauf wurde 1975 Direktor des Instituts für Technik und Mechanisierung der Bauakademie der DDR. Zuvor hatte er leitende Positionen in Bereichen der Entwicklung einer einheitlichen wissenschaftlich-technischen Politik bei der Rationalisierung von Fertigungsprozessen, insbesondere der Großtafelbauweise. Diese Aufgabe war auch Arbeitsschwer-

punkt der aus Kapazitäten des Zentralinstituts Einheitssystembau und des Instituts für Wohnungs- und Gesellschaftsbau gebildeten Institution. (vgl. Chronik 1979: 174)

49 Siehe Anm. 47

50 Ein Indiz für die Schwerpunktsetzung in der Politik ist die Verteilung und Finanzierung von Forschungskapazitäten. So waren etwa in der führenden bauwissenschaftlichen Institution der DDR, der Bauakademie, ca. 6000 Mitarbeiter beschäftigt. Wovon am für den Städtebau und Architektur zuständigen Institut nur ca. 300 Mitarbeiter beschäftigt waren. Ca. 5700 Mitarbeiter waren in Instituten beschäftigt, die die Entwickling von Technologie und Ökonomie im Bauwesen zur Aufgabe hatten.

51 Vgl. hierzu z.B. Hoffmann (1972), der sich wiederum auf eine Arbeit von Dorothea Faber stützt.

52 Quelle der Zahlen: Statistisches Jahrbuch der DDR 1989: 105

53 Am Kongreß, der unter Leitung des Dresdener Professors Ernst Lewicki, stand, nahmen auch Spezialisten aus dem sogenannten kapitalistischen Ausland wie Finnland und Bundesrepublik Deutschland teil (vgl. Lewicki 1955).

54 In der *Chronik Bauwesen* heißt es dazu: „Der Bau wird in Auswertung sowjetischer Erfahrungen von einem Kollektiv der Deutschen Bauakademie unter Leitung von Karl Heinz Schultz vorbereitet und durchgeführt. Die von dem Kollektiv erarbeiteten Unterlagen und Ergebnisse des Versuchsbaus sind Ausgangspunkt für die Entwicklung der Plattenbauweise in der DDR und Grundlage für den Bau des Plattenwerkes in Hoyerswerda, des ersten Plattenwerkes der Republik." (Chronik 1974: 82)

55 Vgl. den Abschnitt „Der Wiederaufbau in der DDR, a) Startbedingungen" und „Aufbaumodelle in der Bundesrepublik, d) Planungen und Wettbewerbe" in Klaus v. Beyme (1987). Des weiteren die Debatte in der Zeitschrift *Neue Bauwelt*, die Anfang der fünfziger Jahre um das Architektenbild der Zukunft geführt wurde, und an der sich namhafte DDR-Architekten wie Hermann Henselmann beteiligten.

56 „Das dänische und die französischen Plattenbausysteme hatten eine gute Qualität, eine gute Ausstattung, Funktion und Architektur. Deshalb orientierte sich das Bauwesen der DDR an diesen technisch-konstruktiven Parametern: z.B. durch die Übernahme der Laststufe 5 mp und die Größe der Außenwandplatte von 3.60 x 2.80 Metern." (Expertengespräch mit Günter Hirschfelder vom 4.12.1992)

57 Robert von Halász, geb. 1901, war von 1948 bis 1973 ordentlicher Professor für Baukonstruktion an der Technischen Universität Berlin. Er entwickelte während und vor dem Zweiten Weltkrieg die statischen und konstruktiven Grundlagen des deutschen Fertigteilbaus. Seine Erkenntnisse hat er in dem grundlegenden Werk *Industrialisierung der Bautechnik* (1966) dargelegt. Im Vorwort dieser Arbeit, die heute noch zur Lehrbuchsammlung der Architekturbibliothek der Technischen Universität Berlin gehört, beschreibt sich Halász als jemanden, „der Vorfertigung in der Bautechnik von 1935 an bis zum heutigen Tage praktisch tätig miterlebt" (Halász 1966: IX) hat. Besonders lag dem Autor bei der Konzeption seines Plädoyers für das industrielle Bauen die Zeit des ‚Dritten Reiches' am Herzen: „Dann lag mir daran, besonders die anfängliche Entwicklung der Vorfertigung in der Bautechnik mit ihren Motiven und Zwängen in den Jahren 1935 bis 1945 an Beispielen bis ins Detail zu schildern, damit der Leser auf diese Weise den besonderen Geist industriellen Entwerfens erfasse, der sich von der traditionellen Haltung beim individuellen Entwurf handwerklich auszuführender Bauten grundsätzlich unterscheidet." (ebd.)

58 Expertengespräch mit Günter Hirschfelder vom 4.12.1992

59 Expertengespräch mit Gerhard Kosel am 7.3.1993

60 Expertengespräch mit Robert von Halász am 9., 16. und 18.2.1994

61 Auch bei dieser Formulierung fällt wieder die Ähnlichkeit mit denen von Chruschtschow auf, auch wenn dieser als Referenz nicht angegeben wird.

62 Die Durchsicht eines einzigen Jahrganges dieser Zeitschrift, in meinem Fall der von 1957, verdeutlicht die Intensität und Offenheit dieser Debatte. Zumeist unter der Rubrik „Aussprache" äußerten viele Architekten ihre Befürchtungen zu den Folgen der Industrialisrung des Bauens. Schwerpunkt der Debatte war die Diskussion um die nationale Form, das verdeutlicht schon allein eine beliebige Auswahl an Titeln dieser Beiträge: „Wohnungsbauformen und moderner Städtebau", „Über das Problem der nationalen Form", „Bedeutet das industrielle Bauen einen Verzicht auf die Weiterentwicklung nationaler Formen im Städtebau und in der Architektur", „Form und Inhalt bleiben immer dialektische Gegensätze" [...] etc. (vgl. DA 1957)

63 An dieser Stelle sind zwei Schlüsselromane zu nennen, die hierfür exemplarisch sind. Zum einen handelt es sich um den 1974 erschienenen Roman *Franziska Linkerhand* von Brigitte Reimann und den 1984 publizierten Roman *Morisco* von Alfred Welm. Da Morisco in seiner expliziten Kritik des industriellen Bauens von der DDR-Literaturkritik schon kaum mehr zur Kenntnis genommen wurde, blieb eine breite öffentliche Debatte über die Probleme in den Neubaugebieten und bei der Konzeption von sozialistischen Städten, wie sie *Franziska Linkerhand* noch ausgelöst hatte, aus (ausführlicher hierzu vgl. Hannemann 1992b).

64 Der daraus resultierende Reisebericht beinhaltete neben einer genauen Darstellung der Besichtigungsorte und Gesprächspartner eine sachliche Darstellung der Probleme bei der Einführung der Plattenbauweise in die Bauproduktion: „Es kann gesagt werden, daß die Delegation ihre Aufgabe gemäß Ministerratsbeschluß erfüllte. Lediglich das Problem der Plattenbauweise konnte nicht restlos geklärt werden. Diese Bauweise, welche vor allem im Ural in Magnitogorsk angewandt wird (einer der Arbeitsorte Kosels bei seinem SU-Aufenthalt – C. H.), konnte infolge der kurzen Zeit nicht besichtigt werden." (Bericht, o.J.: 15)

65 Vgl. dazu Hoscislawski 1991: 210ff.

66 Vgl. Parteiarchiv: IV 2/606/1, IV 2/606/8, IV 2/606/8/1, IV 2/606/11–16, IV 2/606/10, IV 2/606/56, IV 2/606/66 und IV 2/606/69

67 „AWG" – Abkürzung für den genossenschaftlich organisierten Wohnungsbestand der DDR

68 Dies führte, trotz seiner Bereitschaft, die Industrialisierung zu fördern, und seiner hochrangigen politischen Position, 1961 zu seiner Amtsenthebung.

69 Hans Schmidt, der von 1930 bis 1937 mit der Gruppe Ernst May in der Sowjetunion war, gehörte nach Flierl 1993 zum rationalistischen Kern der modernen Architektur und arbeitete von 1955 bis 1969 in der DDR als Leiter der architekturtheoretischen Forschung an der Deutschen Bauakademie. Seine in dieser Zeit vorwiegend theoretischen Arbeiten behandelten den sozialistischen Städtebau und architekturästhetische Fragen auf der Grundlage des industriellen Bauens.

70 Auch der Mitarbeiter und „Kampfgefährte" von Gerhard Kosel Benny Heumann, bis 1972 Stellvertretender Leiter der Abteilung Bauwesen beim Zentralkomitee der SED, hat bei Konzeption und Durchsetzung des industrialisierten Wohnungsbaus eine wichtige, künftig noch genauer zu definierende Rolle gespielt.

71 Als Beispiel für einen typischen ‚system builder' dieser Kategorie beschreibt Hughes 1990 Walther Rathenau. Dieser hatte beim Aufbau der Elektroindustrie in Deutschland eine Schlüsselstelle, die weit über die Rolle eines typischen Industriellen und Kapitalisten hinaus ging: „Walter Rathenau entwickelte sich zu einem Finanzier-‚system builder', der die Zusammenarbeit von Staat und Wirtschaft sehr geschickt vorantrieb." (Hughes 1990: 11)

72 So charakterisiert Hughes z.B. die Rolle von Thomas Alva Edison bei der Entwicklung des US-amerikanischen Energieversorgungsnetzes als Erfinder-Unternehmer (inventor-entrepreneur): „Edison invented systems, including an electric light system that took form as the

Pearl Street generating station and distribution network of the Edison Electric Illuminating Company. [...] Edison was an holistic conceptualizer and determined solver of the problems associated with the growth of systems." (Hughes 1983: 18ff.)

73 Hellige wertet diese Verallgemeinerung der Begrifflichkeit nicht nur positiv: Er weist vielmehr auf die Gefahr hin, daß „sehr heterogene und divergente Phänomene des historischen Prozesses einem abstrakten, letztlich doch technikfixierten Systembegriff" (Hellige, 1990: 32) untergeordnet werden. Für meine Fragestellung ist dieser Nachteil zunächst nicht relevant, da ich den Ansatz von Hughes in eine übergeordnete Theorie staatssozialistischer Systeme einbinde.

74 Eine mögliche Interpretation des industrialisierten Wohnungsbaus in der DDR als Großes Technisches System wird in Abschnitt 6 diskutiert; dort findet sich auch eine ausführliche Darstellung des Konzepts.

75 Dieses Ignorieren des Koselschen Beitrags mag darauf zurückzuführen sein, daß es bisher an einer geschlossenen Aufarbeitung der Geschichte des Bauwesens der DDR fehlt. Die wenigen vorliegenden Interpretationen von DDR-Wissenschaftlern, so z.B. die Arbeit von Topfstedt (1988), waren gewiß durch die Tatsache beeinflußt, daß Kosel, der auf dem V. Parteitag der SED in das Zentralkomitee gewählt worden war, bereits auf dem VII. Parteitag wieder aus dem Zentralkomitee der SED entfernt wurde (Archiv-Kosel, 1992: Gruppe 13–19). Er wurde auf eine politisch unbedeutende Position abgeschoben. Hinzu kommt, daß Kosel aus der Sicht der Baugeschichtsschreibung nicht als Architekt wahrgenommen wurde, sondern als Staats- und Parteifunktionär. Eine angemessene Einschätzung Kosels findet sich in der westdeutschen Darstellung von Hoscislawski, ohne aber hinreichend ausgeführt und begründet zu sein (vgl. Hoscislawski 1991: 151f.)
In der persönlichen Erinnerung der von mir interviewten DDR-Bausachverständigen hingegen wird Gerhard Kosel als für die Industrialisierung des Bauens verantwortliche Person genannt – wenn auch erst nach ausdrücklichem und beharrlichem Nachfragen.

76 Nach Hughes ist es für das Verständnis des „system builders" wesentlich, „welche verhaltensprägenden Vorstellungen, welches Bezugssystem ihm Ausbildung und Berufserfahrung vermittelten" (Hughes 1990: 9). In meinem Anwendungsfall müssen diese Kriterien noch um die Bedeutung des politischen Werdegangs ergänzt werden.

77 Technische Hochschule Charlottenburg, heute Technische Universität Berlin

78 In diese Zeit fiel die Abrechnung der aus Moskau gekommenen Parteiführer (Gruppe Ulbricht) mit den Westemigranten.

79 Archiv Gerhard Kosel a. a. O., Gruppe 12–1

80 Zwar gibt es für das Gespräch mit Ulbricht keine zusätzlichen Belege, aber die im Archiv Gerhard Kosel vorliegenden Dokumente, die alle auch im Archiv des Ministeriums für Bauwesen vorhanden sind, belegen den maßgeblichen Einfluß Kosels. Die Fremdeinschätzung durch Experten des DDR-Bauwesens, so gesprächsweise Günter Hirschfelder, Werner Grundmann, Heinz Graffunder, bestätigt ebenfalls seine zentrale Rolle.

81 An dieser Stelle seiner autobiographischen Darstellung verweist Kosel auf die Mitautorenschaft von Benny Heumann (s. a. Anm. 70) an dieser entscheidenden Studie: „Einen beträchtlichen Anteil an der Erarbeitung der Studie, insbesondere der Auswertung der Ergebnisse der Moskauer Baukonferenz von 1954, hatte Diplomingenieur Benny Heumann, der [...] in leitender Funktion in der Abteilung Bauwesen des Zentralkomitees der SED tätig war" (Kosel 1989: 172).

82 Die Pläne von Nowokusnezk wurden in Moskau unter der Leitung von Ernst May ausgearbeitet. Für die Bauausführung sollten die modernen, in Deutschland erprobten Technologien und standardisierte Bauelemente angewandt werden.

83 den Abschnitt *Beispiel Sowjetunion*

84 Diese Auffassung von der Art und Weise der sozialistischen Gemeinschaftsarbeit auf der Leitungsebene wurde bis zum Ende der DDR beibehalten (vgl. auch Anm. 93).

85 Gerhard Kosel (1993): Das Komplott, unv. Manuskript, Archiv Christine Hannemann

86 Zitiert nach Kosel 1989: 315/316

87 Das „Plattenbauinstitut" der Deutschen Bauakademie war „die zentrale wissenschaftliche Forschungseinrichtung auf dem Gebiet des Wohnungs- und Gesellschaftsbaus" (Chronik 1974: 384). 1971 war das Jahr, in dem intensive Vorbereitungen für das Wohnungsbauprogramm der DDR gestartet wurden, was eine Umstrukturierung der Forschungskapazitäten des Bauwesens auf den Schwerpunkt „Industrieller Wohnungs- und Gesellschaftsbau in Großtafelbauweise" zur Folge hatte.

88 Nach meinen Erkenntnissen gibt es keine weiteren Arbeiten die sich mit der theoretischen Begründung der Umstrukturierung des Bausektors aus marxistisch-leninistischer Sicht beschäftigen.

89 Bei der Durchsicht der Archivmaterialien von Gerhard Kosel fällt der dauernde „Kampf" von Kosel gegen die Formulierung „Industrialisierung des Bauwesens" auf: Alle Vorlagen, Anschreiben u.ä., die Kosel von staatlichen Institutionen usw. bekam, sind von ihm beharrlich, aber erfolglos, korrigiert worden.

90 Zitiert nach Testa 1972: 165

91 Auch hier wird, wie in den meisten Dokumenten, die eigentliche Zielsetzung, die Entmachtung der Kreise und Bezirke, als Stärkung der demokratischen Basis umgedeutet.

92 Die *Deutsche Bauakademie* wurde zum 19.7.1972, infolge der „Zwei-deutsche-Nationen-Theorie" der Honecker-Ära, wie fast alle anderen Institutionen und Medien, die zu diesem Zeitpunkt in ihrem Titel das Attribut „deutsch" führten, in *Bauakademie der DDR* umbenannt.

93 Diese Unterordnung wird auch an personellen Aspekten deutlich: So war z.B. der letzte Präsident des Bundes deutscher Architekten der DDR, Ewald Henn, zugleich Direktor des Institutes für Wohnungs- und Gesellschaftsbau der Bauakademie der DDR.

94 Quelle: Broschüre 1964: 30/31

95 Quelle: Gesamtdeutsches Institut 1980: 804ff. (Die Übersicht konnte nur in dieser Form erstellt werden, da bisher erstaunlicher Weise keine zusammenfassenden Darstellungen über die DDR-Wohnungbaukombinate existiert.)

96 Die Kombinate verkörperten laut offizieller Lesart den „neuen Typ der Organisation und Leitung der Volkswirtschaft" und waren Ausdruck „der Vervollkommnung der gesellschaftlichen Organisation der Produktion" (Eigner et al. 1988: 6). Die Überleitung der DDR-Volkswirtschaft in große Wirtschaftseinheiten erfolgte schrittweise: 1. Ende der fünfziger Jahre erfolgte die Bildung von Vereinigungen Volkseigener Betriebe (VVB). 2. Mitte der sechziger Jahre wurden die VVB den neugebildeten Industrieministerien unterstellt. Während im Bauwesen dieser Prozeß schon Ende der fünfziger Jahre begonnen wurde und die Wohnungsbaukombinate 1963 gegündet wurden, erfolgte der Zusammenschluß aller anderen VVB zu Kombinaten 1967 oder später. D.h. 1978 entstanden weitere Kombinate und bestehende wurden grundlegend umgebildet. Noch 1981 wurde auch in der bezirksgeleiteten Industrie die überwiegende Zahl der Betriebe zu Kombinaten zusammengeschlossen (vgl. Eigner et al. 1988ff.). Die Kombinate bildeten den Kernbestand der Wirtschaftsstruktur der DDR.

97 Aus: Autorenkollektiv 1986: 18

98 Aus: Vogeé 1964: 6

99 Am 7. Februar 1963 berief der Ministerpräsident der DDR, Otto Grotewohl, den bisherigen Staatssekretär und 1. Stellvertreter des Ministers für Bauwesen, Wolfgang Junker, zum Minister für Bauwesen; der Vorgänger E. Scholz schied wegen Krankheit aus diesem Amt aus (vgl. Chronik 1974: 211/212).

100 Obwohl der wissenschaftliche Beleg an dieser Stelle fehlt, soll hier eine Vermutung wiedergegeben werden, die diese erstaunliche Tatsache erklärt. Wolfgang Junker war der Schwiegersohn Willi Stophs, der bis 1989 Vorsitzender des Staatsrates der DDR war. Dadurch waren Junker und seine Mitstreiter natürlich geschützt.

101 TGL = Technische Normen, Gütevorschriften und Lieferbedingungen (Zeichen für technische Standards der ehemaligen DDR)

102 Handschriftliche Notiz Kosels in der entsprechenden Direktive des Ministeriums für Bauwesen, vom 20.7.1992 (Quelle Archiv Kosel, Gruppe 12–5)

103 Quelle der Zahlen: BMBau 1992: 1

104 Aus dieser Sichtweise heraus erklärt sich auch die jahrzehntelange Vernachlässigung der Altbausubstanz und die systematische Reduzierung der Sanierungskapazitäten im Bausektor: Die aus der kapitalistischen Gesellschaft überkommene Stadtstruktur und Wohnbausubstanz wurden als gesellschaftlich überholt betrachtet.

105 Vgl. hierzu z.B. Meyer/Schulze: Auf Grund der starken Bevölkerungsverluste und des Geburtenrückgangs richtete sich die SED-Familienpolitik ab den sechziger Jahren zunehmend auf die generative Funktion der Familie (Meyer/Schulze 1992: 10ff.). Das wirkte sich wohnungspolitisch vor allem auf die bevorzugte Wohnraumvergabe an junge Familien in den siebziger und achtziger Jahren aus und hatte den überwiegenden Bau von 3-Raum-Wohnungen zur Folge, löste aber keine grundsätzlich neuen Überlegungen zu Grundriß (z.B. Vergrößerung der schon lange kritisierten zu kleinen Kinderzimmer) und Wohngebietsstruktur aus.

106 In der verökonomisierten DDR-Gesellschaft wurde durch die marxistisch-leninistische Soziologie versucht, die Bedeutung der außerproduktiven Bereiche durch ihre Definition als Funktionsträger für die Intensivierung der Produktivkräfte zu steigern; zum Schlüsselbegriff avancierte der Terminus „soziale Triebkräfte“. So wurden ab Mitte der siebziger Jahre alle Forderungen der Weiterentwicklung der außerproduktiven Bereiche als Möglichkeit zur Steigerung der Triebkräfte für die Produktion interpretiert. Als wichtigste theoretische Leistung auf diesem Gebiet wird der Ansatz von Manfred Lötsch, in dessen Mittelpunkt die These von der „Triebkraftfunktion sozialer Unterschiede“ (Lötsch 1981a, 1981b) steht, gesehen. Die von Lötsch (1981a) formulierte These geht von der Erkenntnis aus, daß eine Steigerung der Effizienz des „wissenschaftlich-technischen Fortschritts“ nur durch eine stärkere Berücksichtigung und Förderung individueller Besonderheiten erfolgen kann. Diese Forderung stand im krassen Gegensatz zum immer noch postulierten Gleichheitsprinzips auch der entwickelten sozialistischen Gesellschaft (Programm der SED 1982: 56). Lötsch bot der marxistisch-leninistischen Theorie eine Brücke an, auf der das Gleichheitspostulat quasi unterlaufen werden konnte. Die in den achtziger Jahren erarbeitete Position, soziale Unterschiede als „Triebkräfte der sozialistischen Gesellschaft“ anzusehen, hatte für den Wohnungsbau keine Bedeutung mehr, da schon seit den sechziger Jahren keine Debatten mehr zur Differenzierung von Wohnbedingungen geführt wurden.

107 Vgl. Anhang 2: Typische Grundrisse der WBS 70

108 Anm. 101

109 Der ununterbrochene, stolze Verweis der DDR-Führung, man würde auf Platz 10 auf der Liste der führenden Industrieländer stehen, ist eines der vielen Indizien für dieses Selbstverständnis.

110 Vgl. exemplarisch die Auseinandersetzung mit diesem Gesellschaftskonzept bei Flierl (1973). Er untersuchte die *Industriegesellschaftstheorie im Städtebau*, um „diese bürgerlichen Konzeptionen einer marxistisch-lenistischen Kritik zu unterziehen und im Zusammenhang damit den Antagonismus zwischen bürgerlicher und marxistisch-leninistischer Ideologie als Reflex des objektiv gegebenen Antagonismus zwischen der gesellschaftlichen Praxis im Kapitalismus

und Sozialismus auf dem Gebiet des Städtebaus und der Architektur bewußt zu machen, [...]." (Flirl 1973: 14)

111 Zitiert nach Zimmermann 1976: 45

112 Aus: Vogel 1966: 18

113 Eine die Diskussion initialisierende und kanalisierende Wirkung hatte dabei insbesondere der 1974 erschienene Roman *Franziska Linkerhand* von Brigitte Reimann.

114 Teilnehmer dieses Rundtischgespräches waren: Horst Berger, Kurt Krambach, Arthur Meier, Rudhard Stollberg, Rudi Weidig und Werner Teichmann.

115 Vgl. als Übersicht über Entstehungszeitraum und Standorte der Großsiedlungen in der DDR: BMBau 1991: 13ff.

116 Die erste und eine der wichtigsten Untersuchungen zum Vergleich von Alt- und Neubaugebieten wurde 1967 als Gemeinschaftsprojekt des Instituts für Städtebau und Architektur der Deutschen Bauakademie und der Fachrichtung Kulturtheorie am Institut für Gesellschaftswissenschaften beim Zentralkomitee der SED durchgeführt (Autorenkollektiv 1974).

117 In dieser Gruppe arbeiteten Fritz Böhme, Bruno Flierl, Siegfried Grundmann, Heinz Kroske, Harry Wersenger und Fred Staufenbiel.

118 Der vormals als „Biesdorf-Marzahn" bezeichnete Stadtteil umfaßt die heutigen Wohngebiete I, II und III in Berlin-Marzahn.

119 Anweisung Nr. 12 über die Genehmigungspflicht bei soziologischen Untersuchungenn vom 3. August 1971 (Verfügungen und Mitteilungen des Ministeriums für Hoch- und Fachschulwesen, Nr. 9, Berlin, den 15. September 19971, S. 1f.).

120 Verordnung über Rechnungsführung und Statistik vom 11. Juli 1985 (GBL I, Nr. 23, S. 261)

121 Alle juristisch relevanten Regelungen zur Duchführung soziologischer Untersuchungen in der DDR finden sich in der Dokumentensammlung eines von Heinrich Best herausgegebenen *Vademecums* (Best (Hrsg.) 1992: 170ff.)

122 NfD – „Nur für den Dienstgebrauch" war die erste Geheimhaltungstufe in der DDR.

123 VD – „Vertrauliche Dienstsache" war die nächst höhere Geheimhaltungsstufe. Die Deklaration von soziologischen Arbeiten, insbesondere der Darstellung von empirischen Untersuchungsergebnissen als VD, wurde im Laufe der Entwicklung der DDR immer restriktiver gehandhabt. Simon und Sparschuh recherchierten 1992, daß die erste VD-Arbeit zum Thema Lebensweise aus dem Jahre 1977 stammt. „Später wurden selbst Arbeiten mit Ergebnissen geringerer Reichweite ‚Seite für Seite' als ‚VD' eingestuft." (Simon/Sparschuh 1992: 19) Damit waren diese Arbeiten, Dissertationen mußten in der DDR nicht publiziert werden, nur noch schwer erreichbar.

124 Hier ist auf die verdienstvolle Zusammenstellung stadtsoziologischer Literatur der DDR, durch Ulrich Kessler (1991) aufmerksam zumachen. Gerade als Grenzgänger zwischen Ost und West kommt ihm das Verdienst zu, als erster diesen Korpus von Forschungsarbeiten gesichtet und der Fachöffentlichkeit zugänglich gemacht zu haben.

125 Uta Schäfer, Berlin, und Alice Kahl, Leipzig, sei für ihre Unterstützung bei der Recherche gedankt.

126 Die in die Auswertung einbezogenen Untersuchungen sind in der Liste aller wesentlichen sozialwissenschaftlichen Studien zu Neubaugebieten der DDR kursiv formatiert.

127 In die Liste wurden nur solche Untersuchungen aufgenommen, die explizit das „sozialistisches Neubaugebiet" zum Thema hatten, d.h. die Tabelle enthält z.B. nicht Analysen, die zum Vergleich von Alt- und Neubaugebieten durchgeführt wurden. Eine vollständige Übersicht zur umfangreichen empirischen Stadtforschung in der DDR müßte noch erstellt werden.

128 Die Erläuterungen zu den einzelnen Untersuchungen, entsprechend der in der Spalte „Institution" angegebenen Numerierung, finden sich im Anhang 1.

129 Für eine Moskauer Großsiedlung konnte die Autorin 1991 in einer Untersuchung feststellen, daß die Sozialstruktur deutlich von den sozialen Gruppen der nichtleitenden Angestellten und der Intelligenz dominiert wurde (vgl. Hannemann 1992a: 108f.).

130 Sowohl Werner (1981: 121ff.) als auch Stinglwanger (1988: 90ff.) beschreiben in ihren Untersuchungen über soziale Auswirkungen des DDR-Wohnungsbaus Erscheinungen von sozialer Segregation, die natürlich nicht mit denen in der BRD vergleichbar wären. Im übrigen ist auch die westdeutsche Großsiedlungsbevölkerung sozial relativ homogen strukturiert.

131 Aus: Werner 1981: 132

132 Werner wiederum bezieht sich bei seiner Skizze auf die Arbeit von Rytlewski und Voigt (1979) *Soziale und politische Struktur der DDR im Wandel*, in: Deutschland-Archiv, Sonderheft, S. 155ff.

133 Friedrich Rapp, Rodrigo Jokisch und Helmut Lindner haben 1980 in der Abhandlung *Determinanten der technischen Entwicklung – Strukturmodelle in der Geschichtsschreibung über die Industrialisierung in Europa* die wichtigsten Strukturierungsaspekte, unter denen die Technikentwicklung bis zu diesem Zeitpunkt behandelt wurde, dargestellt.

134 Im Unterschied zur Technik im engeren Sinne – der Sachtechnik, unter die Artefakte der Kategorie Gerät, Maschine, Apparatur und gebaute Anlage fallen, werden unter dem Oberbegriff Technik im weiteren Sinne „alle Verfahrensweisen eines Handelns und Denkens mit einbegriffen, die methodischen Operationsregeln folgen und strategisch einen bestimmten Zweck anstreben“ (Rammert 1989: 725).

135 In diesem Zusammenhang sei auf die Tatsache verwiesen, daß Techniksoziologie in der DDR, wenn überhaupt, trotz Marx nur in Ansätzen vorhanden war. Erst in den achtziger Jahren gab es ernsthafte Bemühungen, am Institut für Soziologie der Humboldt-Universität eine techniksoziologische Forschung zu installieren, die Parallelen zur „üblichen“, ideologiefreien Technikforschung aufwies (vgl. Ettrich 1988).

136 Nach den Erläuterungen zum Begriff der Industrialisierung liegt es auf der Hand, daß diese Bestimmungen natürlich auch für den Wirtschaftsbereich Bauen gilt. Ohne hier eine ausgedehnte Modernisierungsdebatte zur Deutung des Transformationsprozesses der DDR-Gesellschaft führen zu können, wird deutlich, daß nach modernisierungstheoretischen Aspekten das Bauwesen der DDR moderner war als das der alten BRD. Dieses Argument reiht sich insgesamt in die Liste der Vorbehalte gegenüber der Auffassung ein, beim Umbau der ehemaligen DDR handele es sich, nach Jürgen Habermas 1990, um eine nachholende oder, nach Dieter Klein 1990, um eine doppelte Modernisierung.

137 Auf die Monotonie, die durch die Anwendung der WBS 70 erzeugt wurde, und die Nichteignung dieses Systems für das notwendige innerstädtische Bauen, reagierte man ab Mitte der achtziger Jahre mit verschiedenen bezirklichen Weiterentwicklungsprojekten, die aber alle auf der WBS 70 aufbauten. Die Weiterentwicklung bestand darin, daß die WBS 70 für das innerstädtische Bauen z.B. eine Erkerausbildung und die Verwendung historisierender Fassadenelemente wie beispielsweise am Berliner Platz der Akademie zu ließ. (Katalogwerk 1983, 1984 u. 1986) An der Konzeption der inneren Strukturen dieses Wohnungstyps wurde nichts geändert. Da diese Bauweise aber erhebliche Mehrkosten verursachte, wurde sie ausschließlich bei innerstädtischen Prestigeobjekten angewendet. Dazu gehörte neben der Hauptstadt Ostberlin, z.B. auch Leipzig als internationale Messestadt.

138 Vgl. Anm. 100

139 Quelle: Archiv Alfred Schwandt (Eine Auswertung dieser Befragung wurde 1977 an der Bauakademie der DDR von Alfred Schwandt durchgeführt. Das Forschungsergebnis *Neubauwohngebiete im Urteil der Bewohner, Soziologische Analyse einer Umfrage in zwölf Neubauwohngebieten der DDR September-Oktober 1975, Forschungsbericht Berlin 1977* durfte jedoch nicht veröffentlicht und selbst in internen Zirkeln nicht diskutiert werden.)

140 Quelle: BMBau (1993): 9
141 Quelle: BMBau (1993): 10
142 Quelle: BMBau (1993): 11
143 Quelle: BMBau (1993): 12
144 Quelle: BMBau (1993): 13
145 Quelle: BMBau (1993): 14
146 Quelle: BMBau (1993): 17
147 Quelle: BMBau (1993): 22
148 Die im Text aufgeführten Seitenzahlen beziehen sich erstens auf die im Archivdokument angegebene Seite und zweitens auf die eigentliche Seite des Origianaldokuments (Beispiel: 12/24 = Seite Archiv/ Seite Originaldokument).
149 Aus dem Eingangsstempel des Ministeriums für Bauwesen auf der Titelseite des Materials läßt sich das Jahr 1969 als vermutlicher Termin der Fertigstellung ersehen.
150 Gerhart Ziller war zum damaligen Zeitpunkt Sekretär des Zentralkomitees der SED für Wirtschaft, Bauwesen und Verkehr.

Abkürzungen

AWG	Arbeiterwohnungsbaugenossenschaft
BA	Bauakademie der DDR
BDA	Bund Deutscher Architekten
BMBau	Bundesministerium für Bauwesen, Raumordnung und Städtebau
Bundesarchiv	Bundesarchiv, Abteilung Potsdam bzw. Zwischenarchiv Berlin
DA	Deutsche Architektur (Zeitschrift)
DBA	Deutsche Bauakademie
DiaMat	Dialektischer und historischer Materialismus
ECA	Economic Cooperation Administration
ELN	Erzeugnis- und Leistungsnomenklatur
Gbl.	Gesetzblatt der DDR
GTS	Großes Technisches System
HAB	Hochschule für Architektur und Bauwesen
KB	Kombinatsbetrieb
KPD	Kommunistische Partei Deutschlands
KPdSU	Kommunistische Partei der Sowjetunion
KPR (B)	Kommunistische Partei Rußlands (Bolschewiki)
LTS	Large Technical System
MEW	Marx-Engels-Werke
MfB	Ministerium für Bauwesen
P 2	Plattenbautyp
Parteiarchiv	Stiftung Archiv der Partei und Massenorganisationen der DDR im Bundesarchiv[148]
Q3 A	Blockbautyp
QP	Plattenbautyp
SBZ	Sowjetische Besatzungszone
SED	Sozialistische Einheitspartei Deutschland
SMAD	Sowjetische Militäradministration in Deutschland
TH	Technische Hochschule
TU	Technische Universität
VEB	Volkseigener Betrieb
VVB	Vereinigung Volkseigener Betriebe
WBK	Wohnungsbaukombinat
WBS	Wohnungsbauserie
WBS 70	Plattenbautyp
WGK	Wohnungs- und Geselschaftsbaukombinat
ZK	Zentralkomitee der SED

Literatur

AG Griesinger-Krankenhaus (1969): Sozialpsychologische und sozialpsychiatrische Untersuchungen in Wohngebieten – ein Beitrag zu psychohygienischen Aspekten des Wohnens (Zwischenbericht), unv. Man., in: Bundesarchiv 22107

Anderman, Roger C. (1981): The Manufactured Housing Alternative – Questions and Answers for Californian Communities, Salinas

Archiv Gerhard Kosel im Bundesarchiv, (1992): Katalog der Archivalien, Koblenz/Potsdam, unv. Mat.

Aßmann, Georg/Stollberg, Rudhard (1979): Grundlagen der marxistisch-leninistischen Soziologie. Berlin/Ost: Dietz Verlag

Autorenkollektiv (1972): Halle-Neustadt. Plan und Bau der Chemiearbeiterstadt, Berlin: VEB Verlag für Bauwesen

Autorenkollektiv (1974): Städtebausoziologische Probleme: Eine Studie zu grundlegenden Fragen der soziologischen Forschung für den sozialistischen Städtebau, Berlin: Bauinformation der DDR (Schriftenreihe Bauforschung, Reihe Städtebau und Architektur, H. 53)

Autorenkollektiv (1986): Sozialistische Betriebswirtschaft der Baukombinate und Baubetriebe, Berlin: VEB Verlag für Bauwesen

BA (1987): Bauakademie der DDR (Hrsg.): Mit der Kraft der ganzen Republik ... Wohnungsbau in Berlin 1984–1986. Ausgewählte Leistungen der Berliner und bezirklichen Baukombinate beim Aufbau der Hauptstadt der DDR, Berlin: Bauinformation

Baukonferenz (1955) (Die) der Deutschen Demokratischen Republik vom 3. bis 6. April 1955 (Schriftenreihe „Die Bauwirtschaft", H. 2) Berlin: VEB Verlag Die Wirtschaft

Baunormung – Bauforschung. Neue Erkenntnisse der Bautechnik, H. 1–10, ersch. 1962–1971

Beckenbach, Niels (1984): Stichwort Industrialisierung, in: Kerber/Schmieder (Hrsg.): Handbuch der Soziologie – Zur Theorie und Praxis sozialer Beziehungen, Reinbeck: Rowohlt, S. 246ff.

Bekanntmachung des Beschlusses des Ministerrats über die wichtigsten Aufgaben im Bauwesen vom 21. April 1955 (GBL 36/55 Teil I, S. 297)

Bericht über den gegenwärtigen Stand der Kaderarbeit an den Schwerpunkten des Baugeschehens, in: Vorlage für das Sekretariat des Zentralkomitees „Schlußfolgerungen über die richtige Verteilung, Umsetzung und Qualifizierung der Kader in wichtigen Abschnitten des Bauwesens" vom 19.12.1960 (Parteiarchiv: IV 2/606/10), S. 140/1ff.

Bericht über die Durchführung der Delegationsreise in die Sowjetunion im Dezember 1955 zur Übernahme von Erfahrungen in der Plattenbauweise, in: Archiv Gerhard Kosel, a.a.O., Gruppe 12–1

Berndt, Heide/Lorenzer, Alfred/Horn, Klaus (1968): Architektur als Ideologie, Frankfurt am Main

Berthold, Wolf (1970): Grundlagen der Serienfertigung in der industriellen Bauelementeproduktion, Diss., Technische Universität Hannover

Best, Heinrich (Hrsg.) (1992): Sozialwissenschaften in der DDR und den neuen Bundesländern. Ein Vademecum, Informationszentrum Sozialwissenschaften, Abteilung Berlin

Beyme, Klaus v. (1987): Der Wiederaufbau – Architektur und Städtebaupolitik in beiden deutschen Staaten, München: Pieper

BMBau (1988) Bundesministerium für Raumordnung, Bauwesen und Städtebau: Städtebaulicher Bericht – Neubausiedlungen der sechziger und siebziger Jahre – Probleme und Lösungswege. Bonn

BMBau (1991) – Bundesminister für Raumordnung und Städtebau: Vitalisierung von Großsiedlungen. Expertise. Informationsgrundlagen zum Forschungsthema Städtebauliche Entwicklung von Neubausiedlungen in den fünf neuen Bundesländern, Bonn

BMBau (1992) Bundesministerium für Raumordnung, Bauwesen und Städtebau: Wohnbauten in Fertigteilbauweise in den neuen Bundesländern – Bauformen und Konstruktionsmerkmale

BMBau (1993)Bundesministerium für Raumordnung, Bauwesen und Städtebau: Leitfaden für die Instandsetzung und Modernisierung von Wohngebäuden in der Plattenbauweise – Wohnungsbauserie 70 – WBS 70 6,3t, Bonn

Bolz, Lothar (1951): Von deutschem Bauen, Berlin: Verlag der Nation

Borngräber, Christian (1987): Hermann Henselmann, in: Ribbe/Schäche (Hrsg.): Baumeister Architekten Stadtplaner. Biographien zur baulichen Entwicklung Berlins, Berlin: Stapp Verlag, S. 559ff.

Broadbent, Geoffrey (1979): Stalinism, Architectural Design, 49, Nr. 8/9, S. 44–47

Broschüre (1964): Das funktionelle Wirken der Bestandteile des neuen ökonomischen Systems der Planung und Leitung der Volkswirtschaft, hrsg. v. Büro für Industrie und Bauwesen beim Politbüro des Zentralkomitees der SED, Berlin: Dietz

Buchholz, Arnold (1975): Die Rolle der wissenschaftlich-technischen Revolution (WTR) im Marxismus-Leninismus, in: Kölner Zeitschrift für Soziologie und Sozialpsychologie, Sonderheft Nr. 18: Wissenschaftssoziologie, hrsg. v. Nico Stehr und René König, S. 457ff.

Bude, Heinz (1991): Das Ende einer tragischen Gesellschaft, in: Leviathan H. 2, Opladen: Westdeutscher Verlag, S. 305ff.

Brüning, Rolf (1993): Perspektiven der Großsiedlungen in Foyer (Magazin der Senatsverwaltung für Bau- und Wohnungswesen Berlin) Nr. IV, 3. Jg., S. 28

Chan-Magomedow, Selim O. (1983): Pioniere der sowjetischen Architektur. Der Weg zur neuen sowjetischen Architektur der zwanziger und zu Beginn der dreißiger Jahre, Dresden: VEB Verlag der Kunst

Chancen und Grenzen der Wohneigentumsbildung in den neuen Bundesländern (1992), hrsg. vom Forschungsinstitut der Friedrich-Ebert-Stiftung Bonn (Reihe ‚Wirtschaftspolitische Diskurse' Nr. 41)

Chronik Bauwesen – Deutsche Demokratische Republik 1945–1971 (1974), hrsg. von der Bauakademie der DDR, Berlin: Bauinformation der DDR

Chronik Bauwesen – Deutsche Demokratische Republik 1971–1976 (1979), hrsg. von der Bauakademie der DDR, Berlin: Bauinformation der DDR

Chronik Bauwesen – Deutsche Demokratische Republik 1976–1981 (1985), hrsg. von der Bauakademie der DDR, Berlin: Bauinformation der DDR

Chruschtschow, Nikita (1954): Rede auf der Allunionskonferenz im Bauwesen, in: Martiny, Albrecht (1983) a.a.O., S. 167ff.

Crosbie, Michael (1984): Industrialized Building for Housing in the United States, Washington: Vance bibliographies

DA (Deutsche Architektur) 6. Jahrgang 1957, Berlin

DiaMat (1979): Lehrbuch für das Grundlagenstudium, Berlin: Dietz

Direktive zur praxiswirksamen Durchsetzung und weiteren Entwicklung des Einheitssystems Bau in den Jahren 1971/72, hrsg. vom Ministerrat der Deutschen Demokratischen Republik, dem Ministerium für Bauwesen und dem Minister Junker am 30. April 1971 als Vertrauliche Dienstsache

Doehler, Peter (1975): Probleme der Ökonomie des Städtebaus bei der Verwirklichung des Wohnungsbauprogramms, in: *Wissenschaftliche Zeitschrift der Hochschule für Architektur und Bauwesen,* 22. Jg., Heft 5/6, S. 447ff.

Durth, Werner (1986): Deutsche Architekten. Biographische Verflechtungen 1900 – 1970, Braunschweig: Vieweg

Eigner, Werner et al. (1988): Kombinate – grundlegende Wirtschaftseinheiten der Volkswirtschaft der DDR, Potsdam: Akademie für Staats- und Rechtswissenschaften der DDR (Aktuelle Beiträge der Staats- und Rechtswissenschaft; H. 370)

Elsner, Eva-Maria, (1976): Zu Problemen der Entwicklung der sozialistischen Lebensweise in Neubaugebieten: unter besonderer Berücksichtigung des Handels mit Waren des täglichen Bedarf, Diss. A an der Fakultät für Gesellschaftswissenschaften der Universität Rostock

Engelberger, Otto (1958/59): Einige Gedanken zum Einfluß der Industrialisierung auf den Städtebau und die Architektur, in: *Wissenschaftliche Zeitschrift der Hochschule für Architektur und Bauwesen Weimar,* VI. Jg, H. 3, S. 161ff.

Engels, Friedrich (1845): Die Lage der arbeitenden Klasse in England, in: Marx-Engels-Werke (1971), Bd. 2, S. 227f.

Engels, Friedrich (1872): Zur Wohnungsfrage, in: Marx-Engels-Werke (1971), Bd. 18, S. 209ff.

Engler, Wolfgang (1992): Die zivilisatorische Lücke. Versuche über den Staatssozialismus, Frankfurt/Main: Suhrkamp Verlag

Ettrich, Frank (1988): Soziologische Technikforschung, unv. Manuskript, Humboldt-Universität zu Berlin

Ettrich, Frank (1991): Neotraditionalistischer Staatssozialismus, in: PROKLA, H. 1, S. 98ff.

ExWoSt-Informationen (1991) zum Forschungsfeld „Entwicklung großer Neubaugebiete", Nr. 1, Juli

ExWoSt-Informationen (1992) zum Forschungsfeld „Entwicklung großer Neubaugebiete", Nr. 2, August

Familiengesetz der Deutschen Demokratischen Republik und angrenzende Bestimmungen (1973[5]), hrsg. vom Ministerium der Justiz (1965[1]), Berlin: Staatsverlag

FAZ-Magazin vom 3.12.93: Interview von Bernd Fritz: Warum sind die Plattenbauten nichts für Menschen, Herr Borges?, S. 58ff.

Fertigbau (Dem) die Wege ebnen (1966), Doppelheft der Zeitschrift „Moderne Gemeinde", H. 15/16, Juli

Finnimore, Brian (1989): Systembuilding and the Welfare State, London: Rivers Oram Press (eng.)

Flierl, Bruno (1973): Industriegesellschaftstheorie im Städtebau, Berlin: Akademie-Verlag (Bd. 34 d. R. „Zur Kritik der bürgerlichen Ideologie")

Flierl, Bruno (1990): Löcher im Bauch, Bruno Flierl im Gespräch mit Nikolaus Kuhnert und Philipp Oswalt, in: Arch[+], H. 103, S. 74ff.

Flierl, Bruno (1993): Hans Schmidt zum Hundertsten, in: Archithese 23. Jg., H. 5, S. 68ff.

Frank, Hartmut/Schubert, Dirk (Hrsg.) (1983): Lesebuch zur Wohnungsfrage, Köln: Pahl-Rugenstein

Friedrichs, Jürgen (1992): Soziologie in der DDR – Disziplinierung oder Selbstdisziplinierung? in: Berliner Journal für Soziologie, H. 2/3, S. 259ff.

Friemert, Chup (1984): Die gläserne Arche: Kristallpalast London 1851 und 1854, Dresden: VEB Verlag für die Kunst

Geist, Johann Friedrich/Kürvers, Klaus (1981): Versuche einer Wohnungsreform für den kleinen Mann. Zur politischen Frühgeschichte des sozialen Wohnungsbaus in Deutschland im Umfeld der 48er Revolution, in: *neue heimat* – Monatshefte, H. 3, S. 20ff.

Geist, Jonas/Kürvers, Klaus (1980): Das Berliner Mietshaus 1740–1862, München: Prestel

Geist, Jonas/Kürvers, Klaus (1989): Das Berliner Mietshaus 1945–1989, München: Prestel
Georgiadis, Sokratis (1992): Sigfried Giedion – eine intellektuellen Biographie, Zürich: Amman
Gesamtdeutsches Institut – Bundesanstalt für Gesamtdeutsche Aufgaben (1980): Verzeichnis der Kombinate der DDR, Bonn
Giedion, Sigfried (19894): Raum, Zeit, Architektur: Die Entstehung einer neuen Tradition. Zürich; München: Verlag für Architektur (engl.: 1941)
Grandke, Anita et al. (1972): Familienrecht – Lehrbuch, Berlin: Staatsverlag
Großsiedlungsbericht 1994 hrsg. vom Bundesministerium für Raumordnung, Bauwesen und Städtebau (erster Entwurf, NfD)
Grubb, Clarence A./Phares, Mary I. (1972): Industrialization: A New Concept for Housing, New York u.a.: Praeger Publishers
Grundmann, Siegfried (1989): Zur Entwicklung der territorialsoziologischen Forschung in der DDR – Versuch einer Bilanz, in: *Jahrbuch für Soziologie und Sozialpolitik 1989* „Zur Geschichte marxistischen soziologischen und sozialpolitischen Denkens", Berlin: Akademie-Verlag
Grundmann, Siegfried et al. (1985): Sozialstruktur und Lebensweise in Städten. Eine Studie (Teil 1), parteiinternes Material der Akademie der Gesellschaftswissenschaften beim Zentralkomitee der SED, Berlin
Habermas, Jürgen (1990): Die nachholende Revolution, Frankfurt/Main: Suhrkamp
Hafner, Thomas (1993): Vom Montagehaus zur Wohnscheibe. Entwicklungslinien im deutschen Wohnungsbau 1945 – 1970, Basel; Berlin: Birkhäuser (Stadt, Planung, Geschichte; Bd. 13)
Hain, Simone (1992): Reise nach Moskau. Wie Deutsche „sozialistisch" bauen lernten, in: Nachrichten aus der Vergangenheit, *Bauwelt,* 1992, Nr. 45, S. 2446–2558
Hain, Simone (1993): ‚High Noon' oder der Lange Ritt zur dritten Million, in: *Foyer* IV 93, S. 16–19
Halász, Robert v. (1966): Industrialisierung der Bautechnik. Bauen und Bauten mit Stahlbetonfertigteilen. Düsseldorf: Werner-Verlag
Hannemann, Christine (1987): Soziologische Aspekte bei der Bestimmung der Anforderungen an die Erzeugnisse des Wohnungsbaus, unv. Studie im Auftrag der Wissenschaftlichen Direktion der Bauakademie der DDR, Abteilung Prognose. Bauakademie der DDR, Institut für Wohnungs- und Gesellschaftsbau, Abteilung Prognose
Hannemann, Christine (1991): Wenn Frauen „sozialistisch" wohnen – zur Lebensweise in „Hauptwohnstandorten" (Großsiedlungen) in der DDR, in: B. Martwich (Hrsg.): *Frauenpläne. Stadtumbau, sozialer Wandel und Fraueninteressen,* Darmstadt, S. 123ff.
Hannemann, Christine (1992a): Nu mui guljajem ...: Wohnen in Moskau-Teplyi Stan – eine soziale Skizze, in: H. Bodenschatz et al. (Hrsg.): *Stadterneuerung in Moskau – Perspektiven für eine Großsiedlung der siebziger Jahre,* Technische Universität Berlin, S. 103ff.
Hannemann, Christine (1992b): Die ‚Platte' im Kontext der Ideologie der DDR. Ein Beitrag zur Thematisierung des Selbstverständnisses der DDR-Gesellschaft, in: *Archiv für Kommunalwissenschaften* H. II, S. 281ff.
Hannemann, Christine (1993): Wohnford als Weltphänomen, in: *Foyer* IV/93 (3. Jg.), S. 12ff.
Harlander, Tilman/Fehl, Gerhard (1986): Wohnungspolitik, Baugestaltung und Siedlungsplanung in der Zeitschrift ‚Der Soziale Wohnungsbau in Deutschland' 1941 – 1945. Eine Einführung der Herausgeber, in: Harlander/Fehl (Hrsg.): *Hitlers Sozialer Wohnungsbau 1940 – 1945:* Aufsätze und Rechtsgrundlagen zur Wohnungspolitik, Baugestaltung und Siedlungsplanung, Hamburg: Christians, S. 11ff.
Hartfiel, Günter (1972): Wörterbuch der Soziologie, Stuttgart: Alfred Kröner
Häußermann, Hartmut/Siebel, Walter (1991): Soziologie des Wohnens, in: Häußermann, Hartmut et al.: *Stadt und Raum – soziologische Analysen,* Pfaffenweiler: Centaurus, S. 70ff.

Heil, Karolus (1974): Neue Wohnquartiere am Stadtrand, in: W. Pehnt (Hrsg.): *Die Stadt in der Bundesrepublik Deutschland: Lebensbedingungen – Aufgaben – Planung,* Stuttgart: Reclam

Heinrich, Helga (1976): Untersuchungen zu Eindrucksprofilen in den Neubauwohngebieten Halle-Neustadt und Rostock-Evershagen, in: Archiv Gerhard Kosel a.a.O., Gruppe 12–3

Hellige, Hans Dieter (1990): Walther Rathenau: ein Kritiker der Moderne als Organisator des Kapitalismus, in: Tilmann Buddensieg, Thomas Hughes, Jürgen Kocka et al.: *Ein Mann vieler Eigenschaften: Walter Rathenau und die Kultur der Moderne,* Berlin: Wagenbach

Herbert, Gilbert (1978): The Pioneers of Prefabrication. The British Contribution in the Nineteenth Century, Baltimore: John Hopkins University Press

Herbert, Gilbert (1984): The Dream of the Factory-Made House: Walter Gropius and Konrad Wachsmann, Cambridge, Mass.: MIT Press

Herholdt, Gerhard (1963): Plattenbauweise, (Industrieller Wohnungsbau, Bd. 2), Berlin: VEB Verlag für Bauwesen

Hinrichs, Wilhelm (1992): Wohnungsversorgung in der ehemaligen DDR – Verteilungskriterien und Zugangswege. Berlin: Wissenschaftszentrum Berlin für Sozialforschung, Discussion Paper P62–105

Hirschfelder, Günter/Kress, Siegfried (1980): Industrieller Wohnungsbau – Allgemeine Grundlagen, hrsg. von der Bauakademie der DDR, Berlin: VEB Verlag für Bauwesen

Hoffmann, Manfred (1972): Wohnungspolitik der DDR – das Leistungs- und Interessenproblem. Düsseldorf: Verlag deutsche Wirtschaft

Hoffmann-Axthelm, Dieter (1990): Rückblick auf die DDR, in: Arch+, Nr. 103, S. 66ff.

Hoscislawski, Thomas (1991): Bauen zwischen Macht und Ohnmacht. Architektur und Städtebau in der DDR, Berlin: Verlag für Bauwesen

Hradil, Stefan (1992): Die „objektive" und die „subjektive" Modernisierung. Der Wandel der westdeutschen Sozialstruktur und die Wiedervereinigung, in: Aus Politik und Zeitgeschichte, Beilage zur Wochenzeitung *Das Parlament,* B 29–30/92, S. 3ff.

Huber, Benedikt/Steinegger, Jean-Claude (Hrsg.) (1971): Jean Prouvé, Architektur aus der Fabrik, Zürich: Verlag für Architektur

Huber, Victor Aimé (1846): Über innere Kolonisation, in: Frank/Schubert (Hrsg.) „Lesebuch zur Wohnungsfrage", Köln: Pahl-Rugenstein, 1983, S. 122ff.

Huberti, Gustav (1964) (Hrsg.): Vom Caementum zum Spannbeton. Beiträge zur Geschichte des Beton, Wiesbaden; Berlin: Bauverlag

Hughes, Thomas P. (1983): The Networks of Power – Electrification in Western Society, 1880–1930. Baltimore: Hopkins

Hughes, Thomas P. (1985): Edison and electric light, in: Donald MacKenzie and Judy Wajcman: The Social Shaping of Technology. Milton Keynes (Phil.): Open University Press

Hughes, Thomas P. (1987): The Evolution of Large Technological Systems, in: Bijker, Wiebe E./Hughes, Thomas P./Pinch, Trevor J. (1989): *The Social Construction of Technological Systems,* Massachusetts: MIT Press

Hughes, Thomas P. (1990): Walter Rathenau: «system builder», in: Tilmann Buddensieg et al.: *Ein Mann vieler Eigenschaften: Walter Rathenau und die Kultur der Moderne,* Berlin: Wagenbach

Hughes, Thomas P. (1991): Die Erfindung Amerikas. Der technologische Aufstieg der USA seit 1870. München: Beck

Information über Fragen der Wohnungspolitik 1959, in: Parteiarchiv: IV 2/606/66

Jenkis, Helmut (1976) : Wohnungswirtschaft und Wohnungspolitik in beiden deutschen Staaten. Hamburg

Joerges, Bernward (1979): Überlegungen zu einer Soziologie der Sachverhältnisse. „Die Macht der Sachen über uns" oder „Die Prinzessin auf der Erbse", in: *Leviathan* Jg. 7, H. 1, S. 125ff.

Joerges, Bernward (1988): Large Technical Systems – The Concept and the Issues, in: Renate Mayntz & Thomas P. Hughes (eds.): *The Development of Large Technical Systems*, Frankfurt: Campus, S. 9–36
Jullian, René (1989): Tony Garnier, constructeur et utopiste, Paris: Philippe Sers Éditeur
Junghanns, Kurt 1967: Die Beziehungen zwischen deutschen und sowjetischen Architekten in den Jahren 1917 bis 1933, in: *Wiss. Z. Humboldt-Univ. Berlin*, Ges.-Sprachw. R. XVI, H. 3, S. 369ff.
Junker, Wolfgang (1973): 10. Tagung des Zentralkomitees der SED, Berlin: Dietz Verlag
Kabisch, Sigrun (1991): Zur Geschichte der Stadt- und Regionalsoziologie an der Universität Leipzig, Nachrichtenblatt zur Stadt- und Regionalsoziologie, 6. Jg., Nr. 1, hrsg. i. A. der Sektion Stadt- und Regionalsoziologie der Deutschen Gesellschaft für Soziologie v. Wendelin Strubelt, Bonn
Kahl, Alice (1986): Wohnen im Neubaugebiet. Wohnverhältnisse und sozialistische Lebensweise in einem großstädtischen Neubaugebiet der DDR, Leipzig: unv. Buchmanuskript
Kahl, Alice (1989): Wohnen im Neubaugebiet – Zur Entwicklung des Neubaugebiets Leipzig-Grünau, Karl-Marx-Universität-Leipzig: unv. Forschungsbericht
Kahl, Alice (1992): Großsiedlung Grünau '92 – Intervallstudie, Leipzig: Forschungsinstitut Wohnen.
Kahl, Alice et al. (1984): Kollektivbeziehungen und Lebensweise, Berlin: Dietz Verlag
Kähler, Gert (1989): Kollektive Struktur, individuelle Interpretation, in: Arch+, Zeitschrift für Architektur und Städtebau, Heft 100/101, S. 38ff.
Katalogwerk (1983): Innerstädtisches Bauen in Plattenbauweise WBS 70, Katalog Nr. W8306 PWX, hrsg. vom Institut für Wohnungs- und Gesellschaftsbau der Bauakademie der DDR
Katalogwerk (1984): Innerstädtisches Bauen in Plattenbauweise WBS 70, Katalog Nr. W8406 PWX, hrsg. vom Institut für Wohnungs- und Gesellschaftsbau der Bauakademie der DDR
Katalogwerk (1986): Innerstädtisches Bauen in Plattenbauweise WBS 70, Katalog Nr. W8606 PWX, hrsg. vom Institut für Wohnungs- und Gesellschaftsbau der Bauakademie der DDR.
Kelly, Burnham (1951): The Prefabrication of Houses, Cambridge, Mass.: Technology Press/Wiley
Kessler, Ulrich (1991): 40 Jahre DDR – Stadtsoziologie/Kommunalwissenschaft (Literaturansatz und Torso), Diskussionsbeiträge des Instituts für Soziologie an der Technischen Universität Berlin, Nr. 17
Klein, Dieter (1991): Doppelte Modernisierung im Osten. Illusion oder Option der Geschichte, in: Brie/Klein (Hrsg.): Umbruch zur Moderne, Hamburg
Kleine Enzyklopädie Kompaktbau (1963), hrsg. vom Ministerium für Bauwesen und der deutschen Bauakademie, Berlin: VEB Verlag für Bauwesen
Kosel, Gerhard (1955a): Über Industrialisierung und Typisierung, in: Baukonferenz (Die) der Deutschen Demokratischen Republik a.a.O., S. 78ff.
Kosel, Gerhard (1955b): Kurs auf das industrielle Bauen. 1956 wird das Jahr des Umschwungs von der Handwerkelei zur Industrialisierung sein, in: *Die Wirtschaft* Nr. 52 vom 29.12.1955, S. 8
Kosel, Gerhard (1957): Produktivkraft Wissenschaft, Berlin: Verlag die Wirtschaft
Kosel, Gerhard (1989): Unternehmen Wissenschaft – Die Wiederentdeckung einer Idee. Erinnerungen, Berlin: Henschelverlag
Krämer-Friedrich, Sybille (1976): Zur Entwicklung der Konzeption wissenschaftlich-technische Revolution in der DDR-Theorie, in: Deutschland Archiv, Sonderheft: Wissenschaftlich-technische Revolution und industrieller Arbeitsprozeß. 9. Tagung zum Stand der DDR-Forschung in der BRD, S. 53ff. in: Deutschland Archiv, Sonderheft: Wissenschaftlich-technische Revolution und industrieller Arbeitsprozeß. 9. Tagung zum Stand der DDR-Forschung in der BRD, S. 53ff.
Kreis, Barbara (1985): Moskau 1917 – 35. Vom Wohnungsbau zum Städtebau, Edition Marzona

Krenz, Gerhard (1974): Architektur zwischen gestern und morgen – Ein Vierteljahrhundert Architekturentwicklung in der DDR. Berlin/Ost: VEB Verlag für Bauwesen
Kuhirt, Ulrich (Hrsg.) (1982): Kunst der DDR 1945–1959. Leipzig: E. A. Seemann Verlag
Kuhn, Rolf (1985): Lösung der Wohnungsfrage als soziales Problem in ihrem Einfluß auf Lebensweise und Stadtgestaltung. Diss. B, Akademie für Gesellschaftswissenschaften beim Zentralkomitee der SED, Institut für Marxistisch-Leninistische Soziologie (veröff. in: Reihe HAB-Dissertation, Bd. 1, Weimar)
Kuhn, Rolf/Hunger, Bernd (1983): Soziologische Untersuchung von Wohngebieten der Stadt Rostock
Lampugnani, Vittorio Magnago (Hrsg.), (1983): Hatje-Lexikon der Architektur des 20. Jahrhunderts. Stuttgart: Verlag Gerd Hatje
Lankenau, Klaus (1986): Stichwort Technik, in: B. Schäfers (Hrsg.): Grundbegriffe der Soziologie, Opladen: Leske + Budrich
Lektion (o.J.): Die Hauptaufgabe des Bauwesens in der DDR (Vorlage für Gerhard Trölitzsch als sein Referat zur Weiterbildung an der Parteihochschule Karl Marx), in: Parteiarchiv: IV 2/606/16, S. 402ff.
Lenin, Wladimir I. (1918): Die nächsten Aufgaben der Sowjetmacht, in: Ausgewählte Werke, Bd. IV, Berlin: Dietz Verlag, S. 325–371
Leonhard, Wolfgang (1965): Nikita Chruschtschow: Aufstieg und Fall eines Sowjetführers, Luzern; Frankfurt/Main: Verlag C. J. Bucher
Lewicki, Ernst (1955): Internationaler Kongreß für „Montagebau mit Stahlbetonfertigteilen" an der Technischen Hochschule Dresden, in: *Bauplanung und Bautechnik,* 9. Jg. H. 1, S. 3–10
Linde, Hans (1972): Sachdominanz in Sozialstrukturen. Tübingen: Mohr (Siebeck)
Lötsch, Manfred (1981a): Zur Triebkraftfunktion sozialer Unterschiede, in: Informationen zur soziologischen Forschung in der DDR, hrsg. von der Akademie der Gesellschaftswissenschaften beim Zentralkomitee der SED, 17. Jg., H. 3, Berlin, S. 14ff
Lötsch, Manfred (1981b): Einige Anmerkungen zur Dialektik des Annäherungsprozesses, in: Informationen zur soziologischen Forschung in der DDR, hrsg. von der Akademie der Gesellschaftswissenschaften beim Zentralkomitee der SED, 17. Jg., H. 6, Berlin Ost, S. 20ff
Macetti, Silvio (o.J.)[149]: Skizze einer Problemstellung für die Ausarbeitung einer wissenschaftlichen Prognose der entscheidenden Entwicklungstendenzen des Städtebaus und der Architektur bis zum Jahre 2000 und darüber hinaus (Entwurf), Deutsche Bauakademie zu Berlin, Wissenschaftliche Direktion, Abteilung Prognose (unv. Mat.)
Maier, Charles (1980): Zwischen Taylorismus und Technokratie. Gesellschaftspolitik im Zeichen industrieller Rationalität in den zwanziger Jahren in Europa, in: M. Stürmer (Hrsg.): *Die Weimarer Republik: „Belagerte Civitas"*, Königstein/Ts.: Verlagsgruppe Atenäum, S. 188–213
Major, Máté (1988): Geschichte der Architektur (Bd. 3), Berlin: Henschelverlag
Martiny, Albrecht (1983): Bauen und Wohnen in der Sowjetunion nach dem 2. Weltkrieg: Bauarbeiterschaft, Architektur und Wohnverhältnisse im sozialen Wandel, Berlin: Berlin-Verlag (Osteuropa-Forschung Bd. 11.)
Marx, Karl/Engels, Friedrich (1848): Manifest der Kommunistischen Partei, in: Marx-Engels-Werke (1971), Bd. 4, Berlin: Dietz, S. 459ff.
Mayntz, Renate (1993): Große technische Systeme und ihre gesellschaftstheoretische Bedeutung, in: *Kölner Zeitschrift für Soziologie und Sozialpsychologie,* Jg. 45, H. 1, S. 97ff.
Meier, Arthur (1990): Abschied von der sozialistischen Ständegesellschaft, in: *Aus Politik und Zeitgeschichte,* Nr. 16–17, S. 3ff.
Meuschel, Sigrid (1992): Legitimation und Parteiherrschaft in der DDR, Frankfurt/Main: Suhrkamp Verlag

Meyer, Sybille/Schulze, Eva (1992): Familien im Umbruch. Zur Lage der Familien in der ehemaligen DDR; Studie im Auftrag des Bundesministeriums für Familie und Senioren, Stuttgart, Berlin, Köln: Verlag W. Kohlhammer (Schriftenreihe des Bundesministeriums für Familie und Senioren; Bd. 7)

Meyer, Thomas (1986): Stichwort Gleichheit und Gerechtigkeit, im Lexikon des Sozialismus a.a.O., S. 233ff.

Meyer-Bohe, Walter (1967): Vorfertigung – Atlas der Systeme, Essen: Vulkan Verlag

MfB (1967): 1. Ergebnisse der Teilprognose: „Entwicklung und Umgestaltung der Städte unter besonderer Beachtung der Altbausubstanz einschließlich der Entwicklung der Bauwesen und der Konstruktion des komplexen Wohnungsbaus", in Bundesarchiv a.a.O. DH-1: 24335

MfB (1980): Schlußfolgerungen für die Verwirklichung der Wissenschaftskonzeption des Bauwesens der DDR zur effektivsten Lösung der künftigen Bauaufgaben im Fünfjahrplan 1981 bis 1985, insbesondere bei der weiteren Durchführung des Wohnungsbauprogramms entsprechend den neuen Erfordernissen (Entwurf), VVS B 162–51/82, Blatt 13, Bundesarchiv DH1–31109

Mies van der Rohe, Ludwig (1924): Industrielles Bauen, in: Fritz Neumeyer: Mies van der Rohe: Das kunstlose Wort – Gedanken zur Baukunst, Berlin: Siedler Verlag, S. 306–307

Modernisierung (Die) des industriellen Wohnungsbaus in der ehemaligen DDR: Eine wohnungswirtschaftliche, soziologische und bautechnische Bestandsanalyse (Wüstenrot-Stiftung) (1993), Stuttgart: Deutsche Verlags-Anstalt

Moore, Wilbert E. (1967): Strukturwandel der Gesellschaft (Grundfragen der Soziologie, Bd. 4), München: Juventa Verlag

Moos, Stanislaus v. et al. (1987): L'esprit Nouveau – Le Corbusier und die Industrie 1920–25, Berlin: Ernst & Sohn

Mucke, Hans (1957): Industrieller Wohnungsbau in Frankreich, in: *Deutsche Architektur,* Jg. 6, H. 6, S. 342ff.

Mumford, Lewis (1974): Mythos der Maschine. Kultur, Technik und Macht. Wien: Europaverlag (engl.: 1966 T. 1, 1964 T. 2)

Murray, Robin (1990) : Fordismus und sozialistische Entwicklung, in: *Prokla* 81, 20. Jg., S. 91–122

Naumann, Konrad (1977): Für eine neue Qualität im Städtebau und in der Architektur unserer Hauptstadt, in: Architektur der DDR, Nr. 4, 26. Jg., S. 267ff.

Nerdinger, Winfried (1985): Walter Gropius – Vom Amerikanismus zur neuen Welt. In: Bauhaus-Archiv, Berlin: Der Architekt Walter Gropius, Katalog zur Ausstellung, Berlin: Gebr. Mann Verlag, S. 9ff.

Neufert, Ernst (1943): Bauordnungslehre, Berlin: Verlag Volk und Reich

Neufert, Ernst (1992): Bauentwurfslehre (33. vollst. neubearb. Aufl.), Braunschweig; Wiesbaden: Vieweg

Neumann, Wolfgang/Uterwedde, Hendryk (1993): Soziale und stadtstrukturelle Wirkungen der Wohnungs- und Städtebaupolitik in Frankreich am Beispiel der Gross-Siedlungen, (Wüstenrot Stiftung Dt. Eigenheimverein e. V., Ludwigsburg), Stuttgart: Deutsche Verlags-Anstalt

Niederländer, Loni (1984): Arbeiten und Wohnen in der Stadt, Berlin: Dietz-Verlag

Niederländer, Loni et al. (1982): Forschungsbericht: „Wohnen 82 – Marzahn" (Zur Entwicklung eines Neubaugebietes der Hauptstadt der DDR, Berlin) – 2. Intervall der Untersuchung. Unv. Forschungsbericht, Humboldt-Universität-Berlin a.a.O.

Niederländer, Loni et al. (1987): Forschungsbericht: „Wohnen 1986 – Marzahn" (Zur Entwicklung eines Neubaugebietes der Hauptstadt der DDR), Berlin, unv., Berlin

Niederländer, Loni/Zimmick, Cornelia (1981): Forschungsbericht zum 1. Intervall der Untersuchung: „Wohnen 80 – Marzahn" (Zur Entwicklung eines Neubaugebietes der Hauptstadt der DDR, Berlin), unv. Forschungsbericht, Humboldt-Universität-Berlin, Institut für marxistisch-leninistische Soziologie

Olk, Ulrich (1980): Entwicklung eines Struktur- und Ablaufmodells für industrialisiertes Bauen, Diss., Universität Dortmund

Planung (Die) der Volkswirtschaft und die sich daraus ergebenden neuen Aufgaben der Staatlichen Plankommission, der Vereinigung Volkseigener Betriebe und der Wirtschaftskommissionen der Räte und Bezirke (Materialien zur 33. Tagung des Zentralkomitees der SED a.a.O.), in: Parteiarchiv: FBS 194/207 95, S. 17ff.

Pollack, Detlef (1990): Das Ende einer Organisationsgesellschaft. Systemtheoretische Überlegungen zum gesellschaftlichen Umbruch in der DDR, in: *Zeitschrift für Soziologie*, H. 4, S. 292ff.

Programm der Sozialistischen Einheitspartei Deutschlands. Vom 22. Mai 1976 (1982), in: Programm und Statut der SED, Köln, S. 45ff.

Radkau, Joachim (1991): Zum ewigen Wachstum verdammt? Historisches über Jugend und Alter großer technischer Systeme. Berlin: Wissenschaftszentrum Berlin für Sozialforschung, Discussion Paper FS II 91–505

Rammert, Werner (1989): Stichwort Techniksoziologie, in: Günter Endruweit und Gisela Trommsdorf: Wörterbuch der Soziologie, Stuttgart: dtv/Enke, Bd. 3, S. 724f.

Reidemeister, Andreas (1972): Zur Entwicklung der Produktivkräfte und der Produktionsverhältnisse im Bauwesen der DDR, in: Kursbuch 27: „Planen, Bauen, Wohnen", S. 139ff.

Reimann, Brigitte (1974): Franziska Linkerhand. Berlin/Ost und Weimar: Aufbau Verlag

Ricken, Herbert (1977): Der Architekt – Geschichte eines Berufes, Berlin: Henschelverlag

Rommeiß, Giesela (1979): Die Sozialstruktur der Mittelstadt und Probleme der Annäherung der Klassen und Schichten in ihren Wohnbedingungen und Wohnbedürfnissen, in: Ingrid Eismann et al.: *Soziale Annäherung der Klassen und Schichten in der entwickelten sozialistischen Gesellschaft und ihr Ausdruck in den Wohnbedingungen und Wohnbedürfnissen,* Schriftenreihe der Hochschule für Architektur und Bauwesen Weimar, H.27

Rundtischgespräch (1990): 25 Jahre Wissenschaftlicher Rat für Soziologische Forschung in der DDR, in: *Deutsche Zeitschrift für Philosophie,* H. 1, S. 51–63

Russell, Barry (1981): Building Systems, Industrialization, and Architecture, London u.a.: John & Sons

Sauvage, Henri (1976): Katalog der Edition: Archives d'Architecture Moderne: Henri Sauvage, 1873–1932, Paris

Scarpa, Ludovica (1986): Martin Wagner und Berlin. Architektur und Städtebau in der Weimarer Republik, Braunschweig; Wiesbaden: Vieweg

Schädlich, Christian (1962): Die industrielle Montagebauweise im Wohnungsbau der Sowjetunion. Ein geschichtlicher Abriß, in: *Wissenschaftliche Zeitschrift der Hochschule für Architektur und Bauwesen Weimar,* 9. Jg., H. 1, S. 25–46

Schild, Erich (1967): Zwischen Glaspalast und Palais des Illusions – Form und Konstruktion im 19. Jahrhundert. Berlin; Frankfurt/Main; Wien: Ullstein (Bauwelt Fundamente Bd. 20)

Schmidt, Hans (1928): Industrialisierung des Bauens, in: Hans Schmidt – Beiträge zur Architektur 1924-1964, hrsg. von Bruno Flierl, a.a.O., S. 43ff.

Schmidt, Hans (1958): Der sozialistische Wohnkomplex, in: Hans Schmidt – Beiträge zur Architektur, hrsg. von Bruno Flierl a.a.O., S. 146ff.

Schmidt, Hans (1959): Industrialisierung und Städtebau, in: Hans Schmidt – Beiträge zur Architektur, hrsg. von Bruno Flierl a.a.O., S. 158ff

Schmidt, Hans (1964): Möglichkeiten und Grenzen der Industrialisierung auf dem Gebiet der Architektur, in: Hans Schmidt – Beiträge zur Architektur, hrsg. von Bruno Flierl, a.a.O., S. 188ff.

Schmidt, Hans (1965): Beiträge zur Architektur 1924 – 1964, hrsg. von Bruno Flierl, Berlin: VEB Verlag für Bauwesen

Schmoll, Fritz (1987): Modernisierung in Neubausiedlungen. Modell Schweden, Berlin: Hochschule der Künste

Schneider, Gernot/Tröder, Manfred (1985): Zur Genesis der Kombinate der zentralgeleiteten Industrie in der Deutschen DR, Berichte des Osteuropa-Instituts an der Freien Universität Berlin, Reihe Wirtschaft und Recht, H. 137

Schriftenreihe des Bundesministers für Wohnungswesen und Städtebau (1969): Bauforschungsbericht Teil 1. Wirtschaftliches Bauen – Bauforschung – Rationalisierung – Industrialisierung, Coburg: Verlagsanstalt, Bd. 26

Schultz, Karl-Heinz (1955): Die Unionsbautagung in Moskau und ihre Bedeutung für das Bauwesen in der Deutschen Demokratischen Republik, in: Bauplanung und Technik, 9. Jg., H. 2, S. 49ff.

Schultz, Karl-Heinz (1956a): Grundfragen des industriellen Bauens, Mitteilungen des Forschungsinstituts für Bautechnik der Deutschen Bauakademie, H. 1

Schultz, Karl-Heinz (1956b): Kurzkonzeption zur Industrialisierung des Bauens, erarbeitet und autorisiert im Auftrag der Deutschen Bauakademie, Berlin

Schwandt, Alfred (1976): Einflußfaktoren auf die Wohnzufriedenheit im städtischen Wohnmilieu, in: Stadt-Umland-Beziehungen II (Sitzungsberichte der Akademie der Wissenschaften der DDR 15 N), Berlin: Akademie-Verlag, S. 12ff.

Schwandt, Alfred (1977): „Neubauwohngebiete im Urteil der Bewohner", Soziologische Analyse einer Umfrage in zwölf Neubauwohngebieten der DDR, September-Oktober 1975, unv. Forschungsbericht, Berlin: Bauakademie der DDR, in: Archiv Alfred Schwandt (privat)

Selonke, Klaus (1972): Wirkungsweise der Standardisierung im Zusammenhang mit der Anwendung der Gebrauchswertkostenanalyse bei der Gestaltung der Erzeugnisse und Verfahren im Wohnungsbau der DDR, dargestellt am Beispiel der Wohnungsbauserie 70, Diplomarbeit an der Hochschule für Ökonomie, Sektion Sozialistische Betriebswirtschaft, damals VD 840/72, Bundesarchiv a.a.O. DH–1: 24150

Sewing, Werner (1991): Zur sozialwissenschaftlichen Analyse der Stadt, in: Bodenschatz/Sewing: Stadtbaugeschichte Berlins aus sozialwissenschaftlicher Perspektive, Materialien zur Planungs- und Architektursoziologie der TU Berlin, Institut für Soziologie, H. 3, S. 26–37

Simon, Dagmar/Sparschuh, Vera (1992): Der Nachlaß der DDR-Soziologie – bloßes Archivmaterial oder soziologisches Forschungsfeld?, Berlin: Wissenschaftszentrum Berlin für Sozialforschung, Discussion-Paper P 92–001

Sonderstudio VI. Parteitag (1962): Disposition für die Sendung: „Die Fabrik von morgen" mit dem Präsidenten der Bauakademie Prof. Gerhard Kosel, in: Archiv Kosel, a.a.O., Gruppe 12–4

Sorgato, Barbara (1993): Die Splanemannsiedlung – erste deutsche Siedlung in Plattenbauweise, Technische Universität Berlin, Institut für Stadt- und Regionalplanung, Reihe ISR-Diskussionsbeiträge Bd. 41

Sozialistische Wohnkomplex (Der) (1959): Deutsche Bau-Enzyklopädie, Berlin

Sparschuh, Vera (1993): Tagungsbericht, in: *Kölner Zeitschrift für Soziologie und Sozialpsychologie* H. 1, S. 183

Statistisches Jahrbuch der DDR (1989) hrsg. von der Staatlichen Zentralverwaltung für Statistik, 34. Jg., Berlin: Staatsverlag

Statut des Ministeriums für Bauwesen (1959), in: Gesetzblatt der Deutschen Demokratischen Republik, Teil 1, 1959, S. 843ff.

Staufenbiel, Fred (1989): Leben in Städten. Soziale Ziele und Probleme der intensiven Stadtreproduktion – Aspekte kultursoziologischer Architekturforschung, Berlin: VEB Verlag für Bauwesen
Staufenbiel, Fred et al. (1985): Stadtentwicklung und Wohnmilieu von Halle/S. und Halle-Neustadt, Hochschule für Architektur- und Bauwesen Weimar
Staufenbiel, Fred et al. (1987): Magdeburg: Stadtentwicklung und Wohnmilieu (Teil IV: Neu-Olvenstedt), Hochschule für Architektur- und Bauwesen Weimar
Staufenbiel, Fred et al. (1988): Brandenburg '87: Die Stadt und ihre Bewohner, Hochschule für Architektur- und Bauwesen Weimar
Steiger, Rolf (1966): Die sozialistische Lebensweise im städtischen Neubau-Wohngebiet und die Anforderungen an Architektur und Städtebau. Diss. A, Institut für Gesellschaftswissenschaften beim Zentralkomitee der SED
Stinglwanger, Wolfgang (1988): DDR-Wohnungsbau zwischen ökonomischen Möglichkeiten und sozialpolitischen Ansprüchen., in: Veränderungen in Gesellschaft und politischem System der DDR. Ursachen, Tendenzen, Inhalte. 21. Tagung zum Stand der DDR-Forschung in der Bundesrepublik Deutschland am 24. bis 27. Mai 1988. Edition Deutschland Archiv, S. 88–98
Studie (1974): Studie über soziologische und umweltgestalterische Probleme der städtebaulichen Planung des neuen Stadtteiles in Biesdorf-Marzahn (Kurzfassung), ausgearbeitet von einer zeitweiligen interdisziplinären Arbeitsgruppe des Arbeitskreises Kultursoziologie des wissenschaftlichen Rates für soziologische Forschung in der DDR und des Rates für Umweltforschung der Akademie der Wissenschaften der DDR (unv., vertrauliches Material)
Testa, Carlo (1972) : Die Industrialisierung des Bauens, Zürich: Verlag für Architektur
Thesen zum Bericht des Genossen Walter Ulbricht über die Vereinfachung des Staatsapparates und die Änderung der Arbeitsweise der Mitarbeiter des Staatsapparates (1957), in: Parteiarchiv: FBS 194/207 95, S. 232ff.
Topfstedt, Thomas (1988): Städtebau in der DDR: 1955 – 1971. Leipzig: E. A. Seemann Verlag
Trölitzsch, Gerhard (1960): Brief an den Genossen Apel, Leiter der Wirtschaftskommission, in: Parteiarchiv IV 2/2029/61, S. 3/4
Ulbricht, Walter (1955): Die neuen Aufgaben im nationalen Aufbau, in: Baukonferenz (Die) der Deutschen Demokratischen Republik a.a.O., S. 1ff.
Vance, Mary (1982): Industrialized Building, Washington: Vance bibliographies
Vance, Mary (1985): Prefabrication, up date zu „Industrialized Buildings", Washington: Vance bibliographies
Vermerk über eine Besprechung zum Stand der Großplattenbauweise der Abteilung Bauwesen des Zentralkomitees der SED vom 23.2.1961, in: Parteiarchiv: IV 2/606/66, S. 48/1ff.
Versuchs- und Vergleichsbauten und Demonstrativmaßnahmen des Bundesministeriums für Städtebau und Wohnungswesen (1972), Informationen Nr. 34, Bonn
Vogée, Hans Dieter (1967): Das Bauwesen in der Deutschen Demokratischen Republik, vierte verbesserte Auflage, Berlin: VEB Verlag für Bauwesen
Vogel, Helga (1965): Möglichkeiten und Grenzen der wissenschaftlichen Voraussicht dargestellt am Beispiel der Planung des Wohngebietes in der deutschen demokratischen Republik, Diss., Friedrich-Schiller-Universität Jena
Voigt, Peter (1981): Zu einigen Problemen des Zusammenhangs von Wohnqualität und Entfaltung der sozialen Aktivität, in: Wissenschaftlicher Rat für Soziologische Forschung in der DDR (Hrsg.): *Lebensweise und Sozialstruktur* – 3. Kongreß der marxistisch-leninistischen Soziologie der DDR, Berlin: Dietz Verlag, S. 184ff.

Voigt, Wolfgang (1993): „Triumpf der Gleichform und des Zusammenpassens" – Ernst Neufert und die Normung in der Architektur, in: Bauhaus-Moderne im Nationalsozialismus. Zwischen Anbiederung und Verfolgung, hrsg. von Winfried Nerdinger in Zusammenarbeit mit dem Bauhausarchiv Berlin, München: Prestel, S. 179ff.
Vorlage1 zur Veränderung der Lenkung des Bauwesens (Anlage zum Brief der Abteilung Bauwesen des Zentralkomitee der SED an den Genossen Ziller[150] vom 14.2.57), in: Parteiarchiv: IV 2/606/8, S. 126ff.
Vorlage2 für das Politbüro des Zentralkomitee der SED: Verbesserung der staatlichen Leitungstätigkeit im Bauwesen vom 24.10.1958, in: Parteiarchiv: IV 2/606/8, S. 221ff.
Wachsmann, Konrad (1989): Wendepunkt im Bauen, Dresden: VEB Verlag der Kunst, Reprint der Ausgabe von 1959
Weber, Herrmann (1991); DDR – Grundriß der Geschichte 1945 – 1990 (vollst. überarb. u. erg. Neuauflage v. 1976), Hannover: Fackelträger
Weber, Olaf/Zimmermann, Gerd (1980): Zur Wirkung der Stadtgestalt. Beispieluntersuchungen in Halle, Halle-Neustadt und Erfurt, Berlin: Bauakademie der DDR, Institut für Städtebau und Architektur (Hrsg.)
Weingart, Peter (1989): „Großtechnische Systeme" – ein Paradigma der Verknüpfung von Technikentwicklung und sozialem Wandel?, in: P. Weingart (Hrsg.): *Technik als sozialer Prozeß*, Frankfurt/Main: Suhrkamp, S. 174ff.
Welm, Alfred (1987): Morisco, Berlin/Ost und Weimar: Aufbau Verlag
Welser, Horst (1957): Sind wir auf dem richtigen Wege zur sozialistischen Wohn- und Lebensform, in Deutsche Architektur 6. Jg., H. 6, a.a.O., S. 486
Werner, Frank (1981): Stadt, Städtebau, Architektur in der DDR: Aspekte der Stadtgeographie, Stadtplanung und Forschungspolitik, Erlangen: Verlag Deutsche Gesellschaft für zeitgeschichtliche Fragen e.V.
Werner, Frank/Seidel, Joachim (1992): Der Eisenbau: Vom Werdegang einer Bauweise, Berlin/München: Verlag für Bauwesen
White, R. B. (1965): Prefabrication: A History of its Development in Great Britain. London: Her Majesty's Stationary Office
Wilde, Alexander (1989): Das Märkische Viertel. Berlin: Nicolai
Wilgohs, Jan (1989): Produktivkraftentwicklung – Eigentumsverhältnisse – Lebensweise (Philosophische und methodologische Aspekte der soziologischen Theorie der sozialistischen Lebensweise) (Thesen zur Dissertation A), in: Informationen zur soziologischen Forschung in der DDR, H. 1, Zentralstelle für soziologische Information und Dokumentation der Akademie für Gesellschaftswissenschaften beim Zentralkomitee der SED, S. 3ff.
Wilgohs, Jan et al. (1990): Reformbewegung und Volksbewegung (Politische und soziale Aspekte im Umbruch der DDR-Gesellschaft), in: *Aus Politik und Zeitgeschichte*/Beilage zur Wochenzeitung „Das Parlament" B 16–17/90
Winkler, Gunnar (Hrsg.) (1990): Frauenreport '90, Berlin: Verlag die Wirtschaft
Wohnungsbausystem 70 – Übersichtskatalog (1971), hrsg. von der Deutschen Bauakademie zu Berlin, Institut für Wohnungs- und Gesellschaftsbau
Wörterbuch der marxistisch-leninistischen Soziologie (1983), hrsg. von Georg Aßmann et al., Berlin: Dietz Verlag
Zimmermann, Clemes (1991). Von der Wohnungsfrage zur Wohnungspolitik. Die Reformbewegung in Deutschland 1845–1914, Göttingen: Vandenhoeck & Rupprecht
Zimmermann, Hartmut (1976): Politische Aspekte in der Herausbildung, dem Wandel und der Verwendung des Konzepts „Wissenschaftlich-technische Revolution" in der DDR, in: *Deutschland Archiv*, Sonderheft: Wissenschaftlich-technische Revolution und industrieller Arbeitsprozeß. 9. Tagung zum Stand der DDR-Forschung in der BRD, S. 17ff.

Abbildungsverzeichnis

Bildnachweis

Herbert, Gilbert (1984): The Dream of the Factory-Made House a.a.O. (S. 27)
Müller, Ulrich (S. 15, 41, 61, 134)
Rühl, Thomas (S. 15, 41, 89, 134, 135)
StudentInnen des Instituts für Stadt- und Regionalplanung der Technischen Universität Berlin (S. 14, 88, 89)

Bücher von Vieweg

Zwischen Bauhaus und Stalinallee

Architekturdiskussion im östlichen Deutschland 1945-1955

von Andreas Schätzke

Mit einer Schlußbetrachtung von Thomas Topfstedt.

1991. 172 Seiten. (Bauwelt Fundamente, Band 95, herausgegeben von Ulrich Conrads und Peter Neitzke) Kartoniert. ISBN 3-528-08795-1

Die Debatte über Architektur und Stadt, über Wohnungsbau und Umgang mit historischer Bausubstanz, die nach dem Krieg im östlichen Teil Deutschlands, zuerst Sowjetische Besatzungszone, dann DDR, geführt worden ist, zeigt, wie der Wahn von einem genuin ,,sozialistischen" Bauen zur inneren wie äußeren Erstarrung des gesamten Bauwesens geführt hat. Was in den zehn Jahren zwischen 1945 und 1955 von Architekten, Planern, Publizisten und der Partei diskutiert wurde, verrät aber ebenso die politische Anpassungsbereitschaftder vielen, die es aus Überzeugung, wie DDR-Chefarchitekt Henselmann, oder resignierend, oder auch unter Androhung unmäßiger Sanktionen zuließen, daß ein ganzer Berufsstand der immer rigider durchschlagenden Parteidoktrin unterworfen und damit praktisch zum Verschwinden gebracht wurde. Andreas Schätzkes Untersuchung eignet sich ebenso wie der Anhang mit den wichtigsten Textdokumenten aus den Jahren 1945 bis 1955 in buchstäblichem Sinn zum Nachlesen einer Entwicklung, die schließlich zwei junge DDR-Architekten wegen Teilnahme am West-Berliner Wettbewerb um die Gestaltung des Geländes der ehemaligen SS- und Gestapo-Kommandozentrale jahrelang hinter Gefängnismauern brachte.

Verlag Vieweg · Postfach 1546 · 65005 Wiesbaden

vieweg

GPSR Compliance

The European Union's (EU) General Product Safety Regulation (GPSR) is a set of rules that requires consumer products to be safe and our obligations to ensure this.

If you have any concerns about our products, you can contact us on ProductSafety@springernature.com

In case Publisher is established outside the EU, the EU authorized representative is:

Springer Nature Customer Service Center GmbH
Europaplatz 3
69115 Heidelberg, Germany

Batch number: 08567184

Printed by Printforce, the Netherlands